浙江省社科规划优势学科重大项目

"城市水安全与水务行业监管体制研究"

（项目批准号：14YSXK02ZD）成果

浙江省社科规划优势学科重大项目成果

城市水安全与水务行业监管能力研究

鲁仕宝　著

中国社会科学出版社

图书在版编目（CIP）数据

城市水安全与水务行业监管能力研究/鲁仕宝著 . —北京：
中国社会科学出版社，2017.5
ISBN 978 - 7 - 5203 - 0588 - 4

Ⅰ. ①城…　Ⅱ. ①鲁…　Ⅲ. ①城市用水—水资源管理—
安全管理—研究—中国　Ⅳ. ①TU991.31

中国版本图书馆 CIP 数据核字（2017）第 141607 号

出 版 人	赵剑英
责任编辑	卢小生
责任校对	周晓东
责任印制	王　超

出　　　版	中国社会科学出版社
社　　　址	北京鼓楼西大街甲 158 号
邮　　　编	100720
网　　　址	http：//www.csspw.cn
发 行 部	010 - 84083685
门 市 部	010 - 84029450
经　　　销	新华书店及其他书店
印　　　刷	北京明恒达印务有限公司
装　　　订	廊坊市广阳区广增装订厂
版　　　次	2017 年 5 月第 1 版
印　　　次	2017 年 5 月第 1 次印刷
开　　　本	710 × 1000　1/16
印　　　张	18.75
插　　　页	2
字　　　数	278 千字
定　　　价	80.00 元

凡购买中国社会科学出版社图书，如有质量问题请与本社营销中心联系调换
电话：010 - 84083683

总　　序

　　城市水务主要是指城市供水（包括节水）、排水（包括排涝水、防洪水）和污水处理行业及其生产经营活动。城市水务是支撑城镇化健康发展的重要基础，具有显著的基础性、先导性、公用性、地域性和自然垄断性。目前，我国许多城市都不同程度地存在水资源短缺、供水质量不高、水污染较为严重等突出问题，其中的一个深层次原因是受长期形成的传统体制惯性影响，尚未建立有效的现代城市水务监管体制。其主要表现为：城市水务监管体系不健全，难以形成综合监管能力；监管机构碎片化，责权不明确；监管的随意性大，缺乏科学评价等。特别是近年来，不少城市水务公私合作项目竞争不充分，缺乏监管体系。这些问题导致城市水务监管与治理能力严重滞后于现实需要。

　　根据现实需要，我们承担了浙江省社科规划优势学科重大项目"城市水安全与水务行业监管体制研究"，并分解为五个子课题进行专题研究。针对建立健全保障水安全的有效机制、科学设计与中国国情相适应的城市水务行业公私合作机制、设计水务行业中的政府补贴激励政策、建立与市场经济体制相适应的新型城市水务行业政府监管体制、建立系统化和科学化的监管绩效评价体系及制度等关键问题，课题组经过近三年的努力，终于完成了预期的研究任务，并将由中国社会科学出版社出版一套专门研究城市水务安全与水务行业监管的系统学术专著。现对五本专著做简要介绍：

　　《城市水安全与水务行业监管能力研究》（作者：鲁仕宝副教授）一书运用系统论、可持续发展理论、水资源承载力理论、模糊数学等理论，对我国城市水安全及监管问题进行研究。在分析影响城市安全的基本因素基础上，探讨了城市水安全面临的挑战与强化政府对城市水安全监管的必要性，构建了城市水安全评价指标体系及方法，建立了城市水安全预警系统、城市水安全系统调控与保障机制及激励机制。提出利用合理的法规制度、政府监管、宣传教育等非经济手段，利用正向激励来解决水资源和环境利用总量控制问题。为我国城市水安全综合协调控制评价与改进提供了较为科学、全面的研究工具和方法，提出了符合我国当前城市水安全监管的政策建议。

《城市水务行业公私合作与监管政策研究》（作者：李云雁副研究员）一书以城市供水、排水与污水处理行业为对象，在中国乃至全球公私合作改革的宏观环境下，分析城市水务行业公私合作的特定背景与现实需求，系统地梳理了发达国家公私合作的实践，并对其监管政策进行了评析，回顾并评价了中国城市水务行业公私合作发展的历程和现状，研究了城市水务行业公私合作模式的类型、选择及适用条件，构建了与中国国情相适应的城市水务行业公私合作的监管体系。在此基础上，重点从价格监管和合同监管两个方面探讨了城市水务行业公私合作监管问题及具体政策措施。最后，本书选取城市供水和污水处理行业公私合作的典型案例，对城市水务行业公私合作与政府监管进行了实证分析。

《城市水务行业激励性政府补贴政策研究》（作者：司言武教授）一书通过分析城市化进程中城市水务行业激励性政府补贴的体制机制缺陷，厘清了城市水务行业建设中各级政府的事权划分、建设体制、建设资金来源与运作模式，梳理了现阶段我国城市水务行业运行中的激励性政府补贴体制、补贴运行机制等方面存在的核心问题。通过研究，明确了中央与地方在城市水务行业激励性政府补贴方面的事权划分，明确了中央政府责任，探索了城市水务行业资金来源和投融资方式，特别是财政资金安排方式、融资机制、吸引社会资本投入模式等，并通过一系列政府补贴方式和手段的创新，为我国当前城市水务行业完善激励性政府补贴提出了相应的对策建议。

《城市水务行业监管体系研究》（作者：唐要家教授）一书基于发挥市场机制在资源优化配置中的决定性作用和推进政府监管体制改

革并加快构建事中、事后监管体系的背景以及提高城市水安全视角，在深入分析中国城市水务监管的现实和借鉴国际经验的基础上，探讨了城市水务行业监管体制创新，推动中国城市水务监管体制的不断完善。本书主要从城市水务监管的需求、城市水务监管的国际经验借鉴、中国城市水务监管机构体制、城市水务价格监管、城市饮用水水质监管和城市水务监管治理体系进行探讨。本书提出的完善中国城市水务监管的基本导向为：构建市场机制与政府监管协调共治的监管体制，完善依法监管的法律体系和保障体制，形成具有监管合力和较高监管效能的监管机构体系，构建了多元共治的监管治理体系。

《城市水务行业监管绩效评价体系研究》（作者：王岭副研究员）一书基于城市水务行业监管绩效评价体系错配、监管数据获取路径较为不畅以及监管绩效评价手段较为单一的客观现实，沿着供给侧结构性改革与国家大力推进基础设施和公用事业公私合作的背景，从构建城市水务行业监管绩效评价体系视角出发，遵循"国际比较—国内现状分析—监管绩效评价—监管绩效优化"的研究路径，为城市水务行业监管绩效的客观评价与提升提供重要保障。本书内容主要包括城市水务行业市场化改革与监管绩效评价需求、市场化改革下城市水务行业发展绩效、城市水务行业监管绩效评价的国际经验与中国现实、中国城市供水行业监管绩效评价实证研究、中国城市污水处理行业监管绩效评价实证研究和提升中国城市水务行业监管绩效评价体系。本书提出的提升城市水务行业监管绩效评价的政策建议主要包括优化制度体系、重构机构体系、建立监督体系和健全奖惩体系四个方面。

综上所述，本课题涉及城市水安全和水务行业的重大理论与现实问题。课题组注重把握重点研究内容，并努力在以下六个方面做出创新：

（1）构建基于水资源承载力的城市水安全评价指标体系。本课题综合运用管制经济学、管理学、计量经济学、工程学等相关学科理论工具，从城市水安全承载力的压力指标和支撑指标的角度，分析了城市水安全承载力的影响因素与度量方法；结合研究区域水资源的实际情况，提出从经济安全、社会安全、生态安全和工程安全四个方面来表征城市水安全状态，构建城市水安全评价指标体系，为建立水安全评价模型提供分析框架；并集事前、事中和事后评价于一体，通过反馈机制形成不断完善的基于水资源承载力的城市水安全评价指标体系。

（2）建立城市水安全保障体系与预警机制。建立城市水安全保障体系关系到城市可持续发展、人民生活稳定的基础。本课题从微观、中观和宏观三个层次，空中、地上、地中、地下、海洋和替代水库六个方面来建立城市水安全保障体系。同时，根据城市水资源供给总量与城市人口、工商业用水定额比计算城市水资源供给保障率，针对城市规模人口和工商业用水的设立水资源配置，提出基于水资源数量、质量、生态可持续性的城市水安全预警机制。

（3）建立中国城市水务行业公私合作的激励性运行机制。制约城市水务行业公私合作有效运行的关键是私人部门的有效进入和合理利润。本课题将在明确中国城市水务行业公私合作目标和主要形式的基础上，界定政府、企业和公众的责任边界及行为准则，设计基于水务项目的特许权竞拍机制，识别特许经营协议的核心要件和关键条款，测算私人部门进入的成本与收益，建立多元、稳定的收益渠道，以及城市水务行业公私合作"进入—盈利"的有效路径。同时，系统地分析了城市水务行业公私合作的风险，针对公私合作的信息不对称和契约不完备特征，设计基于进入、价格和质量三维城市水务行业公私合作激励性监管政策体系。

（4）政府补贴激励政策的模型设计与分析。主要围绕政府补贴激励政策的委托—代理模型进行具体设计和系统分析，在模型中，准确把握政府补贴激励政策的方式与强度、企业针对政府补贴激励政策的策略性反应状况、政府补贴激励政策的多目标协调、政府补贴资源的优惠组合等。在政府财政补贴政策研究中，针对政府补贴的各种形式，分析政府不同的财政补贴方式对水务行业投资和经营的策略影响，研究在不同政府研发补贴方式下水务企业的研发和生产策略，以及社会福利的大小。在此基础上，以社会福利最大化为目标，制定不同外部环境下的最优政府研发补贴政策，来激励企业增大研发投入，增加社会福利，为政府制定相关政策提供决策支持。

（5）构建与市场经济体制相适应的城市公用事业政府监管机构体系。监管机构体制改革既是城市水务监管体制改革的核心，也是中国行政体制改革的重要领域；既涉及部门之间的职能定位和权力配置，也涉及中央和地方的监管权限问题，因此具有复杂性特征。本课题依据中国行政体制改革的基本目标，坚持以监管权配置为核心，从监管机构横向职能关系、纵向权力配置、静态的机构设立和动态的机构运行机制有机结合视角，系统地设计中国城市水务监管机构体制，理顺同级监管部门、上下级监管部门的职能配置与协调机制。

（6）构建基于监管影响评价的监管绩效评价体系。本课题综合运用管制经济学、新政治经济学、计量经济学等相关学科理论和工具，从城市水务行业监管绩效评价的新理论——监管影响评价理论出发，对监管绩效评价的目标、主体、对象、指标体系、实施机制等基本问题开展系统研究，以期构建基于监管影响评价的城市水务行业监管绩效评价体系，为监管绩效评价提供可操作性的分析框架，并且集过程监督、事后评价于一体，通过反馈机制形成一种不断完善监管体系的动态自我修正机制。

由于城市水务安全与水务行业监管体制的研究不仅内容极为丰富，关系到国计民生的基本问题，而且随着社会经济的发展，具有显著的动态性，虽然课题组做了很大的努力，但由于我们的研究能力和水平有限，书中难免存在一定的缺陷，敬请相关专家和读者批评指正。

浙江省特级专家

孙冶方经济科学著作奖获得者

浙江财经大学中国政府管制（监管）研究院院长

王俊豪

2017 年 5 月 25 日

前　　言

　　水作为"生命之源、生产之要、生态之基"，是人类不可或缺的赖以生存发展的基本条件。保障水安全是人类始终面临的重大课题。城市是现代人类社会经济活动的中心，人口与经济密度大，自然生态环境脆弱，对良好的水环境有高度的依赖性，因此，保障城市水安全尤为重要。当前，与乡村相比，城市面临的水安全问题和形势也更严峻。

　　城市水安全是人类水安全在城市这一特定地域空间尺度的体现。随着近现代城市化的快速推进，城市已是当今人类主要聚居地与社会、经济、文化、政治活动的中心，城市水安全在整个人类水安全体系中地位日益重要。

　　当前，我国面临的城市水安全问题症结在于人及其非理性行为，而城市政府监管的缺失则是导致城市水安全问题频发的关键。城市人口规模的过快增长以及由此带来的城市规模的无序扩张；现阶段资本利益驱动下的经济规模过度膨胀；公众与企业经营者水安全意识差，节水与减排能力不高，非法企业偷排漏排等问题，归根结底，均是人的问题，是城市管理者、企业经营者、广大市民水安全意识不足，知识技能不足，对发展欲望、利润欲望、消费欲望不当追求原因造成的。而当前频发的城市内涝，看似由自然原因引发，实际上，是城市规划建设管理者对气候变化造成的气候异常变动认识不足，对城市排水设施投资建设不足且标准过低造成的。因此，从根本上讲，保障城市水安全必须加强对人及其行为的管理，适度控制城市人口与城市发展规模，增强城市管理者、城市居民、企业经营者水安全意识，强化对城市居民与企业经营者水行为的有效监管并提高其节水减排的能力，同时加大城市防洪抗旱工程的投入与建设管理工作力度。感谢蒋承杰、潘护林和李蔚三位博士，他们撰写了本书第一章。

　　本书运用系统论、可持续发展理论、水资源承载力理论、模糊数学等理论对我国城市水安全及监管进行介绍，并结合案例分析，以希望丰富和深化城市水安全及监管方面的理论。本书得到浙江省社会科学基金重大项目（14YSXK02ZD）、浙江省杰出青年基金（LR15E090002）和国家自然科学基金（51379219）的资助。由于理论与知识的局限性，希望广大读者批评指正。

目　录

第一章　城市水安全及其监管研究概述 ………………………… 1

　第一节　水安全的内涵与属性特征 …………………… 2

　第二节　城市水安全的影响因素 ………………………… 9

　第三节　我国城市水安全面临的挑战与监管需求 ………… 13

第二章　城市水安全及其监管理论基础 …………………… 19

　第一节　城市可持续发展理论 ………………………… 19

　第二节　城市复合生态系统理论 ……………………… 36

　第三节　城市生态环境安全理论 ……………………… 44

　第四节　城市水资源承载力理论 ……………………… 53

　第五节　城市水安全监管理论 ………………………… 61

第三章　城市水安全评价指标体系及方法 …………………… 76

　第一节　城市水安全评价指标体系构建 ……………… 77

　第二节　城市水安全评价方法 ………………………… 97

　第三节　城市水安全评价实例 ………………………… 114

第四章　城市水安全预警系统 ………………………………… 123

　第一节　城市水安全预警的内容 ……………………… 124

　第二节　城市水安全预警指标体系 …………………… 126

　第三节　城市水安全预警模型 ………………………… 134

　第四节　城市水安全预警机制 ………………………… 143

　　第五节　城市供水安全预警实例分析 ·················· 148

第五章　城市水安全系统调控与保障机制 ·················· 157
　　第一节　城市水安全调控目标与内容 ·················· 157
　　第二节　城市水安全综合协调控制结构分析 ·················· 163
　　第三节　水安全协调保障机制 ·················· 167
　　第四节　城市水安全综合协调控制与实证研究 ·················· 177

第六章　城市水安全经济激励机制 ·················· 200
　　第一节　城市水安全经济激励机制理论 ·················· 201
　　第二节　城市供水安全经济激励机制 ·················· 220
　　第三节　城市水环境安全经济激励机制 ·················· 233
　　第四节　城市水安全经济手段的原则与保障 ·················· 246

第七章　城市水安全政府监管 ·················· 252
　　第一节　城市水安全监管目标 ·················· 252
　　第二节　城市水安全监管内容 ·················· 254
　　第三节　城市水安全监管体制 ·················· 257
　　第四节　城市水安全监管手段 ·················· 262
　　第五节　城市水安全监管保障体系 ·················· 269

参考文献 ·················· 276

第一章　城市水安全及其监管研究概述

　　水作为"生命之源、生产之要、生态之基",是人类不可或缺的赖以生存发展的基本条件。保障水安全是人类始终面临的重大课题。城市是现代人类社会经济活动的中心,人口与经济密度大,自然生态环境脆弱,对良好的水环境有高度的依赖性,因此,保障城市水安全尤为重要。当前,与乡村相比,城市面临的水安全问题和形势也更严峻。近现代以来,人类城市的扩张极大地改变着水循环的基本模式:水循环已从"自然"模式占主导逐渐转变为"自然—人工"二元模式,城市水循环的"自然—社会"二元模式程度逐步加深。[①] 当前,人类城市水循环呈现出四大特征,并从不同侧面反映着城市水安全形势的严峻性。一是随着城市人口的增加和城市面积的扩张,城市社会水循环通量尤其是生活用水通量不断增加,给城市供水安全保障带来了压力。二是城市社会水循环排放集中,城市高强度用耗水过程带来污废水的大规模排放且规模巨大,如城市的水污染防治不能满足社会经济发展要求,大规模污染负荷进入水体将带来严重的水污染问题,进而加剧城市水资源短缺的矛盾。三是城市社会水循环路径延展、结构日趋复杂,由原始的"取—用—排"过程逐步延展为"取水—给水处理—配水——次利用—重复利用—污水处理—再生—排水"过程,水循环系统内部通常包括若干个闭路循环子系统,如城市再生利用子系统、企业循环用水子系统以及社区中水利用子系统等,导致不确定性日益增加,带来了多环节的水质安全的防控风险。四是城市社会水循环与自然水循环分离特性明显,大规模的管网系统如供水管网、污

---

　　① 王浩:《城市化进程中水源安全问题及其应对》,《给水排水》2016 年第 4 期。

水管网、雨水管网、再生水管网、直饮水管网等，一方面减少了城市水循环的地下渗漏量，另一方面也增强了城市自然生态系统的脆弱性。本章在讨论城市水安全内涵与属性的基础上，分析影响城市安全的基本因素，重点探讨城市水安全面临的挑战与强化政府对城市水安全监管的必要性，为后续各章节城市水安全评估、预警机制的建设与政府监管研究做必要的铺垫。

第一节　水安全的内涵与属性特征

当前，在人口与经济规模快速扩张的驱动下，过度的水资源开发、低效率的水资源利用与管理，加之气候等自然环境的异常变动，使人类正面临着日趋严重的水资源危机。水资源短缺、水环境污染、水生态恶化，加之频繁的洪涝干旱灾害已构成人类存续发展的新威胁，形成人类必须面对的新安全问题即"水安全"问题。

一　水安全概念与内涵

（一）水环境概念研究概述

学界对水安全问题的研究起步于 20 世纪 70 年代，但真正把水安全作为一个整体进行研究并日益受到广泛关注始于 20 世纪末。[①] 在此前后，国内外学者对水安全概念进行了探讨并给出了诸多定义，但至今人们对"水安全"的概念仍没有统一认识。

我国学者洪阳 1999 年较早地大致勾勒了水安全概念框架，认为水安全问题起因于诸如人类不合理经济活动等水资源系统外部环境的变化，核心是水量与水质等水资源系统功能的弱化，结果是人类自身经济、社会与环境受到威胁，主张应从外水资源系统部环境和条件的变化去解析水安全问题，其着眼点在水质和水量上。[②]

2000 年通过的海牙部长级会议宣言《21 世纪水安全》着重强调

---

① 陈绍金：《水安全概念辨析》，《中国水利》2004 年第 17 期。
② 洪阳：《中国 21 世纪的水安全》，《环境保护》1999 年第 10 期。

了水生态可持续、生活用水可保障和水环境公平三个方面的水安全基本内涵。宣言指出，为21世纪人类提供用水安全，意味着确保淡水、海岸和相关的生态系统受到保护并得到改善，确保可持续性发展和政治稳定性得以提高，确保人人都能够得到并有能力支付足够的安全用水以过上健康和幸福的生活，并且确保易受伤害人群能够得到保护以避免遭受与水相关的灾害威胁。①

我国一些学者从水资源供需矛盾出发，揭示水安全在人类可持续发展框架下的基本要义。水资源安全通常是指由水的供需矛盾产生的影响经济社会发展、人类生存环境的危害问题，水资源承载力是水资源安全的基本度量；② 如果一个区域的水资源供给能够满足其社会经济长远发展的合理要求，那么这个区域的水资源就是安全的。③

郑汉通较全面地阐明了水资源安全问题产生的原因、内涵与危害，指出水安全问题指的是在现在或将来，由于自然的水文循环波动或人类对水循环平衡的不合理的改变，或是二者的耦合，使人类赖以生存的区域水状况发生对人类不利的演进，并正在或将要对人类社会的各个方面产生不利的影响，表现为干旱、洪涝、水量短缺、水质污染、水环境破坏等方面，并由此可能引发粮食减产、社会不稳、经济下滑及地区冲突等。④

张翔等将"水事活动"这一人为因素纳入了水资源安全系统，强调了人在水安全管控中的主观能动性作用，认为"水的存在方式（量与质、物理与化学特性等）及水事活动（政府行政管理、卫生、供水、减灾、环境保护等）对人类社会的稳定与发展是无威胁的，或者说存在某种程度的威胁，但是可以将其后果控制在人们可以承受的范

---

① 方子云：《提供水安全是21世纪现代水利的主要目标——兼介斯德哥尔摩千年国际水会议及海牙部长级会议宣言》，《水利水电科技进展》2001年第1期。

② 夏军、朱一中：《水资源安全的度量：水资源承载力的研究与挑战》，《海河水利》2002年第3期。

③ 贾绍凤、张军岩、张士锋：《区域水资源压力指数与水资源安全评价指标体系》，《地理科学进展》2002年第6期。

④ 郑汉通：《中国水危机——制度分析与对策》，中国水利水电出版社2006年版，第34页。

围之内"。①

史正涛等的研究则将对人的主观安全感因素纳入水安全的范畴，认为"水安全除了要保证客观上安全外，还要消除人们主观上对水安全的担忧，即人群必须感觉到水供应、水环境、洪水预防等是安全的，如果人群感觉到与水相关的某种灾害和危害的威胁时，就会引起恐慌，进而影响社会经济正常秩序，造成不可估量的损失"。②

综观不同学者对水资源概念的阐释与定义，学界对水资源安全内涵的认知有一个不断丰富的过程。首先，逐渐认识到水安全不等同于水资源安全，水资源安全只是水安全的一个主要层面，水环境安全即水体不受污染以及洪涝等水灾害预防安全等也是水安全的重要内容，且水资源安全与水环境安全相互影响、相互制约、具有内在统一性。其次，逐渐认识到水安全不仅仅受水环境系统与自然环境系统不利变化威胁，更受不合理的人类社会经济活动深刻影响，水安全问题主要应从调控和监管人类行为的角度解决。最后，认识到水安全也是一种社会状态：人人都有获得安全用水的设施和经济条件，所获得的水满足清洁和健康的要求，满足生活和生产的需要，同时可使自然环境得到妥善保护。总之，水安全是涉及从家庭到全社会的水问题，涉及水资源统一管理及自然资源的保护和利用。水安全与健康、教育、能源、粮食安全等具有同等重要的意义，提高水安全水平是使人类摆脱贫困、保持社会安定、提高社会生产力的关键手段，是实现经济社会可持续发展的重要环节。

（二）水安全的内涵与属性

根据马斯洛需要层次理论，"安全需要"是人类仅次于生理需要的第二层次生存发展需要；"安全"反映的是人类当前及未来基本生存发展需要能够得到持续稳定满足的状态。③ 与其他动物不同，具有

---

① 张翔、夏军、贾绍凤：《水安全定义及其评价指数的应用》，《资源科学》2005 年第 3 期。

② 史正涛、刘新有：《城市水安全的概念、内涵与特征辨析》，《水文》2008 年第 5 期。

③ 马斯洛：《动机与人格》，华夏出版社 1987 年版，第 40—69 页。

高度理性的人类不仅追求当前自身生存需要的满足，更希望自身生存发展能够得到永续满足。安全需要是人类活动的基本动机之一。诸如储蓄、保险、公安、国防等从根本上均为保障人类安全的需要。随着人类社会经济的发展和人类利用和改造自然界能力的增强，当前人类基本生理生存需要已能得到初步满足，然而支撑人类生存发展的资源环境条件恶化正严重威胁着人类未来的存续发展，引发人类的普遍忧虑，可持续发展思想应运而生。可见，可持续发展观实质上就是人类安全发展观。无疑，水是与人类生存发展最为密切的资源环境条件之一。首先，水资源具有不可替代性，水资源是人类生存与社会发展不可或缺的基础资源，因而被称为基础性自然资源；其次，水资源供给具有有限性和相对稀缺性，人口和经济增长是水资源稀缺的根源，由于不能满足人们对水资源日益增长的需要，因此存在水资源数量和质量等安全供给问题；最后，水资源系统的整体性，水资源系统内部存在内在联系、构成一个有机系统，如果水资源系统结构遭受破坏（例如水质污染）会导致水资源系统功能衰减甚至消亡，进而产生水安全问题。总之，水安全与人类息息相关，当人类面临与水相关的某种灾害和危害的威胁时，就会有不安全的感觉。

结合已有研究成果，本书认为，水安全的本质内涵是，水资源环境系统作为人类赖以生存的基本条件和物质基础，能够持续稳定地满足人类生存发展需要，而不对人类可持续发展构成制约与危害的状态。从人类可持续生存发展需求内容角度来看，水安全包括生命财产安全、生活用水安全、生产用水安全和生态用水安全，前三者是直接水安全，后者属于间接水安全。其中，生命财产安全是指居民生命财产不受洪涝灾害的威胁；生活用水安全是指城市居民日常生活用水水量和水质均能得到持续稳定的保证，是最基本的水安全，直接关系居民的身心健康，需要优先保障；生产用水安全，是指人类正常的生产用水特别是农业用水水质、水量均能持续稳定地得到满足，否则将出现粮食安全等问题；水生态安全是指人类赖以生存的生态环境用水水量、水质均能得到持续保障，否则会威胁人类社会经济的可持续性。可见，前两者是直接水安全，直接关系到人类生命的存续，后两者属于间接水安全，通过保障人类物质财富生存及其条件的可持续性维系人类生命存在的可持续性。从水安全客体条件来看，水安全又可包括水量安全、水质安全和水灾害预防安全。其中，"水量安全"即水资源丰度足以持续稳定地维持当前与未来可预见的人口、经济规模及生态环境需水；"水质安全"即水资源质量达到一定标准不致对人类生活生产及生态环境造成损害；"水灾害预防安全"即水资源量与质的时空突变不致对人类和生态造成灾难。需要强调的是，在此三种水安全中，水质安全不仅直接关系人类生命的健康与存续，而且通过影响水量安全，间接影响人类生存发展。水体污染是导致丰水区缺水的根本原因，因而也是该类地区需要特别关注和监管的水安全。由此，本书认为，水安全应定义为：在当前或未来可预见的人类社会经济发展背景与制度、技术条件下水文水资源系统能够持续支撑人类社会经济可持续发展的状态。

根据对其内涵的讨论，不难发现水安全具有以下属性：一是自然属性，即产生水安全问题的直接因子是自然界水的质、量和时空分布特性；二是社会经济属性，即水安全问题的承受体是人类及其活动所处的自然与社会经济环境的集合；三是人文属性，即水安全载体人对水安全具有感受性，并受人们的安全认知和安全欲求程度影响。具体来说，就是水安全和水资源系统的丰枯等属性有关、和人类社会的脆弱性有关、和人群心理上对水安全保障的期望水平、对所处环境的水资源特性认识以及自身的承载能力等有关。

由此水安全具有如下特征：一是复杂性，即水安全是个复杂系统，涉及气候、水文、经济、技术、制度等诸多自然与人文要素；二是相对性，水循环系统满足人类经济社会和生态系统需求的程度不同，水安全的满足程度也不同；三是动态性，即随着技术和社会发展水平不同，水安全程度也不同；四是地域性，构成水安全的要素具有空间差异性，各地水安全具体表现存在差异；五是可调控性，通过人类对水安全系统中各因素的调控、整治，可以改变水安全程度；六是维护水安全需要成本。维护水安全需要付出代价，如控制人口经济规模、治理水污染、防治水灾害等都要付出大量的人力、物力、财力成本。

总之，水安全与经济社会和人类生态系统的可持续发展紧密相关。随着全球性资源危机的加剧，国家安全观念发生重大变化，水环境作为国家社会经济可持续发展的一种外在条件，成为国家安全的重要内容，与国防安全、经济安全、金融安全有同等重要的战略地位。

二　城市水安全内涵及其特征

（一）城市水安全的概念与内涵

城市水安全是人类水安全在城市这一特定地域空间尺度的体现。随着近现代城市化的快速推进，城市已是当今人类主要聚居地与社会、经济、文化、政治活动的中心，城市水安全在整个人类水安全体系中地位日益重要。

根据水安全的概念，城市水安全可定义为，在城市这一特定区域内，能够避免一切严重涉水灾害，进而消除人们对涉水灾害的不安全感，确保城市社会经济、生态环境以及城市居民自身和人文环境可持续发展的"综合涉水状态"。我国学者邵益生指出，城市水安全是指在满足城市生活、生产和生态需水的前提下，免除不可接受的损害风险的状态，包括水量、水质和设施安全等，其核心是饮用水安全；并进一步从水量安全、水质安全、设施安全角度明确了城市水安全的基本内涵。[①]

（二）城市水量安全

城市供水系统必须提供足够的水量，以满足城市生活、生产、生态的合理用水需求，这是城市可持续发展的基础条件。而保障水量安全的前提是具有高保证率的水源，通常情况下，城市集中式生活饮用水水源地的供水保证率应高于90%，规模较大的重点城市应在95%以上。采用多水源供水有利于提高保证率和应对水源突发污染事件，有条件的城市可适度开采地下水。

（三）城市水质安全

保障水质安全尤其是生活饮用水安全通常需要建立"三道防线"。"第一道防线"是水源地，集中式生活饮用水水源地一级保护区的水

---

① 邵益生：《关于我国城市水安全问题的战略思考》，《给水排水》2014年第9期。

质，应符合Ⅱ类水的要求；"第二道防线"是水厂净水系统，就是要提高净水技术设施水平和净水标准，保障出水符合饮用水标准；"第三道防线"是供水管网尤其是"二次供水系统"，保证不对水体造成二次污染。

（四）城市水利设施安全

城市水利设施是水安全的基础，城市供、排水设施是城市水循环系统的重要载体，与城市交通、能源等基础设施关系密切，事关城市复杂大系统的公共安全大局。建设完善的供水设施是确保供水水质合格、水量充足、水压稳定的基本条件，现代城市不能接受大面积、长时间的停水事件，也不允许将水质不合格的水供给千家万户；系统配套的排水设施是确保城市雨水安全排放、生活污水和工业废水得以及时收集和有效处理的关键所在，也是实现城市水环境、水生态安全，维持良好人居环境的必然要求。

三 城市水安全的特征

由于城市自身高人口密度、高经济密度及高生态脆弱性，除水安全的一般特征外，城市水安全还具有以下基本特征。

（一）高风险性

相比乡村地区城市具有水安全的高风险性，极易发生水安全问题。这主要是因为，城市是人口与经济活动高度密集区，因而具有高安全风险暴露度，相比乡村地区，城市水安全问题一旦发生，影响和危害更大；同时城市也是高度开放的、不完整的生态系统，因而高度依赖外部水环境，因而其水环境供需极易受外部因素影响。

（二）外延宽泛性

城市水安全除了城市水量供给保障、城市防洪排涝等问题，还要面对更为严峻的水质安全问题。这种水质安全不仅包括水源地水质安全，还包括整个原水输送、净化处理、用户供给整个环节的水质安全保障，以及对巨量排放污水的治理。

（三）成因复杂性

除水资源本身自然赋存及引起水文波动的自然因素之外，城市社会经济发展中的工程建设、人口增加、经济增长以及水资源的储备、输送、净化、供给、使用、排放等多个城市水循环环节均存在城市水安全的威胁。

（四）构成系统性

由于城市水安全涉及诸多自然人文要素，因此，水资源安全的保障是个系统工程。城市水安全保障应围绕由"水源、供水、用水、排水"等基本单元构成的城市水循环系统，建立源头到用户用水全流程的水质监测预警、快速响应和应急救援能力，应对突发性污染事故、极端气候变化和重大自然灾害，全面提升城市水安全保障水平。

第二节　城市水安全的影响因素

城市水安全大体受制于两个方面因素。一是自然环境条件与水资源自然赋存。降水丰沛且时空分布均匀，地表植被覆盖度高、地表与地下水资源赋存丰富的地区城市水安全度相对较高。二是人类社会、经济、技术因素。其中，人口与经济增长对水资源构成需求压力，是产生水资源相对稀缺和水质污染的根本原因；而社会制度、政府监管、工程技术等因素则通过约束人类行为起到保障水安全的作用。

一　影响因素分析

（一）自然环境因素

现有研究表明，全球气候变暖对人类水安全影响具有综合和多面性[1]，涉及水资源安全、水环境安全、水生态安全、水工程安全、供水安全。[2] 全球气候变暖可通过提高上层海水水温增强热带气旋和台风强度；通过提升大气水分含量增强暴雨洪涝的频次和强度；通过改

---

[1]　Wentz, F. J., Ricciardulli, L., Hilbum, K. et al., "How much more rain will global warming bring", *Science*, 2007, Vol. 317, No. 5835, 2007, pp. 233 – 235. Woodruff, J. D., Irish, J. L., Cammargo, S. J., "Coastal flooding by tropical cyclones and sea – level rise", *Nature*, Vol. 504, No. 7478, 2013, pp. 44 – 52.

[2]　侯立安、张林：《气候变化视阈下的水安全现状及应对策略》，《科技导报》2015 年第 4 期。

变降雨量及其时空分布影响各地水资源的量与质；通过加剧地表蒸发，使地表径流和土壤水含量下降，减少可用水资源量；通过加剧冰川融合与衰退，影响主要水源集水区水资源可持续利用；通过改变污染物来源及迁移转化行为，降低水体净化能力，破坏水环境安全；通过水体温度升高加速水体富营养化过程，导致水质恶化，严重威胁水生态安全；海平面上升加剧海水入侵，导致沿海地区土壤盐渍化、水体咸化，沿海水生态安全受威胁；高水位对下游防洪水利工程产生巨大威胁、频繁的寒流和热浪极端低温和高温天气会加剧水利工程风化，威胁工程安全。

（二）人口水平的影响

人口水平是引发城市水安全问题的根本原因，城市人口无序过快增长是城市水安全问题的重要症结。首先，城市人口过快增长及其生活水平的提高直接引发生活用水需求的增加，对城市水资源供给造成压力。其次，城市人口过快增长引发城市规模增大而导致各类城市经济用水快速增加。当上述两类水需求超过城市水资源供给能力时，就会引发供水安全问题。再次，城市人口与经济规模快速增加，还使得城市生产、生活污水排放规模大增，当其排放规模超过城市污水收集与处理能力时，极易引发城市水质安全问题。最后，城市人口过快增长导致的需水和污水排放增加，会直接引发城市及其周边地域各类用水矛盾，经济用水挤占生态用水，污水污染生态环境，引发局部城市生态环境问题。因此，应适度控制人口增长、限制人口规模，做到"以水定城、以水定人、以水定产"，对城市水安全具有重要意义。就我国情况来看，尽管人们的节水意识普遍提升，节水技术与器具普及以及水资源价格的回归，城市居民人均日生活用水量已有所下降①，但是，由于城市生活用水需求的刚性特征及城市人口的快速增加，我国城市居民生活需水压力仍十分巨大。

（三）经济发展水平的影响

城市经济水平包含城市经济规模与城市经济结构两个维度。城市

① 仇保兴：《我国城市水安全现状与对策》，《建设科技》2013年第23期。

经济规模增加是导致城市用水增加的重要原因，城市经济规模无序增长是引发城市水安全的重要隐患。当城市经济用水效率和减排能力短期内不能大幅提高时，城市经济规模快速膨胀必然导致需水量和排污量的大幅增加，引发城市供水和水质安全问题。城市经济结构对城市水安全影响比较复杂。当城市经济结构相对低端时，往往对水资源的需求量及污水排放量相对比较大。相关实证研究表明，除管理和技术创新因素外，无论是产业层面还是部门层面经济结构的调整和优化升级均具有显著的节水效应，且越来越发挥着重要作用。[1] 此外，城市经济的空间结构布局也对城市水安全具有重要影响，城市河流上游不合理的经济布局往往是导致城市水源地污染的重要原因，也是导致城市河流生态恶化的重要原因。可见，适度控制城市经济规模，积极调整优化城市产业结构和空间布局，做到以水定产，对缓解城市水安全问题具有重要现实意义。

（四）工程技术水平的影响

社会经济技术是缓解城市水安全的重要手段，但同时也隐藏着重要的水安全问题因素。首先，城市供水、排水、污水治理管道、处理设施等市政工程的修建是保证城市水安全的物质基础。其次，城市生产生活各类节水技术措施的推广和提升是缓解城市用水紧张的重要手段。最后，城市经济的适度发展可为城市水安全保障提供财力与物力支撑。但需要看到，城市水利工程技术发展相对滞后或不能及时更新也是水资源安全的重要隐患。比如，城市防洪排涝工程标准过低，也是导致城市内涝的重要原因。此外，城市储水、输水、水处理、排水环节过长与过于集中，也增加了城市水安全风险，任何一个环节出现水质问题都会引发水安全问题。因此，为保障城市水安全，既要加强城市水供给、处理、排放工程设施建设，同时还要加强其运行全过程的监控与管理。

（五）政治和伦理道德的影响

从上述城市水安全影响因素的分析中不难发现，人为因素是引发

---

① 贾绍凤、张士锋、夏军等：《经济结构调整的节水效应》，《水利学报》2004 年第 3 期。

水资源安全问题的根本原因。而引发水安全问题的人为原因从根本上讲产生于人的认知与技能的有限以及经济利益驱动下的发展冲动。在我国无论是城市发展决策者还是普通公众，大都还没普遍认识到城市水安全的重要性，没有全面认识城市水安全的复杂性及其与自身发展行为的关系。还没做好应对复杂的水安全危机的准备，还沉浸在城市经济发展与私欲满足的欢愉中。通过城市管理者发展理念的转变，制定科学严格城市人口与经济发展政策，对遏制城市需水和污水排放，保证城市水安全十分关键。通过宣传教育与技能培训，提高公众与经济主体城市水安全理念，约束自身用水行为，提高自身节水减排技能，可有效抵御城市水安全风险。可见，城市水安全管理关键是对人的管理。普及城市安全理念、严格控制人口与经济增长，积极转型优化经济结构、提高公众节水减排意识，可从源头防范城市水安全风险，保障城市水安全。

二 城市化对城市水安全的影响

当前我国仍处于快速城市化阶段。据国家统计局发布的数据，至2016年年底，我国城镇化率按常住人口计为57.35%。根据联合国开发计划署与中国社会科学院城市发展与环境研究所联合发布的研究报告，到2030年，我国城市城镇化率人口将达到70%，城市人口将增加3.1亿。伴随着我国城市化率的提高，城市用地与经济规模将快速扩张，从而给城市水安全既造成新的挑战，又提出更高要求。探讨城市化对城市水安全的影响在我国具有重要现实意义。城市化对城市水安全的影响可从如下几个方面分析：

（一）城市化对城市水量安全的影响

城市化导致的城市人口规模的不断增大以及生活方式的转变，可使城市生活用水随着居民生活方式、卫生要求、经济条件的改善而成倍增加。经济发展是城市化的根本驱动力，城市化集聚效应又进一步推动城市经济发展。城市经济的发展特别是工业的发展，一方面导致城市经济耗水大量增加，另一方面造成城市生产污水排放量快速增加。当城市污水收集处理设施不能使大规模的生活、生产污水得到及时有效处理而达标排放时，必然造成自然水体的污染，减少城市可用水资源量，加剧城市水资源短缺，形成水质型缺水，危及城市水量安全。

（二）城市化对城市水质安全的影响

首先，随着城市化进程的加速，城市人口与经济集聚和规模扩张，导致生活、生产污水日益高度集中和排放量激增。在城市污水处理能力和监管提升迟缓的情况下，必然直接导致城市地表、地下水体污染。其次，随着城市建成区面积扩大，城市大气中和地表大量污染物会随着城市降水和地表漫流快速汇聚到城市河道和水源地，加剧城市水质恶化。此外，随着城市化的推进，大量城市垃圾产生，在得不到及时、妥善处理的情况下，在堆放和处理过程中势必通过分解、渗入、径流等方式对城市水系统造成二次污染，影响城市水质安全。

（三）城市化对城市水灾害的影响

城市化进程中，大面积的天然植被和土壤遭到破坏，河道、湖泊、水塘被填平，取而代之的是硬化的道路和建筑，使地表截留、吸纳、下渗降水的能力大大降低，在地面大量汇聚成流，导致城市洪涝灾害的可能性增大。与此同时，城市化进程中，为满足用水需求，在地下水补给大大减少的情况下，大量开采地下水，引起地下水位下降和日益枯竭，这不仅加剧了城市水资源枯竭，而且极易形成地下漏斗，造成地面沉降，引发建筑物倾斜、地下管道破裂、海水倒灌等次生地质灾害等问题。

第三节　我国城市水安全面临的挑战与监管需求

一　城市水安全挑战

上述城市水安全影响因素分析表明，城市水安全受到城市内外部多种因素影响。其中，气候变化因素、人口因素、经济发展因素对城市水安全影响最具综合性和根本性。当前全球气候变化加剧、城市化进程加速推进对未来城市水安全构成了巨大挑战。

（一）气候异常变化的挑战

根据近期联合国政府间气候变化专门委员会（IPCC）的相关评估报告，全球气候变暖正呈加剧趋势，极端气候事件正变得更加频繁和剧烈。[1] 相关研究表明，气候变化正使我国原本缺水的东北、华北地区更加少雨，原本多水的华南地区降水更多。[2] 这必将对包括我国在内的诸多城市水安全构成巨大威胁。近些年来，我国许多城市包括诸多一、二线城市内涝频发就是例证之一。早在 2010 年住房和城乡建设部就对 351 个城市进行了专项调研，结果就显示，仅 2008—2010 年，全国 62% 的城市发生过城市内涝，内涝灾害超过 3 次以上的城市有 137 个。2010 年以来我国城市内涝问题更趋严重，北京、上海、广州、深圳、济南、武汉等多个大城市、特大城市发生严重内涝，仅 2012 年北京"7·12"特大暴雨就造成当地道路、桥梁、水利工程受损，民房多处倒塌，近 80 人遇难。[3] 针对气候变化对水资源安全带来的威胁，我国诸多城市规划建设与管理对此还缺乏长远考虑，还未对此进行充分的评估和给出科学合理的应对策略；许多城市排水工程建设依然标准偏低、城市河道疏于管理。

（二）快速城市化的挑战

当前我国正经历着快速的城市化过程。以常住人口计算，改革开放以来我国城镇化率从 17.9% 提升到 57%，城镇常住人口从 1978 年年底的 1.7 亿增加到 2014 年年底的 7.3 亿，建制城市数量从 193 个增加到 658 个，建制镇达 18599 个。与此同时形成了武汉、成都、南京等 11 座特大城市与上海、北京、广州等 6 个人口超过 1000 万的超大城市，长三角、珠三角、京津冀等若干国家级城市群。就城镇用地规模扩张情况看，根据国土资源部 2014 年发布的统计数据，至 2013

---

[1] 沈永平、王国亚：《IPCC 第一工作组第五次评估报告对全球气候变化认知的最新科学要点》，《冰川冻土》2013 年第 5 期。

[2] 袁喆、严登华、杨志勇等：《1961—2010 年中国 400mm 和 800mm 等雨量线时空变化》，《水科学进展》2014 年第 4 期。

[3] 冯璐、黄艳、褚晓亮：《盘点近年来的城市内涝："看不见的工程"考验城市文明》，新华网，2014 年 5 月 21 日。

年年底，我国城镇用地总规模达 858.1 公顷（近 1.3 亿亩），年均增速达 3.6%，并呈现出大城市用地增量大、小城市用地增速快的特点。根据我国城市化发展战略，未来一二十年我国城市人口与用地规模还将持续增长。快速的城市扩张与庞大的人口增量势必形成庞大的水资源需求和生活排污量，对水资源与水环境造成强大的需求压力，增大城市水安全风险。快速的城市化极大地改变了自然水循环基本模式，形成城市典型的"自然—人工"二元水循环模式，加剧了城市水安全风险。[①]首先，城市需水特别是生活需水不断增加，给供水安全保障带来了巨大压力。改革开放以来，我国城市用水由不到 80 亿立方米增长到 2014 年的约 500 亿立方米。其次，城市规模庞大集中的污水排放将至少造成城市内部和周边水体的污染，并减少城市可用水资源量。根据我国环境状况统计公报，20 世纪以来，我国城镇废水（含工业污水和城市生活污水）排放量由 2000 年的 415 亿吨增长到 2015 年的 735 亿吨；流域劣于 Ⅲ 类的断面由 2000 年的 35% 增长到 2015 年的 42%。再次，城市水循环环节延展，结构日趋复杂，由原始的"取—用—排"单向线性过程逐步转变为"取水—给水处理—配水——次利用—重复利用—污水处理—再生—排水"，带来了多环节水质安全防控风险。近年来，我国与供水管网老化等原因有关水质事件层出不穷。此外，城市高密度的人类社会经济活动，干扰了城市的自然水循环过程：城市"雨岛效应"增大城市降水量和降水强度，硬质城市下垫面加剧降水地表汇聚速度，造成城市内涝，并减少雨水对地下水的补给。

根据有关研究，在我国近期城市化快速推进的背景下，我国城市缺水范围在不断扩大，缺水城市也在加剧。[②]根据 2014 年住建部的统计数据，我国 658 个城市中有 300 多个属于联合国人居环境署评价标准划定严重缺水城市或缺水城市，日缺水总量达 1600 万立方米。今

---

① 王浩：《城市化进程中水源安全问题及其应对》，《给水排水》2016 年第 4 期。
② 许英明、张金龙：《快速城市化背景下的城市水安全问题：表现、成因及应对》，《前言》2013 年第 5 期。

后随着我国城市用地规模扩大与城市人口的快速增加，缺水城市还会继续增加。与此同时，由于城市污水、生活垃圾、工业废弃物污液以及化肥农药等的渗漏渗透，导致诸多城市地下水质下降，地下水污染加剧和地表水超标排放并存的现实，直接影响着城市居民饮用水安全和城市整体水安全。根据《2015 年中国国土资源公报》，在全国 5118 个地下水水质监测点中，有近 62% 的监测点水质为较差或极差。根据环保部《黑臭水体治理技术政策》编制组的 2015 年统计数据，我国 80% 以上的城市河流受到污染，90% 以上的城市地表水域受到严重污染，有很多城市河流甚至出现季节性和常年性水体黑臭现象。针对城市化对我国城市水安全带来的威胁，我国诸多城市目前还缺乏有效的应对策略，多数城市仍存在水源地供应地单一，缺乏备用水源地，应急能力低下；城市市民节水意识不强，供水设施跑冒滴漏浪费水资源严重；污水收集处理设施建设滞后，企业非法排污行为未能得到有效遏制等问题。

（三）经济发展挑战

长期以来，我国城市经济增长靠的是高资源消耗、高废气排放这种经济发展模式。当前和今后相当一段时间，我国诸多城市管理者与企业经营者发展理念与环保意识还难以快速转变和提高。今后伴随着城市化进程与城市经济规模的扩大，城市经济用水与污水排放还将继续大幅增加，从而威胁城市水安全。根据相关研究，至 2030 年，我国仅城市工业用水量将达到 1704 亿立方米。[①] 当前，我国诸多城市一方面仍面临着经济结构优化与产业转型升级的困难，另一方面也面临着庞大的城市供水、排水、污水治理设施投资建设及管理的压力。此外，提高全社会的节水护水意识和能力及水资源利用效率，加强排污企业排污行为的有效监管也是城市面临的急需解决的问题。

从上述分析不难发现，当前人类特别是我国面临的城市水安全问题症结在于人及其非理性行为，而城市政府监管的缺失则是导致城市

---

① 沈福新、耿雷华、曹霞莉等：《中国水资源长期需求展望》，《水科学进展》2005 年第 4 期。

水安全问题频发的关键。城市人口规模的过快增长由此带来的城市规模的无序扩张；现阶段资本利益驱动下的经济规模过度膨胀；公众与企业经营者水安全意识差，节水与减排能力不高，非法企业偷排漏排等问题，归根结底是人的问题，是因为城市管理者、企业经营者、广大市民水安全意识不足，知识技能不足，对发展欲望、利润欲望、消费欲望不当追求原因造成的。而当前频发的城市内涝，看似由自然原因引发，实际上，与城市规划建设管理者对气候变化造成的气候异常变动认识不足，对城市排水设施投资建设不足且标准过低密切相关。因此，从根本上讲，保障城市水安全必须加强对人及其行为的管理，适度控制城市人口与城市发展规模，增强城市管理者、城市居民、企业经营者水安全意识，强化对城市居民与企业经营者水行为的有效监管并提高其节水减排的能力，同时加大城市防洪抗旱工程的投入与建设管理工作力度。

二 城市水安全监管及其意义

随着我国市场化改革的深入推进，城市经济规模快速膨胀，各类用水排污企业迅速增加，各类企业包括诸多外资与民间资本也已经深度介入我国城市供水、排水、污水治理等水务领域，深刻影响着我国城市水安全形势。企业经济利益最大化导向的经营行为及对公共水环境的漠视使得城市水安全面临着很大风险，这尤其需要政府加强对各类水务企业经营行为的安全监管。近些年，我国多数城市水浪费、水污染问题久治不愈且日趋严重，一个重要原因就是政府对各类用水、排污企业缺乏监管或监管不到位。保证城市水安全是政府的责任，加强政府对城市水安全的监管是抵御水安全风险的关键。

城市水安全监管是指城市政府为保障城市安全，综合运用法律的、规划的、行政的、经济的手段，依法对城市供水、用水、排水、污水治理主体及其相关城市基础服务设施的安全运行与运营进行规范、引导、控制、监督与管理。就具体内容来看，城市水安全监管应包括如下几个方面内容：①城市供水安全监管，具体涵盖城市供水水源安全监管、城市供水管道及处理设施安全运行监管、城市供水水价及污水处理费收费标准监管，及城市用水规模与用水节水行为监管，其目标在于保证城市居民可以足量优质、连续便捷、价格低廉地获得生产生活用水。②城市排水安全监管，包括城市污水排放安全监管（含污水达标排放、收集输送与集中处理等环节监管）以及雨水排放安全监管（含相关防洪排涝设施建设与运行监管），其目的是保证城市水环境安全及预防城市洪涝灾害的发生。③城市水生态安全监管，包括城市河道水生态安全监管与河道外生态安全监管，其核心是维持城市生态环境平衡与可持续。

当前加强我国城市水安全监管具有如下重要现实意义。

首先，通过供水安全监管，可保障广大城市居民生产生活正常的用水需求。加强城市供水特别是水源地的保护及输水、水处理及送水环节的监管，可使城市居民用水水量与水质有充分的保障。

其次，通过防洪排涝监管，有利于保障城市居民生命财产安全。城市政府通过防洪排涝基础设施修建及运营的监管，可大大增强城市现有排水系统排涝能力。

再次，通过城市污水排放监管，可保障城市水体环境清洁，预防水污染导致的水质性缺水。城市政府通过加强企业排污行为监管以及污水收集、处理设施及其运行监管，可使城市自然水体特别是城市集中供水水源地尽可能地少受污染。

最后，通过城市水生态安全监管，有利于恢复和有效维持城市自然生态平衡与可持续，为城市居民生产生活提供一个更加舒适宜居的自然环境。通过监管，保证城市河道与河道外城市生态用水，恢复和增大城市绿地面积，不但可有效改善城市局部小气候，减弱城市"五岛效应"，而且也可减缓强降水在地面的汇集过程，缓解城市内涝，还可吸收城市有害气体，净化空气，减弱废气通过降水对水体污染。

第二章　城市水安全及其监管理论基础

　　水安全的本质是人类赖以生存的水资源与水环境能够持续稳定地支撑人类可持续发展，因此，水安全问题从根本上属于人类可持续发展理论需要探讨的范畴。人类可持续发展理论构成城市水安全理论基础。可持续发展理论框架可用于分析城市水安全问题。水环境属于人类生态环境的重要组成部分，生态环境安全理论为我们揭示水安全内在机制和规律提供了更为详细的分析框架。本章研究将基于可持续发展理论与环境安全理论，从理论上剖析保障城市水安全的内在机理，进而探讨城市水安全实现路径和政府的监管途径。

第一节　城市可持续发展理论

　　水安全观念的提出受可持续发展思想深刻影响，所谓的水安全本质上是指水环境能够持续稳定地满足人类生存发展的需要，因此，水安全是人类可持续发展战略的内在要求。通过对城市可持续发展理论的分析，可以深化对城市水安全的理性认识。

一　可持续发展理论

（一）可持续发展观的产生与演进

　　长期以来，人们将发展仅仅等同于经济增长。在这种发展观指导下的经济发展模式以高投入、高排放以及资源浪费和环境破坏为特点，导致了极其严重的环境问题。从 20 世纪五六十年代开始，严重的环境危机逐渐受到国际社会的普遍关注。1963 年，美国女生物学家莱切尔·卡逊（Rachel Carson）的科普著作《寂静的春天》问世①，引发了世界范围的关于发展观念的讨论，逐渐使人们认识到把经济、社会与环境割裂开来谋求发展，只能给地球和人类社会带来毁灭性的灾难。10 年后，国际学术团体罗马俱乐部发布研究报告《增长的极限》，明确提出"持续增长"和"合理的持久的均衡发展"概念。②进一步深化了人们对发展与环境关系的认识，将人类发展观提高到可持续发展的新境界。1987 年联合国"世界环境与发展大会"上发布报告《我们共同的未来》，首次正式提出可持续发展的概念，并要求各国将实现可持续发展作为本国政府的一项责任。③ 1992 年巴西里约热内卢"世界环境与发展大会"第一次从环境保护和经济发展有机结合的高度，提出了纲领性文件《21 世纪议程》，把可持续发展完善为系统观念和系统理论，并上升到全人类共同发展战略，从而被国际社会普遍接受和执行。④

世界环境与发展委员会 1987 年对可持续发展给出了定义："可持续发展是指既满足当代人的需要，又不损害后代人满足需要的能力的发展。"尽管这一可持续发展思想的定义已广为国际社会所接受，但在不同学科领域人们对"可持续发展"的认知尚不统一。生态学家从生态和环境的角度给出的定义为"自然资源与其开发利用之间的平衡"，国际生态联合会及国际生物联合会（1991）则共同把可持续发展定义为："保护和加强环境系统的生产和更新能力"。⑤ 人口学家认为，可持续发展是代际发展机会的平等性，在包括资源在内的广义财富传递上，每一代人留给下一代的都应该是相等的。⑥ 社会学家则将此概念定义为"人类生活在永续良好的生态环境中，同时又要改善人

---

① Carson，R.，"Silent Spring"，*Forestry*，1963，Vol. 304，No. 6，p. 704.

② 丹尼斯·米都斯、梅多斯：《增长的极限：罗马俱乐部关于人类困境的报告》，李宝恒译，吉林人民出版社 1997 年版。

③ 国际环境与发展研究所：《我们共同的未来》，世界知识出版社 1990 年版。

④ 国家环境保护局：《21 世纪议程》，中国环境科学出版社 1993 年版。

⑤ 徐飞、王浣尘：《略论可持续发展渊源及内涵》，《系统工程理论与应用》1997 年第1 期。

⑥ 胡涛等：《中国的可持续发展研究》，中国环境科学出版社 1995 年版。

类生活的质量"。① 经济学家希克斯·林达尔定义为"在不损害后代人的利益时，从资产中取得的最大效益"，其他经济学家则定义为"在保持能从自然资源中不断得到服务的前提下，使经济增长的净收益最大化"②，英国经济学家皮尔斯和沃洛德（Pearce and Warlord）在1993 年所著的《世界无末日》提出可持续发展为"当发展能够保证当代人的福利增加时，也不应使后代人的福利减少"。③ 环境学家丹尼尔·D. 奇拉斯（Daniel D. Chiras）提出"可持续发展的社会是满足其需要而对其后代和其他种类满足其需求的能力不产生危害的社会"。④

（二）可持续发展观的基本内涵

根据当前不同学科领域学者对可持续发展的认知和定义，可将可持续发展基本内涵归纳如下：

首先，可持续发展意味着要以保护自然资源和环境为基础。发展要同资源与环境的承载力相协调。应将发展与资源和环境保护视为一个有机的整体：为了实现可持续的发展，资源和环境保护工作应是发展进程的内在有机组成部分。是否将资源的永续利用与环境保护作为人类发展的基础是区分传统发展与可持续发展的关键。

其次，可持续发展意味着人类生产与消费模式的根本转变。可持续发展要求人们放弃传统的高消耗、高增长、高污染的粗放型生产方式和高消费、高浪费的生活方式。人类若想实现可持续的发展，需要提高生产效率以及改变生活模式，以最大限度地利用资源和最小限度地生产废弃物，即一方面要求人类在生产中要尽可能地少投入、多产出；另一方面又要求人类在消费时要尽可能地多利用、少排放。

最后，可持续发展意味着要以改善和提高人类生活质量为目的。可持续发展作为人类一种全新的发展观，其最核心的变化是其价值观

---

① 高彦春等：《区域水资源开发的阈限分析》，《水利学报》1997 年第 8 期。

② 张坤明：《可持续发展论》，中国环境科学出版社 1997 年版。

③ 戴维·皮尔斯、杰瑞米·沃福德：《世界无末日——经济学、环境和可持续发展》，中国财经经济出版社 1996 年版。

④ Daniel D. Chiras, *Environmental Science—Action for a Sustainable Future*, Fourth Edition, The Benjamin/Cummings Publishing Company, Inc. , 1994.

的变化，即将发展的目的由"物"转向"人"，以满足人的需要，改善和提高人类生活质量，促进人的发展为根本目的。可持续发展的核心是人的全面发展，这是一个全面的文化演进过程，需要深刻的社会变革。

（三）可持续发展的基本原则

1. 共同发展原则

地球是一个复杂的巨系统，每个国家或地区都是这个巨系统不可分割的子系统。系统的最根本特征是其整体性，每个子系统都和其他子系统相互联系并发生作用，只要一个子系统发生问题，都会直接或间接影响到其他系统的紊乱，甚至会诱发系统的整体突变，这在地球生态系统中表现得最为突出。因此，可持续发展追求的是全球各国和地区整体发展即共同发展。

2. 协调发展原则

人类发展中，经济、社会和环境三大系统是一个有机整体，可持续发展就要将经济可持续、生态可持续和社会可持续三方面协调统一起来，要求人类在发展过程中既要讲究经济效率、更要关注生态平衡和追求社会公平，最终实现人的全面发展。其中，生态可持续是基础、经济发展是手段、社会发展是目标。这里的协调发展既包括经济、社会和环境三大系统的整体协调，也包括世界、国家和地区三个空间层面的协调，还包括一个国家或地区经济与人口、资源、环境、社会以及内部各个阶层的协调，持续发展源于协调发展。

3. 公平发展原则

世界经济的各地发展条件差异呈现出发展水平的差异性，这是发展过程中始终存在的客观问题。但是这种发展水平的差异性若因不公平、不平等而加剧，就会因为局部而上升到整体，并最终影响到整个世界的可持续发展。可持续发展思想的公平发展包含两个维度：一是时间纬度上的公平，当代人的发展不能以损害后代人的发展能力为代价；二是空间纬度上的公平，一个国家或地区的发展不能以损害其他国家或地区的发展能力为代价。

4. 高效发展原则

可持续发展的效率不同于经济学的效率，可持续发展的效率既包括经济意义上的效率，也包含自然资源和环境的损益的成分。追求的是单位经济资源特别是自然资源的经济产出和使用效率最大化，从而使有限的自然资源在可持续的情境下可以维持和满足更多人口更高的生活水平要求，也意味着维持一定人口的特定生活水平可以消耗更少的自然资源。因此，可持续发展思想的高效发展是指经济、社会、资源、环境、人口等协调下的高效率发展。

5. 多维发展原则

人类社会的发展表现出全球化的趋势，但是不同国家与地区的发展水平是不同的，而且不同国家与地区又有着异质性的文化、体制、地理环境、国际环境等发展背景。此外，因为可持续发展又是一个综合性、全球性的概念，要考虑到不同地域实体的可接受性，因此，可持续发展本身包含多样性、多模式的多维度选择的内涵。在可持续发展这个全球性目标的约束和指导下，各国与各地区在实施可持续发展战略时，应该从国情或区情出发，走符合本国或本区实际的、多样性的、多模式的可持续发展道路。

二　城市可持续发展理论

可持续发展从空间尺度上看可分为全球可持续发展、区域可持续发展和地区可持续发展。作为地区可持续发展的一个子系统，城市既是区域、跨区域和全球性可持续发展问题的联结点，又是可持续发展政策实施的有效起点和中心环节。① 城市可持续发展强调的是城市发展的可持续性，要解决的问题是城市如何为可持续发展做出贡献。

城市可持续发展是指采取环境、经济、人口政策等手段，可持续利用资源条件，提高环境承载能力，保证环境内部结构的可持续性，进行环境综合整治规划，进一步改善环境质量，既要取得环境综合效益，又要实现城市环境与人口、经济的协调发展，以满足城市发展对

---

① 陈光庭：《从观念到行动：外国城市可持续发展研究》，世界知识出版社 2002 年版，第 3 页。

环境资源的需求，最终实现城市整体的可持续发展。① 可见，城市可持续发展是城市经济、社会、环境的和谐统一。城市可持续发展需要从城市资源、环境、经济、社会、建设、文化可持续性多个角度进行理解。

（一）资源可持续视角下的城市可持续发展

从城市发展的基础——资源角度来看，城市可持续发展是指一个城市挖掘其内在潜力的过程。换言之，城市要想可持续发展，必须合理地利用自身的资源，寻求一个合理的使用过程，并注重使用效率，但同时也要为后代人着想，即"可持续发展的城市不应该（通过它们产品和消费模式的中介）强加给地方或者全球自然资源和系统不可持续的发展需要"。② 城市保持持续发展关键在于保护城市资源，而要做到这一点，就要求通过加强资源管理，采取行政和法律等手段，限制和防止资源需求的过度增长。因此，保持资源及其开发利用问题的平衡，保护非再生资源，充分利用可再生资源和循环利用资源，不断完善资源管理机制，是城市可持续发展必须遵循的基本原则。

（二）环境可持续视角下的城市可持续发展

近年来，由于城市的急剧膨胀，城市环境不断恶化，如大气污染、水质恶化等。城市要持续发展需要协调城市经济发展与环境之间的关系。城市环境问题一般具有成因的累积性、复杂性和影响的长期性、扩展性等特征。城市的可持续发展需要遵循和利用城市生态环境规律，解决好城市环境问题。城市是个高度人工化的生态系统，城市自然生态系统自我调节、适应能力极差，维持城市生态环境平衡需要人类的深度介入，对自我发展行为的控制，如自动减排和进行污染治理以及进行绿化建设等。

（三）经济可持续视角下城市可持续发展

城市生活的复杂性对从经济角度分析城市可持续发展问题提出了

---

① 联合国"第二次世界人类住区会议"大会副秘书长乔治·威廉的发言。转引自陈光庭《从观念到行动：外国城市可持续发展研究》，世界知识出版社 2002 年版，第 5—6 页。

② 罗·贝尔琴、戴维·艾萨克、吉恩·陈：《全球视角中的城市经济：全球前景》，刘书瀚、孙钰等译，吉林人民出版社 2003 年版。

迫切要求。城市作为一个生产实体，其可持续发展是指在全球范围实施可持续发展的过程中城市的结构和功能间的相互协调，围绕生产过程这一中心环节，通过均衡分布农业、工业等城市经济活动，使城市新的结构和功能与原来的结构和功能达到和谐统一。为此，提高城市的生产效率对保证城市的可持续发展是至关重要的。与此同时，城市的经济活动必须立足于解决城市可持续发展的各种问题（例如，如何解决经济全球化趋势下的城市增长、城市发展以及城市规划等问题）。总之，协调既是城市经济稳定、健康发展的重要条件、主要内容和实际体现，也是城市可持续发展的有力保障，城市的可持续发展必须以经济和科技的持续发展为动力。

（四）城市建设视角下的城市可持续发展

用可持续发展思想指导城市建设和城市规划，应坚持以人为本、综合规划、自然生态和绿色建筑技术四项原则。城市建设与城市可持续发展最完美的结合点在于建设生态城市。建设生态城市的基本途径可分为三部分：一为发展生态经济；二为建设生态社区；三为进行全面规划。生态城市建设所涉及的面非常广，是一个十分庞大的系统工程，它作为城市可持续发展必不可少的重要环节，成为世界各国城市化过程中力图达到的目标。城市建设过程中出现的许多矛盾需要解决。只有针对存在的城市问题，提出合适的建设目标，并与城市可持续发展的理论紧密地结合在一起，才能建成生态城市。

（五）城市社会可持续视角下的城市可持续发展

从社会角度看，城市可持续发展应以富有生机、稳定和公平为标志，以建设高度发达、高度文明、体制完善的社会为长期追求的目标，寻求人类相互交流、信息传播的最大化，应使城市社会尽量适应不同城市群体不同生活方式的需要，并鼓励不同城市阶层的人士参与城市问题的讨论和决策。具体来说，包括以下几个方面：一是使公民获得基本的环境权利，即政府必须保障公民的基本生活需要，这是维持社会长治久安的基本条件。二是使公民获得教育和培训的权利，增强公民的素质。三是使公民充分就业，社会应给每位公民提供就业机会。四是应消除贫困，减少对抗，市政当局应努力发展经济，消除贫穷现象，同时协调各方的利益，尽量避免社会冲突。五是提高城市的空间质量，规划绿地，调节人们的生活方式。六是采取健康服务措施，增强人们的防病意识，同时增加各类医疗设施。七是鼓励公众积极参与社会活动，增强公民意识，服务社会。八是形成和谐的邻里关系，通过社区公共活动，增强社会的整体凝聚力。九是养成健康的生活方式。

（六）城市文化可持续视角下的城市可持续发展

作为人类最主要的聚居地，城市不仅是经济活动的载体，同时也是文化活动的载体。城市发展的根本目的在于满足并不断提高人民日益增长的物质文化和精神文化的需要。因此，城市的可持续发展应以文化的持续发展为灵魂。这里说的文化可持续发展，是指城市文化对传统的继承和尊重，对区域内自然遗产和文化遗产的挖掘和保护，良好的城市文化形象的形成，健全的教育培训体系，知识和信息的广泛传播，充满活力的文化创新精神和创新能力。城市文化的动态发展是创造和实现城市价值的重要手段。城市文化的持续发展是传统文化和时代精神相融合的动态过程，必须建立在城市自身雄厚的人文底蕴上。只有保证城市文化的持续发展，才能使城市永远保持活力。只有这样，才能最终实现城市的可持续发展。

三 水资源可持续利用理论

作为一种日益稀缺和脆弱的战略性经济资源和基础性的自然资源，实现水资源的可持续开发利用对人类可持续发展至关重要。从20世纪70年代始，可持续水资源利用与管理逐渐成为水科学研究和人类可持续发展实践领域关注的焦点。

依据生态可持续法则，对资源的开发利用只要不超过其恢复再生能力，资源便可持续永存，其永续最大供给量以持续最大产量为限；对环境服务利用时人们排放的废弃物不能超过容量和自净能力，否则环境必将改变或受到损害。就水资源看，地表水最大持续产量是水文循环中多年平均的地表水最大水量，而地下水最大持续产量是地下水能长久供给且水位不降低或水量减少最大可供水量；人类排放的废水不能超过自然水净化能力。水资源的更新与水体的净化能力的产生源于水文循环过程，因此，水资源可持续的存在还离不开对水文循环规律的遵循，人类活动应尽量减少对水文循环过程的干扰，维持自然界正常的水文循环。

（一）决定水资源持续利用能力

就水资源持续利用的支撑条件看，实现水资源的可持续利用取决于水资源的承载能力、水环境的容量能力、区域的生产力水平、工程技术能力、水资源管理制度对用水行为的调控能力、应对发展过程中突发事件的能力等因素。其中，水资源的承载能力与水环境的容量能力体现了水资源和水环境对水资源持续利用的支撑程度，对水资源的持续利用具有基础性；其不仅与水资源及水环境自身特征有关，又与人类生活水平要求及水资源的利用的技术水平有关。区域生产力水平、工程技术能力与水资源管理制度则反映着人类对水资源与水环境的持续利用的可能性与能力。这些能力的具体内涵如下：

1. 水资源的承载能力

水资源承载能力是指一定区域、在一定物质生活水平下，水资源能够持续供给当代人和后代人需求的规模与能力，它是一个国家或地区人口、环境与经济可持续发展的一种基础支柱或支撑能力。各地区水资源的承载力是有限的，且因水的时空分布特性不同而有很大的差异。若水资源开发利用程度不超过水的承载能力，能够满足当代人的发展需要，就具备了持续发展条件。若一时满足不了发展需要，可借助科技进步、挖掘潜力、节约用水，想方设法提高用水效率，增强水的承载能力，以满足用水需要。据此，地区人口、环境与发展的目标应落实在水资源的承载能力之内；不然，发展的目标在物质上得不到保障，经济的发展也是不可能的，即使经济上可行，也不会持久地发展下去。

2. 区域生产力水平

区域生产力水平是一个国家或地区在资源、人力、技术和资本总体水平上可能转化为产品和服务的能力。特定区域的人类的生活生产活动无不表现为一个自然生态系统、经济系统和社会系统紧密耦合的综合体。在这样的综合体内，水资源的持续利用和发展必须有地区的一定生产力水平的支持，才有条件做到人口、环境与经济协调的持续发展。地区经济和科技落后，人民生活贫困，就无力保护环境、保护资源和支持水资源的持续利用。因此，在不发达的国家或地区，首先，发展经济乃是持续发展的前提。其次，做到自然资源的合理开发利用与环境保护相协调。

3. 水资源工程技术能力

水资源工程技术能力是满足地区人口、生产、保护环境、合理开发利用资源的工程技术手段和能力。由于水资源的分布和流动等特性，如不采取工程技术措施进行拦蓄调控，就会时过境迁、"付诸东流"。因此，修建水利工程是水资源持续利用的必要手段；但必须在无害环境前提下实施，才能取得保护环境发展经济的功效。水事活动总会对周围的生态环境产生一定的负面影响。这就要求水资源复合系统的规划与管理，必须具备有保护环境、改善环境和无害环境的各种措施和能力，才能真正达到经济效益、社会效益和环境效益的三统一。

4. 水资源管理制度调控能力

水资源管理制度调控能力是人的认识、行动、决策和调节控制水资源—生态环境—社会经济复合系统的总体能力。首要的是要改变传统观念，建立人与自然之间、人与人之间的和谐关系新的伦理道德准则。人的行为要对自然承担义务，要主动谋求自然与社会的协调持续发展。一切行动决策要符合或适应持续发展要求，使经济、社会和环境整体结构最优。为此要改善一切不适应可持续发展与水资源持续利用要求的管理体制、制度和机制，并不断开发人的智力，加强和提高科学管理的调控能力。

5. 应对发展过程中突发事件的能力

应对发展过程中突发事件的能力是水资源复合系统运行过程中抗拒自然突发灾害（如大洪水、海啸、地震等）和经济社会大波动（如决策失误和战争等引发的重大波动）所带来灾难性后果的恢复稳定能力。人们总希望一旦遭遇这种不测的干扰和震动，系统能有良好的稳定性和尽快恢复善后的能力。因此，在规划设计水资源系统的结构与功能时，要考虑到这种小频率事件的发生，加强抗干扰能力；或者对系统的设计要留有余地，增强系统的稳定性，使水的持续利用、环境保护与经济发展整体受到的风险最小。

（二）水资源持续利用的支撑条件和基本法则

基于已有研究，王先甲等提出了水资源可持续利用的支撑条件与基本法则。[①] 其中，支撑条件包括自然支撑条件即自然水循环、环境支撑条件即水环境容量和社会经济支撑条件即水承载能力，基本法则包括生态平衡法则、效率效益法则、社会公平法则、市场配置法则、外部性课税法则和开发利用整体协调法则。

1. 自然支撑条件

作为一种可再生资源，水资源的再生能力依赖于周而复始的水循环过程。这种水循环包括海陆大循环和内陆小循环，为水资源的再生提供了自然支持条件。海洋中的水在太阳辐射、地球引力的作用下经过蒸发、大气输送、凝结降水、地表汇流下渗、最后通过地表地下径流返回海洋。正是由于这一水循环过程，陆地水资源才得以补充和再生。陆地水资源可利用储量等于区域内输入水量减去输出水量之差。这一储量取决于该区域的地理位置、气候条件、地理条件、地质地貌、自然植被等诸多自然要素。

2. 环境支撑条件

环境是维持生物和人类生命的基础。人类在生活和生产中排出大量污染物，影响环境。当这些污染物与水体相结合就造成水污染；当污染物进入水体后，在水流作用下被稀释，并随着水体的流动发生转移和扩散。在这种转移与扩散中，某些有机物在物理、化学、生物等因素作用下，发生降解使污染物浓度降低，从而净化水体，这个过程就是水体的自净能力。但水体的这种自净能力是有限的。对某区域水域，在一定水质标准下，水域靠水体的自净能力能容纳不同污染物的最大数量，称为该水域的水环境容量。如果水域被污染的水体不能靠

---

① 王先甲、胡振鹏：《水资源持续利用的支持条件与法则》，《自然资源学报》2001年第1期。

自净能力转化成规定水质标准的水体，不仅会影响人类生存与发展的水环境，而且会减少区域水资源的可利用量。水资源持续利用的环境容量支持条件就是区域人口生活和社会经济发展排入水域中的污染物的数量不能超过水环境容量最大值。

3. 社会经济支撑条件

水资源承载力是区域水资源在保证一定环境质量的前提下，可支撑该空间人口基本生存和社会经济发展规模的能力。为保障水资源的持续利用，要求区域特定规模的社会经济用水量、特定人口规模用水量及特定环境质量需水量之和小于区域可用水资源量。而特定人口规模与经济规模用水量取决于人均用水定额和经济耗水水平。这与整个社会经济发展水平包括节水意识和节水技术及节水管理密不可分。这构成了水资源可持续利用的社会经济条件。

4. 生态平衡法则

水资源是生态系统的基本要素，是基础性自然资源。生态系统是由生命系统和非生命系统构成的综合体。在这个综合体中，作为非生命组分的水以其运动形式作为物质和能量传动的载体，不停地运转，逐级分配物质和能量，从而形成生态系统的动态结构。水在生态系统中不停运动实现了生态系统与外部环境之间的物质循环与能量转换，为人类的经济活动提供了源源不断的物质和能量。维持这种物质循环与能量转换的平衡关系是可持续发展的必然要求。另外，生态系统对水的循环过程也有反馈调节作用。由于水在维持生态系统中的重要作用和生态系统对水循环过程的调节作用，水资源持续利用必须保证水对生态系统的供给以维持生态系统的平衡。区域生态系统内适量水量的有序运动可以促进区域生态系统的改善。另外，由于区域生态系统的改善在微观上改变水循环过程和区域水量输入输出关系，其结果必然导致区域可利用水资源总量的增加。从这个意义上讲，水资源持续利用必须服从生态平衡法则。

5. 效率效益原则

效率是在资源技术条件和社会需求下，社会生产与消费的运行状态。寻找在整个水资源的利用过程中产生最大效率的利用方式就是水资源持续利用的效率法则。水资源持续利用的经济效益分布在整个开发利用过程中，在每个时刻（或时期），它是开采水量、开采方式的函数。水资源持续利用的效益法则就是使在整个水资源开发过程中产生的效益最大。在水资源相对需求稀缺性日益加大的今天，为支撑更多人口更高生活水平与更大规模经济持续发展，必须提高水资源的利用效率和效益。这要求人类科技水平和自我管理能力的不断提高。当务之急，需要在提高人类节水意识的基础上，开发推广生产生活节水技术、污水处理技术和回水利用技术。

6. 社会公平法则

自然界水资源属于公共物品，对人类又是生活生产的必需品。因此必须保证水资源利用的社会公平性。否则，在水资源日趋稀缺的今天，水资源的无序开发利用必然损害弱势群体的用水安全和整个社会的可持续发展。这种公平性既包括水资源使用机会的公平也包括水资源分配结果的公平；既要保证同代人之间的水资源权益的公平也更要保证代际间的用水公平。鉴于公平的社会与伦理学属性，无法通过人类自觉和市场自发实现，需要建立一系列法规制度保证人类用水公平。现实中，由于水资源时空分布的不均以及某社会成员水资源开发利用行为难免给其他社会成员造成水权益的损失，这就要求建立水资源统一管理配置制度以及水资源开发利用的补偿制度，并强化对用水行为的监管。就保障代际用水公平看，由于后代人用水有赖于水资源的可再生性的维持，因此，如果当代人能够维持水资源系统的再生能力，使后代人能够得到满足其需求的不减少的可利用水资源量，可实现水资源代际利用的公平。

7. 市场配置原则

随着当前人类人口和经济规模的快速膨胀，水资源正变得日趋稀缺。然而传统水资源利用的低价位甚至免费的公益性分配方式不能反映当前这种水资源的稀缺性。虽然传统的福利性的配水方式可以体现水资源利用的整体社会效益的最大的目标，然而在现实中，这种水资源利用分配模式不能体现水资源稀缺性价值，不能激发人们节约用水意识的培养和节水技术的采用和推广，无法使水资源供给的全部成本得到体现和回收，无法使水资源利用的效率和效益最大化，并使水资源供给处于一种不可持续状态。为此需要建立一种新的配置机制，在保证用水公平性基础上，能够充分体现水资源的稀缺性，激励节水行为，提高用水效率。市场机制作为当前人类配置稀缺资源的最为有效和通行的方式，通过价格变动可向水资源的开发使用者传递水资源稀缺性信息，并促使水资源流向最大效益和效率的用途上。因此市场机制是实现水资源可持续利用的重要手段。

8. 外部性课税法则

外部性课税法则即使用者服务原则，也就是水资源和水环境容量谁使用谁付费的原则。从产权法则角度看，自然界水资源为公共产品，当特定个体为自己私人所用时必须支付一定的成本，否则不加控制地完全免费使用，将使公共资源处于一种耗竭境地，产生"公地悲剧"。另外，水资源的开发利用可能会产生负外部性，如上游过度引水或排放污水导致下游水体耗竭或污染，威胁下游居民生产生活用水安全及生态环境的可持续性。这种负外部行为不加以控制，就会导致更加严重的水污染和加剧水枯竭。为此，一方面需要法规制度和政府监管严格约束水资源的取用额度和污水排放标准，另一方面可通过罚款、税费等经济手段让水资源和水环境使用者承担起自己产生的负外部性成本。这有利于遏制水资源使用者的负外部行为，激励其节水和减排行为；也可为水环境治理和改善积累一定的资金。

9. 开发利用整体协调法则

水资源以流域为单元具有整体性。流域上下游之间、各种自然要素之间、自然环境与人类活动间存在内在的密切联系。这要求对整个流域或流域内不同区域的水资源开发利用进行整体规划和协调管理。流域水资源储量的涵养离不开流域良好的植被保护；流域下游水质受上游污染物排放量的深刻影响；流域洪水灾害风险大小受河流支系调蓄洪水能力制约；人类经济活动可深刻改变流域或区域水文循环过程，影响着水资源的再生能力。因此，需要对流域人类社会经济活动、水资源系统、生态环境作为一个整体加以考虑，需要从区域整体社会经济长远永续发展出发，制定水资源开发利用和水灾防洪的总体规划，明确流域地区间水资源的合理分配、开发原则，水资源利用的优先次序，并保证环境用水。

综上所述，可持续水资源利用本质上是在可持续发展理念的指导下，遵循生态可持续法则与水文循环规律，以维持水资源可持续存在为前提，充分运用人类经济、技术、管理等手段实现对水资源与水环境的永续利用。实现水资源可持续利用既要有一定的水资源环境条件支撑，同时又离不开人类水资源环境的利用能力和对自我用水行为的管理控制能力的提升。水资源的可持续存在与实现水资源可持续利用是水安全的内在要求。

四　水资源可持续管理理论

水资源的可持续存在与利用要求对水资源进行可持续管理。在实践领域，基于可持续发展思想，加拿大较早进行了可持续水资源管理探索，经验也最为典型。[①] 1987 年前，加拿大侧重将水资源作为一种消费资源进行开发管理，重在向当代人提供更多的水资源。1987 年，联合国环境与发展委员会提出可持续发展理念后，加拿大水资源管理开始走向可持续管理阶段，即着眼于建立支撑社会可持续发展的水系统，确保当代人和下一代人用水权的平等，水管理工作不仅为当代人服务，也要为后代人服务。为此，加拿大从三方面对传统水资源管理进行了改革。第一，管理机构综合化。国家层面，加拿大农业部门、环境部门、渔业部门等部门在机构重组中加强了涉水管理机构的设置；地方省级层面，成立的专门的水管机构，将原来分散在政府诸多机构的水管理权集中于水管理机构，同时把水资源与水环境的各项行政管理任务也交由该机构负责，从而使集中后的省政府水管理机构的各项水管理政策能被高效地执行。第二，生态系统方法的运用。该方法着眼于水文系统维系而非水资源的开发，强调水资源系统的组成要素及其与人类社会、经济、其他环境要素关系的平衡。运用该方法，加拿大重在加强水资源管理决策信息的多元化，主要体现水资源管理

---

① 陈庆秋：《加拿大的可持续水管理改革及其对我国构建"资源水利"体系的借鉴意义》，《水利水电科技进展》2000 年第 3 期。

决策信息的社会化与多学科化,即将水与社会、经济等联系在一起,将水管理与土地、森林等环境资源的管理联系在一起,水管理决策部门做出科学水管理决策信息来源于越来越多的学科。第三,采用广泛参与的方法。鉴于可持续发展需要社会成员的广泛参与,加拿大水行政管理部门采取了两方面措施:一是对公众进行水资源可持续利用意识的教育;二是让社会各阶层成员积极参与水管理的决策,大力推动水管理决策信息的社会化,从而使加拿大水管理机构出台的水管理决策更加合理、更加符合国家的实际情况,也更能得到切实有效的执行。经过多年的努力,加拿大可持续水资源管理观念和意识已逐渐深入人心,成为人们的共识。加拿大的水管理工作在世界上已经走在前列。

在学术领域,对于可持续水资源管理目前还没有明确公认的定义。1996 年,联合国教科文组织(UNESCO)国际水文计划(IHP)工作组将可持续水资源管理定义为:"支撑从现在到未来社会及其福利而不破坏它们赖以生存的水文循环或生态系统完整性的水的管理与使用",强调的是未来变化、社会福利、水文循环、生态系统保护这种完整的水的管理。① 我国学者夏军将可持续水资源系统管理定义为"指在国家和地方水的制定、水资源规划开发和管理中,寻求经济发展、环境保护和人类社会福利之间的最佳联系与协调"。② 冯尚友等给出的可持续水资源管理定义为:"为支持实现可持续发展战略目标,在水资源及水环境的开发、治理、保护、利用过程中,所进行的统筹规划、政策指导、组织实施、协调控制、监督检查等一系列规范性活动的总称"。③ 这个定义既给出了水资源管理的目标,同时也揭示了进行水资源管理的手段和措施。

1992 年联合国大会召开了一次关于各国都面临的"双重问题:环境破坏与可持续发展必要性"的会议,即在里约热内卢的联合国环

---

① Rodda, J., "Whither World Water", *Water Resources Bulletin*, Vol. 31, No. 2, 1995, pp. 1 – 7.

② 夏军:《可持续水资源管理研究的若干热点及讨论》,《人民长江》1997 年第 4 期。

③ 冯尚友、刘国全:《水资源持续利用的框架》,《水科学进展》1997 年第 4 期;冯尚友、梅亚东:《水资源持续利用系统规划》,《水科学进展》1998 年第 1 期。

境与发展大会。作为这次大会的准备，1992 年 1 月都柏林国际水与环境会议召开。会议提倡一种"集成"水管理方式。"集成"一词的内涵应该超出水管理机构间的协调、对地下水与地表水相互作用的认识或考虑了所有可能策略与影响的规划方法的传统观念。① 其特点是：①要求将自然环境的承载力作为管理的逻辑起点；②提倡需求管理而非一味的水资源开发与供给；③将水管理作为整个社会经济发展不可分割的部分。IWRM 实施的一系列原则——都柏林四原则也被正式提出。原则要求保护水环境、管理中的广泛参与，以及提高水利用效率与效益。2000 年全球水伙伴提出了一个将土地资源及其他相关资源开发与管理也纳入水资源管理框架内的 IWRM 定义②：IWRM 是指以公平的、不损害关键生态系统可持续性的方式，促进水、土等相关资源的协调开发与管理，使社会和经济福利最大化的过程。尽管对这一定义还存在一些疑义，但已经得到普遍的认同并被广泛引用。此后不同的国际组织和学者根据自己的理解从自己的专业领域出发，对 IWRM 理念进行探讨和界定，使 IWRM 的理念不断丰富和发展。③

城市化的迅速发展，工业和生活需水量增长迅速，工业化和城市化发展产生的大量污水造成城市水体污染，城市可用水资源总量不断下降，水危机、水安全问题成为城市发展最主要的限制性因素，传统的城市水管理模式难以解决城市迅速发展带来的问题。胡海英在可持续发展基础理论、城市生态系统理论和水资源持续利用理论基础上，结合生态型城市特点，提出基于"人水和谐"理念的城市水资源可持续管理模式④，即将水管理纳入整个人类生存的环境要求和未来变化中考虑；对水资源和用水者实行双向管理，对于水资源，确定水资源

---

① ICWE，"The Dublin statement and report of the conference". In International Conference on Water and the Environment：Development Issues for 21 Century，26 – 31 January，1992，Dublin.

② GWP，"Integrated water resources management"，*TAC Background Paper* No. 4，GWP Secretariat，2002 Stockholm.

③ 王晓东、李香云：《水资源综合管理的内涵与挑战》，《水利发展研究》2007 年第 7 期。

④ 胡海英：《城市可持续水管理研究》，《河南科技》2013 年第 6 期。

承载能力，利用科学技术防污治污提高水环境承载能力，对于使用者，要求改变对水资源的掠夺性开发利用和废污水的超额排放；合理配置调控城市水资源，实现"供需双方一体化管理"，水资源的开发利用控制在城市用水安全范围内，人居与水生态系统相和谐，最终构建集城市水安全、水环境、水管理、水文化于一体的健康水资源系统，使城市人与自然、经济、社会与环境达到协调发展。

从目前的国际学术讨论看，可持续水资源管理考虑的重点主要是：水量的变化分配管理、水质水环境管理和从长远观点看是否有最佳经济效率。[①] 在水资源系统的水量水质统一管理问题中，它既有水资源立法和水政策问题，也有定量化的技术方法研究，水资源可持续发展中的定量研究方法日益受到重视，因此，我们在探讨过程中，不能只停留在定性的研究上，定量的研究将更为重要。美国在可持续水资源系统的管理方面，做了比较好的工作。除水量管理外，水质管理是可持续水资源系统中最为重要的方面。自1988年以来，美国的许多水政策都集中在水质和其他与水环境有关的问题上。它们包括非点源污染、饮用水、湿地、地下水和海湾水质变化。1992年，美国国会再次审定了安全饮用水法规、清洁水法规、资源保护和恢复法规等。从国外水资源管理体制上看，水的法制比较健全，尤其在美国。但是，目前在实施非点源污染控制和湿地水污染控制方面面临很多的困难。为此，美国正在积极推广一种称作"最佳管理实践"的技术，希望通过水质标准和科学的管理达到要求的水质和水量。[②]

第二节　城市复合生态系统理论

城市是一个包含水资源与水环境在内的高度复杂的"社会—经济—

① 刘昌明：《水与可持续发展（笔谈）》，《水科学进展》1997年第12期。
② 钱正英、张光斗：《中国可持续发展水资源战略研究综合报告及各专题报告》，中国水利水电出版社2001年版。

自然"复合生态系统。在城市复合生态系统正常运转和发展中，作为基础自然资源和战略性的经济资源水发挥着十分关键的作用。理解城市复合生态系统要素耦合关系及水资源的作用有助于深化对城市水安全机理及其监管的认识。

一 "社会—经济—自然"复合系统理论

（一）复合系统组成

人类社会系统是一个以人的行为为主导，自然环境为依托、资源流动为命脉、社会文化为经络的社会—经济—自然复合生态系统，如图 2 - 1 所示。① 其中，自然子系统是由水、土、气、生等自然要素及其相互关系构成的人类赖以生存、繁衍的生存环境。自然生态因子量上过多或过少、质上的突发变化都会发生问题，比如水多、水少、水浑、水脏就会发生水旱灾害或环境事故。经济子系统是指人类主动地为自身生存和发展组织的有目的生产、流动、消费及其调控活动。经济活动可通过人类政府行政、市场机制等手段加以调控。社会子系统是由人及其观念、体制和文化构成；其中，人的认知、制度、文化是人

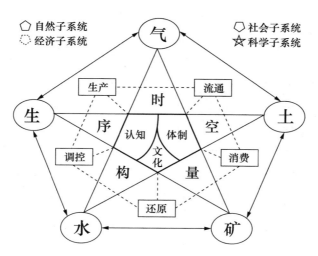

图 2 - 1 "社会—经济—自然"复合生态系统结构

---

① 马世骏、王如松：《社会—经济—生态复合生态系统》，《生态学报》1984 年第 4 期。

类各类行为的控制机制。三个子系统之间在时空、数量、结构、秩序方面的耦合关系和相互作用机制决定了该复合系统的发展与演替方向。三个子系统通过结构整合、功能整合、关系协调，实现人类社会、经济与环境间的复合生态关系的可持续发展。

1. 自然子系统

自然子系统由地球上的岩石圈、大气圈、生物圈、水圈和阳光组成，包括地形、矿产、气候、土壤、水体、生物、太阳能等基本要素。来自地球内部的内力和来自太阳能的外力是自然子系统形成和发展的根本动力，地球化学循环、生物循环过程和以太阳能为基础的能量转换过程是自然子系统各组成成分之间联系的纽带。自然子系统主要为人类生产、生活提供能源、资源和空间场所，决定和制约着人类经济活动的方式和规模，也影响着人类文化的发展。因此自然子系统是复合生态系统存在、发展和分布的自然基础，也决定了复合生态系统的规模、特征和发展方向。当然，随着科学技术的进步，资源的范畴会扩大，能源的种类会增多，资源、能源利用的效率会提高，自然子系统对人类活动的影响程度会变小，但这种变化改变不了自然子系统作为人类社会存在和发展的自然基础的基本事实。

2. 经济子系统

经济子系统包括第一、第二、第三产业，涉及生产、消费和流通三个环节，同时由生产者、流通者、消费者、还原者和调控者五类功能实体间相辅相成的基本关系组合而成。经济子系统是复合系统内为人类个体和集体谋求福利的系统，同时也是人类与自然子系统之间发生关系的重要媒介。一方面，人类的经济活动是人类从自然界获取资源和能源的主要方面，是人类对环境的破坏和影响的主要因素；另一方面，经济发展水平的提高也强化了人们协调人类社会与自然环境关系的能力。因此，经济子系统的水平和结构直接影响和制约着人类与环境的关系，同时经济的发展也是社会进步和人类生态系统演进的主要动力。任何经济子系统内，都有两项相关的功能。一是在个体福利的改善与社会整体福利的改善之间谋求平衡。二是在相互竞争的用途和社会成员之间配置稀缺资源。价值高低通常是衡量经济系统结构与功能适宜与否的指标。在市场经济体系内，价值规律是促进稀缺资源有效配置的最佳手段，货币杠杆是调节人们各种经济行为的最简便、最有效的方式。

3. 社会子系统

社会文化子系统由人口状况、科技文化、道德伦理、政策法规、社会制度、传统习惯等要素组成。这些要素的特殊组合构成了特定地区人类的社会环境，决定了人类的行为方式、经济类型、消费习惯、对自然的态度以及对环境的影响。在复合生态系统中社会文化子系统的功能在于维持系统的协调和平衡。一方面，要保持人与人之间、地区与地区之间的平衡；另一方面，要保持人类社会与自然环境之间的平衡。地球上的正常人并不等同于一般的动物，他们有思想、有情感、有文化，他们并不是单打独斗式地与自然发生关系，而是按照一定的关系，组成一定的群体，运用他们的思想和文化，按照他们对自然的理解，理性地利用自然为自己的利益服务。因此，他们的言行受制于一定的文化传统、道德规范、法律法规，他们的影响取决于他们的文化背景、能力水平，他们与自然界关系更多地与生产力水平和对自然的认识和态度有关。总之，人类所处的社会文化环境对协调人与人之间、人类与环境之间的关系非常重要。

4. 三大子系统关系

生态学的基本规律要求系统在结构上要协调，在功能上要平衡。违背生态工艺的生产管理方式将给自然环境造成严重的负担和损害。稳定的经济发展需要持续的自然资源供给、良好的工作环境和不断的技术更新。大规模的经济活动必须通过高效的社会组织、合理的社会政策方能取得相应的经济效果；反过来，经济振兴必然促进社会发展，增加积累，提高人类的物质和精神生活水平，促进社会对自然环境的保育和改善。复合生态系统具有复杂的经济属性、社会属性和自然属性，其中，最活跃的建设因素是人，最强烈的破坏因素也是人。一方面，人是社会经济活动的主人，以其特有的文明和智慧驱使大自然为自己服务，使其物质文化生活水平以正反馈为特征持续上升；另一方面，人类毕竟是大自然的一员，其一切宏观活动，都不能违背自然生态系统的基本规律，都受到自然条件的负反馈约束和调节。这两种力量之间的消长演变，促进了人类生态系统螺旋式的演进。三个子系统间通过生态流、生态场在一定的时空尺度上耦合，形成了一定的生态格局和生态秩序。

（二）复合系统发展动力机制

人类社会复合系统运行控制动力来源于自然和社会两种作用力。自然力和社会力耦合导致不同层次社会复合生态系统特殊的运动规律。自然力主要来源于太阳能及其转化而来的化石能，其作用的结果是导致各种物理、化学、生物过程和自然变迁。同时，伴随着能量流动的物质循环和信息传递也促进了自然子系统与经济子系统和社会文化子系统的联系，并通过正反馈和负反馈协调着三个子系统在质和量上的关系。从自然界中获取能源和资源为自身谋求福利体现了人类的本能，也促进了人类经济子系统的发展和演进。当然，由于文化传统在时空范围内的特殊表现及其对自然环境和经济特征的深刻影响，复合生态系统在空间和时间四维尺度上呈现出一定的生态格局和生态秩序，更体现了特定的发展规律。

社会力包括经济杠杆即资金、社会杠杆即权力和文化杠杆即精神，三者构成社会系统的原动力。经济杠杆通过市场机制和价值规律激发个体人或组织之间的经济竞争。这种竞争既在总体上促进了科学技术的进步、生产力水平的提高、能源资源利用效率的提高和经济社会的进步与发展，同时激化了人类社会内部人与人之间、组织之间以及人与自然环境的矛盾，形成社会不公与环境恶化。权力杠杆是维持复合生态系统组织及功能有序度的必要工具。它通过组织管理、规章制度、政策计划及法律条令等形式，体现公众的意志和系统的整体利益。权力的正确导向能维持生态关系的和谐及社会的发达昌盛。权力的运作一般是通过管理及阈值控制法来实现的，被管理者的行为超过一定的阈限允许的范围，权力就会通过一定形式的强制手段，如行政的、经济的、法律的，甚至军事的手段进行抑制，使其就范，并起到惩一做百的效果。传统的权力一般只限于管理经济、政治、军事等人与人之间的社会关系，而复合生态系统的权力还应包括处理人与自然生态关系的权力。掌权者不仅应代表和平衡选民的社会权益，还应反映自然生态系统持续生存发展的客观要求，并服务于后代人及其他地区人的生态权益。文化杠杆是通过自觉的内在行为，而不是外在的强制手段去诱导系统的自组织、自调节的共生协和，去缓和各类不协调的生态关系，推动系统的持续发展。人的精神取决于特定时间、空间内的文化传统、人口素质和社会风尚。当前城乡建设中出现的大量环境污染、资源枯竭及生态系统退化等问题，都是与决策者、经营者和普通民众低弱的环境意识、共生意识及短期的开发行为、经营行为及消费行为相关联的。

　　复合生态系统的发展演替受多种生态因子的影响，其中，主要有两类因子在发挥作用：利导因子和限制因子。利导因子，是在系统发展的特定阶段，系统发展所具有的适于某种或多种突出优势的组合，如在社会复合系统中可以是自然环境优势，如社会丰富的水资源和肥沃的土地或矿产资源，也可以是社会经济因子，如丰富的劳动力、资本或发达的技术等。利用这些利导因素系统实现快速发展。当发展到一定程度，某些缺乏性生态因子制约作用逐渐显露，制约着系统的进一步发展。在社会复合系统中如有限的水资源、土地甚至是恶化的水和空气质量等自然因子，以及劳动力、资本、技术的匮乏，这些因子导致区域发展减缓甚至停止。但是，社会生态系统具有能动地适应环境、改造环境、突破限制因素的束缚的潜力。通过转变发展方向和模式，调整内部结构，改善环境条件等措施，系统可以利用新的利导因子和克服规避旧的限制因子实现新一轮的发展。

二　水在"社会—经济自然"复合系统的作用

　　在人类社会复合系统中，水作为生态生命之源、生产之要、生态之基，是关键的结构性要素。城市水安全的实现就是水资源能够作为有效维持和协调城市"社会—经济—自然"复合系统，使其能够持续稳定地发挥功能，满足人类生存发展需要。因此，水安全强调该复合系统的组成结构合理和运转动态连续有序。只有水资源使得该复合系统中环境、经济和社会结构合理，才能取得整体功能最优；只有系统有序稳定地演变，才能取得系统持久的发展。因此，建立水资源持续利用的基本模式和演化控制机制，使其结构合理并不断地朝着有序的良性循环发展，是保证水安全的必然要求。

在现实中，城市复合系统中社会、经济和生态环境三大子系统相互联系、相互制约形成复杂以水支撑的复合系统。① 其中，生态环境与水资源系统是社会经济系统赖以存在和发展的重要物质基础，为其提供自然资源与环境资源流。社会经济系统在其存在与发展的过程中，一方面通过资源消耗与废物排放对生态环境与水资源产生污染破坏降低其承载力；另一方面通过环境保护及水利建设投资对生态环境及水资源进行恢复和补偿，提高其承载力。而水资源系统是自然和人工的复合系统，一方面水文循环过程实现其物质性；另一方面靠水利工程设施实现其资源性，如图 2-2 所示。

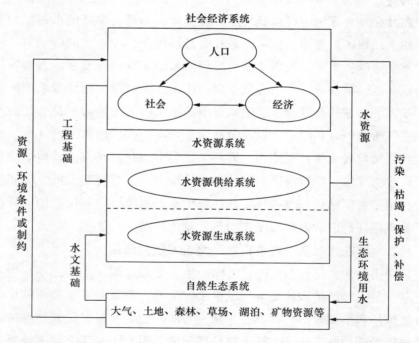

图 2-2　水资源系统在"社会—经济—生态环境"复合系统中的作用

① 夏军、王中根、穆宏强：《可持续水资源管理的评价指标体系研究》（一），《长江职工大学学报》2000 年第 2 期。

在整个复合系统中，水资源是联系社会经济系统与生态环境系统的重要纽带。一方面人类通过挤占生态用水及对水资源的污染造成生态环境的恶化；另一方面生态环境的变化通过改变自然界水循环过程而影响可利用的水资源的质与量，进而影响社会经济的发展。此外，在社会经济系统内部，围绕水资源不同社会经济部门间、不同利益团体间、不同区域间相互影响相互制约也存在内部矛盾和冲突。因此，在社会经济—水资源—生态环境系统中任何一个环节出现问题都会危及另外其他两个系统发展，并通过反馈作用加以放大和扩展，最终导致整个复合系统的衰退，如图 2 - 3 所示。

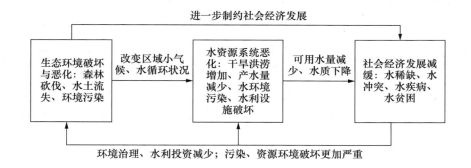

图 2 - 3　水资源系统恶性循环示意

传统的水资源管理只关注水资源供给系统与社会经济系统间的相互关系，强调以工程措施为手段，以水资源开发为核心，以最大限度满足人类对水资源的需求为目标；却忽视了生态环境对水资源的需求，及水资源系统自身的循环规律。其结果必然是，由于忽略了需求管理导致水资源的利用的浪费和低效率；并随着人类社会经济规模的膨胀、需水的增加，水资源稀缺加剧，导致人类挤占生态用水与生态恶化、各部门及流域内不同区域与涉水利益团体的用水矛盾和用水冲突。集成水资源管理的实质就是将社会经济、水资源、生态环境作为一个复杂的复合系统进行综合全面系统的管理，通过在水资源规划、开发、利用和管理、监控过程中，综合运用制度、组织、经济、社会

文化等多种措施手段处理和协调这一复合系统及子系统内部以水资源
为纽带的相互关系，最终促进水资源高效、公平、可持续利用，保证
人类用水安全。

第三节　城市生态环境安全理论

　　水资源是基础性的自然资源和人类战略性的经济资源，因此水环
境是人类赖以生存和发展的生态环境的组成部分，对水安全的分析应
纳入人类生态环境安全讨论的范畴。从全球范围来看，环境安全已经
成为一个重要的全球性问题。环境问题日益恶化所引起的环境安全问
题，以及由此带来的政治和经济社会安全问题，正在从"安全"层次
上严重威胁着人类社会的生存与发展，已经成为人类社会在 21 世纪
面临的重大问题，因而已被环境科学、安全科学、社会科学，以及生
态科学、资源科学等多个学科所关注和研究，成为多学科领域研究的
热点。①

一　环境安全概念辨析

　　自从 1977 年布朗提出环境安全的概念以来②，当前学界对于"环
境安全"的确切定义还存在着明显的分歧。一些学者强调生态环境本
身的维持和稳定。如李焰将"环境安全"定义为"与人类生存息息
相关的生态环境及自然资源基础（特别是可更新资源）处于良好或不
遭受不可恢复的破坏"。③ 郭中伟认为，所谓生态安全是指一个生态系
统的结构是否受到破坏，其生态功能是否受到损害。④ 谢有奎等认为，
并非所有的环境问题都是安全问题，只有当环境污染和生态破坏的范

---

　　① 张勇、叶文虎：《国内外环境安全研究进展述评》，《中国人口·资源与环境》2006
年第 3 期。

　　② Lester R. Brown，"Redefining National Security"，*World Watch Paper*，No. 14，1997，
pp. 37 –41.

　　③ 李焰：《环境科学导论》，中国电力出版社 2000 年版，第 364—369 页。

　　④ 郭中伟：《建设国家生态安全维护体系》，《生态环境与保护》2000 年第 5 期。

围、程度足以威胁到社会稳定和国家生存发展时，才能成为环境安全问题，并进一步指出，环境安全存在于自然生态系统中，并能够维持人类个体或者群体进行正常的生理活动和社会活动所需要的最基本的、最低品质和数量的自然条件即生态环境资源的总和。①

一些学者则从人类福利的可持续性角度考虑生态安全，即强调一种人类生态安全观。如迈尔斯（Myers）指出，环境安全实际上是考虑人类的福利，不仅使环境本身免受威胁和伤害，而且也要保证个人获得水、食物、住房、健康、工作和其他基本生活需要。② 陈国阶认为，生态安全是人类自身的生存和安全受到直接、较普遍和较大规模威胁之后才提出的，因此可以将生态安全视为人类生态安全。③ 蔡守秋认为，环境安全是指人类赖以生存发展的环境处于一种不受污染和破坏的安全状态，或者说人类和世界处于一种不受环境污染和环境破坏的危害的良好状态，它表示自然生态环境和人类生态意义上的生存和发展的风险大小。④

还有一些学者从国家安全与政权稳定的角度定义环境安全，认为"环境安全乃是一种用于表述环境与人类之间负面关系的基准，它包括避免诸如环境冲突、为争夺资源而进行的战争和环境恶化，而环境恶化又可以被视为人类面临的另一种形式的战争"⑤，生态安全是将注意力从为抵抗来自敌对国家军事入侵所做的准备转移到应付其他诸如生态和经济方面的挑战上来，这些挑战包括其他物种对人类的攻击，自然界的报复以及由于对生态保护的疏忽所导致的经济损失等。⑥ 陈灌春等引入了环境压力概念，并从多方面分析了环境压力与国家安全

① 谢有奎、陈灌春、方振东等：《对环境安全概念的再认识》，《重庆环境科学》2005年第1—2期。

② Norman Myers，"Ultimate Security：The Environmental Basis of Political Stability"，W. W. Norton & Co.，New York，1993，p.31.

③ 陈国阶：《论生态安全》，《重庆环境科学》2002年第3期。

④ 蔡守秋：《论环境安全问题》，《安全与环境学报》2001年第5期。

⑤ Brock，Lothar，"Peace through Parks：The Environment，the Peace Research Agenda"，*Journal of Peace Research*，Vol.28，No.4，1991，pp.407–423.

⑥ Pirages Demus，"Demographic Change and Ecological Security"，*Environmental Change and Security Project*，Issue 3，1997，p.37.

之间的内在联系。① 环境压力即环境恶化、资源匮乏、环境灾害，可对国家安全构成直接威胁：环境压力是暴力冲突的催化剂和触发器；环境压力也可能是外来势力干涉的借口。

当前人们对生态安全的认识越来越综合全面。曲格平认为，环境安全包括两层基本含义：①防止由于生态环境退化对经济基础构成威胁，主要是指环境质量状况低劣和自然资源的减少和退化削弱了经济可持续发展的支撑能力；②防止由于环境破坏和自然资源缺短引发人民群众的不满，特别是环境难民的大量产生，从而导致国家的动荡。② 张勇等提出了"狭义环境安全视角"的环境安全概念，认为环境安全问题是人为造成的日益严重和恶化的环境污染问题、生态破坏问题和全球环境问题，对人类社会生存发展在"安全"这个层次上的威胁、危险和危害，即对人类社会造成的"继续生存还是自我毁灭"的安全危机，它是人类与环境矛盾激化到一定程度的表现。欧阳志云等认为，生态环境条件与生态系统服务功能可以有效支撑经济发展和社会安定、保障人民生活和健康不受环境污染与生态破坏损害的状态与能力，是国家安全的重要组成部分，是一个区域与国家经济安全与社会安定的生态环境基础和支撑。③

基于学界对环境安全定义的梳理和分析，谢有奎等将理解和解决环境安全的问题的核心要素归纳如下④：

（1）将环境安全研究中的环境对象具体化，即着重专门研究人类生态系统（尤其是自然物质条件）所受到的不利影响。

（2）威胁、危害人类环境安全的因素既有自然因素又有人类不恰当活动因素，但考虑到人类活动因素作用的增强，应侧重研究人类不

① 陈灌春、谢有奎、方振东等：《环境压力与国家安全》，《重庆环境科学》2003 年第 11 期。
② 曲格平：《关注生态安全之二：影响中国生态安全的若干问题》，《环境保护》2002 年第 6 期。
③ 欧阳志云、崔书红、郑华：《我国生态安全面临的挑战与对策》，《科学与社会》2015 年第 1 期。
④ 谢有奎、陈灌春、方振东等：《对环境安全概念的再认识》，《重庆环境科学》2005 年第 1—2 期。

良行为的安全效应以及自然灾害的危害。

（3）明确安全受到危害、损害的最低程度，即只有当作为人类生命维持系统的生态环境受到的影响范围、持续时间、强度和烈度超过一定的临界值，才能上升到安全的高度。

（4）尊重各国或地区自然、历史文化背景的差异性和多样性，不能将自己对环境安全的定义强加于其他国家，避免和诱发新的安全冲突。

（5）充分考虑不同人、社会阶层、地区或国家的生态安全需求层次的差异，在制定国家环境安全战略时应给予考虑。

（6）应将环境安全内容加以动态考虑，人类受到的环境威胁在不同环境要素之间存在差异，在特定的发展阶段一些环境问题日益突出构成环境安全问题，另一环境问题不是那么严重可能不构成环境安全问题。

二　环境安全的基本特征

尽管学界对环境安全概念的定义存在差异，但对其特征的认识较为一致。① 环境安全的特征可归纳如下：

（1）地位的基础性：环境安全既是国家安全的重要组成部分，又是国家政治安全、经济安全的重要基础。国家环境安全出现风险直接危及整个民族和国家的生存条件。

（2）范围的全球性：无论是从广义还是狭义的环境安全概念来看，环境问题引发的环境安全问题越来越不以国家疆界为界，如气候变暖、臭氧层空洞、酸雨等环境问题涉及所有国家和全人类的安全。

（3）人类的基本需求性：安全属于人的基本需求，当人类生理需要（维持人类衣食住行等）得到一定满足后，安全的需求就上升到主要位置，而环境是人类赖以生存的基础，环境的安全是人类的基本需求。

（4）领域的综合性：环境安全逐渐融入国际政治、经济及外交等各个领域，已成为全球的综合性问题。

---

① 何平、詹存卫：《环境安全的理论分析》，《环境保护》2004 年第 11 期。

（5）修复的困难性：国家环境安全的支撑能力一旦超过了"阈值"，环境问题就会急剧爆发，若想遏制和恢复需要很长的时间和经济上付出高昂代价，一些生态环境甚至难以逆转，无法修复。

（6）形态的隐蔽性：国家环境危机的显现往往经历一个长时期的积累过程，在它进入困境或产生灾难之前，很少被人考虑到。

（7）过程的非线性：环境安全作为一个系统，是由人、社会环境、技术、经济等因素组成的大协调系统，在诸多因素的影响下可使环境系统发生不同的变化甚至毁灭性的变化。

三　环境安全的影响因素

最初人们通常将环境安全问题归咎于科学技术不发达，认为科学技术的发展将使一切环境问题迎刃而解。此后，人们逐渐认识到，环境安全问题涉及自然、经济、社会、人口、技术甚至哲学等多方面因素，是多种因素综合作用的结果。本书认为，影响当前人类环境安全的因素主要包括如下几个方面。

（一）人类的环境意识

工业革命以来，随着人类开发利用与改造自然环境力量的增强，逐渐确立了"人类中心主义"的环境观，将人类与自然看成甚至相互独立甚至是对立的两个方面，形成了人类与环境"主体与客体"二分论。认为自然界的价值只是满足人类永无止境的欲望。这严重忽略了大自然的整体性和运行规律，忽视了人类与自然环境密切的相互依存关系，这使得人类在利用大自然中缺少了必要的伦理和理性制约，导致了人类对自然界盲目地肆无忌惮地征服和改造。当前，在诸多发展中国家与落后地区，环境意识淡薄与环境态度的冷漠，仍然是导致环境问题和环境问题难以解决的重要根源。①

（二）人口数量的膨胀

人类一切开发利用和改造环境的目的最终都是为了满足人的需要特别是物质需要。工业革命以来特别是人类进入 20 世纪中叶以来，人口规模快速膨胀；快速增长的人口给自然界带来了巨大的资源环境

---

① 李祥：《生态环境问题根源辨析》，《科学技术哲学研究》2003 年第 4 期。

需求压力。在此压力下，由于人类开发利用资源效率提高的有限性和资源环境自身的有限性，导致诸多环境资源处于供不应求或超载的境况，威胁着人类生存发展安全。统计数据表明，1775 年之前，人类总人口不超过 8 亿，到了 1950 年达到 25 亿，至 2008 年人口增长至近 70 亿，预计 2050 年世界人口将达到 99 亿。如此加速膨胀的人口即使人均维持较低生活水平也会给资源环境造成巨大压力。

（三）传统的经济模式

在 20 世纪末提出可持续发展理念前，人类一直采取一种高资源消耗、高污染物排放的经济发展模式。这种经济模式至今还在广大发展中国家和落后地区延续着。高资源消耗意味着，人类经济增长主要依赖资源投入，单位经济财富产出通常需要消耗更多的资源，高排放意味着人们在经济生产或消费过程中产生更多的环境废物和污染物，对环境损害更大。与这种经济模式对应的是资本对利润无节制的过度追求以及物质消费主义的盛行。这意味着人类对物质财富的索取和消费已经超过人类维持正常生存发展所需，造成了产品过剩与资源环境的浪费，加剧了环境压力，威胁人类环境安全。

（四）社会不公平性

当今社会无论国际还是国家内部均存在一定程度的社会不公平性。这种不公平既有财富分配的不公平性，也包括资源环境利用的不公平性。社会财富的不公平性导致高收入群体的拥有者占有巨额的人类财富，并可能过度消费过多的经济资源进而是环境资源，而低收入群体或贫穷者为了生存不得不额外地再向环境索取必要的资源。这将导致人类对资源的总索取量的增加，进而加剧资源环境压力，增大环境安全风险。在国际社会还存在环境资源利用不公平问题，如发达国家利用资本和技术优势从发展中国家攫取廉价资源或转嫁环境污染，这也在一定程度上加剧了落后国家经济发展过程中的环境风险。

（五）自然环境变动

自然环境整体以及各组成要素本身有其发展变化规律。当这种变化急剧或突破人类能够应对和适应能力范围时，也会造成环境安全问题。如地震、火山、海啸、台风、山火等，虽然其影响范围较小，但此类剧烈的环境变化也会危及当地居民的生存发展。威胁人类水安全的自然环境变化主要是气候的异常周期性波动或异常的扰动。气候的变化直接影响着人类地表和地下水资源量以及对水资源的需求，严重时直接威胁人类生命财产安全，如洪涝灾害。地球上存在一定的自然性周期性变化，长时间尺度如干冷的冰期与暖湿的间冰期，短期内变化如厄尔尼诺现象与拉尼娜现象。这些变化均非人类行为所致，但对人类生活生产安全影响不可忽视，人类力量微弱时期的楼兰古国、尼雅文明的消失，均与当时的气候干旱化的自然过程存在密切关系。

四　环境安全的途径

环境安全的获得途径包括战略、政策以及政策的实施。环境安全战略是一个国家对国家环境安全的宏观、长远和整体的规划；环境安全政策则是为环境安全的目标实现与之相适应的制度规章；环境安全政策的实施是实现环境安全战略的具体手段。

（一）环境安全战略

环境安全战略是实现环境安全目标的方法和策略。应将环境安全战略视为国家安全战略的重要组成部分，具体包括三个核心内容：（1）在界定环境安全利益的基础上确定环境安全目标；（2）在判断环境安全面临的威胁的基础上分析环境安全的状态；（3）在评估社会经济实力的基础上明确环境安全战略手段。

（二）环境安全政策

环境安全政策是保障环境安全目标实现的法律制度规章，主要体现在以下几个层次：国家和地方有关法律法规；国家和地方有关政策规定，国家和地方环境标准，包括强制性标准和非强制性标准。要根据个体—地区—国家—区域—国际等不同主体确定具有针对性的环境安全政策。

（三）环境安全措施

即根据环境安全战略和政策，采取的实现环境安全目标的具体手段。具体来说，包括：①明确实施环境安全的责任主体，建立环境安全政策的权威性实施机构和有效的综合协调决策机制；②制定中长期可持续发展战略规划和优先领域，健全法律法规，尤其是有关环境审核、环境质量、环境监测、环境评估等方面的法律、制度或标准。③利用适当的环境政策，控制经济行为对环境安全的重大影响，引导技术进步转向环境保护与资源利用效率提高上来。④建立环境安全预警机制，对由于自然和人为因素的环境影响进行预期评价，为制定消除或缓解未来可能出现的环境安全问题的措施提供依据。

五　水环境安全理论

水环境安全是 20 世纪末提出的重要概念，最早被作为环境安全的一部分来研究，近年来，国际社会围绕水环境安全相关理论的研究较多，但目前尚未形成系统、科学的理论体系。水安全是环境的重要内容，水安全对人类更具基础意义。因此，2000 年，斯德哥尔摩国际水讨论会明确提出了水安全的含义：确保淡水、沿海和相关的生态系统得到保护和改善；确保可持续发展和政治稳定得到加强；确保每个人能够以可承受的开支获得足够安全的淡水来保持健康和丰富的生活；确保人们不受与水有关的灾难的侵袭。

水安全主要包括水资源安全、水环境安全、水异常变动安全。当前学界对水安全的研究多从水资源安全角度进行讨论。水资源安全是指水资源（量与质）供需矛盾产生的对社会经济发展、人类生存环境的危害问题，由此造成的水资源危机主要包括对粮食安全的影响、对人类健康的影响、对生态环境的影响、争夺资源引起的冲突等。对于水资源安全的量化研究，较为普遍地采用水资源承载力来进行评价。它通常采用满足生态需水的可利用水量与社会经济可持续发展有限目标需求水量的供需平衡退化到临界状态所对应的单位水资源量的人口规模和经济发展规模等指标表达。

水环境安全也日益受到重视。水环境安全是指使水体保持一定的水量、安全的水质条件以维护其正常的生态系统和生态功能，保障水中生物有效生存，周围环境处于良好状态，使水环境系统功能可持续正常发挥，同时能够最大限度地满足人类生产和生活的需要，使人类自身和人类群际关系处于不受威胁的状态。对于水环境安全的度量，类似水资源承载力，认为水环境承载力是一定水域的水体能够被继续利用并仍保持良好生态系统时所能容纳污水及污染物的最大能力。

　　水异常变动包括突发性的洪涝和干旱。洪涝和干旱是一直伴随着人类发展过程的不利水环境条件，尽管当前人类应对洪涝干旱的能力在大大增强，但事实表明，人类仍无法完全避免干旱洪涝灾害的威胁。近些年及在今后相当长的时间内，在全球气候变暖的驱动下，极端天气将更加频繁和强化，这将驱动人类面临的极端水灾害事件将更加频繁，强度更大，给人类存续发展带来更加严重的威胁。水资源安全具有如下特征。

　　（一）全球性

　　近年来，水危机已不是个别国家或地区面临的问题，而是需要通过国际协作应对的全球性问题。快速的人口和经济规模增长对全球水资源造成了巨大压力，海量的污水排放，大大减少了人类可利用的水资源量。目前，全球80多个国家的约15亿人口面临淡水不足，其中，26个国家的3亿人口完全生活在缺水状态。预计到2025年，全世界将有30亿人口缺水，涉及的国家和地区达40多个。全世界每年约有4200多亿立方米的污水排入江河湖海，污染了5.5万亿立方米的淡水，这相当于全球径流总量的14%以上，全世界约有十多亿人无法获得足够的清洁用水。此外，一些地区水资源短缺和污染还具有跨界性，必须通过国际协作来共同解决。

　　（二）综合性

　　水安全不仅涉及水资源问题，也包括水环境与水灾害问题。这些问题之间相互作用、相互影响，需要系统考虑，综合解决。水污染可直接导致可用水资源量的减少，只关注水源供给问题，不控制水污染，水资源安全将难以彻底解决。水安全与其他自然环境要素如气候变化以及人为要素如人类用水行为等密切相关。需要对这些要素进行综合分析，才能深刻理解水安全。当前全球气候变暖带来的极端气象灾害给人类水资源供需带来巨大压力，需要加以应对。此外，水资源是粮食生产等经济活动的不可替代的投入要素，水安全问题直接关系着人类经济安全和社会稳定甚至是军事安全，即与人类其他安全存在密切联系，需要给予特别重视。

（三）动态性

水安全取决于水文循环系统、自然生态系统、人类社会经济系统多因素的综合作用。水文系统为水安全提供基本的物质条件，自然系统是水文系统存在的基础，社会经济系统产生水环境需求压力，同时为降低和缓解水安全风险提供基本手段。这些因素都具有动态变化性，导致水安全具有动态变化性。如气候条件和地表植被的变化可直接导致地表供水条件的变化影响水资源安全，人口经济规模的过快膨胀导致对水资源的需求压力，而节水技术的进步又可缓解水需求压力。

六　城市水安全

随着人类城市化进程的不断推进，带来城市化地域人口剧烈增长和经济活动高度集中，在这一特殊地域人类对水资源需要量逐渐增长的同时，也不可避免地产生了高度集中的大量污水排放，水资源短缺与水环境污染在城市化地区表现得尤为突出。因此，城市水环境安全问题的解决显得尤为紧迫和重要。它不仅关系城市及整体生态健康，还更易引发其他诸如社会、经济及国家安全等一系列安全问题。

当前有关城市水安全的研究比较少。曾畅云等给城市水安全的概念界定是，城市水环境安全是指城市水体保持足够的水量以及安全的水质保证城市水环境生态系统正常运行，各项功能持续正常发挥，同时能最大限度地满足城市人口正常生产和生活的需要，使城市居民及关系处于不受威胁的状态。[①]

第四节　城市水资源承载力理论

水资源承载力是对水资源安全的一个基本度量，研究水资源承载力对于认识和建设水资源安全保障体系具有重要意义。[②] 在水资源日

---

① 曾畅云、李贵宝、傅桦：《水环境安全的研究进展》，《水利发展研究》2004 年第 4 期。

② 夏军：《水资源安全的度量：水资源承载力的研究与挑战》，《自然资源学报》2002 年第 3 期。

益稀缺的今天，水资源承载力早已成为制约人类社会可持续发展的"瓶颈"因素，对人类综合发展和发展规模有至关重要的影响。当前作为水资源安全战略研究中的一个基础课题，水资源承载力研究已引起学术界高度关注并成为当前水科学领域中的一个重点和热点研究问题。

一 水资源承载力的基本概念

"承载力"一词最早用于生态学研究，用以衡量一定区域某种环境条件可维持某一物种个体的最大数量。① 随后，在人类赖以生存的资源日益短缺和环境污染日趋突出的今天，"承载力"的概念得到延伸发展，并广泛用于说明环境或生态系统承受人类发展和特定活动能力的限度。② 联合国教科文组织于20世纪80年代初提出了资源承载力的概念并被广泛接纳，其定义为："一个国家或地区的资源承载力是指在可预见的时期内，利用本地资源及其他智力、技术等条件，在保护符合其社会文化准则的物质生活水平下所持续供养的人口数量。"研究中针对不同的环境要素及环境问题，人们提出了不同的承载力概念，如针对土地资源短缺问题，人们提出了土地资源承载力的概念与理论。③

"水资源承载力"是随水问题的日益突出最早由我国学者于20世纪80年代末提出。目前，我国对水资源承载力的定义有多种表述。施雅风等认为，"水资源承载能力是指某一地区的水资源，在一定社会历史和科学技术发展阶段，在不破坏社会和生态系统时，最大可承载（容纳）的农业、工业、城市规模和人口的能力，是一个随着社会、经济、科学技术发展而变化的综合目标"。④ 冯尚友等对水资源承载力的定义是，在一定区域内、在一定物质生活水平下，水资源所能

---

① 孙鸿烈：《中国资源科学百科全书》，中国大百科全书出版社2000年版。
② 冯尚友：《水资源可持续利用导论》，科学出版社2000年版。
③ 高吉喜：《可持续发展理论探索：生态承载力理论、方法与应用》，中国环境科学出版社2001年版。
④ 施雅风、曲耀光：《乌鲁木齐河流域水资源承载力及其合理利用》，科学出版社1992年版。

够持续供给当代人和后代人需要的规模和能力。① 龙腾锐等认为，水资源承载力是在一定时期和技术水平下，当水管理和社会经济达到优化时，区域水生态系统所能承载的最大可持续人均综合效用水平和最大可持续水平。② 惠泱河等认为，水资源承载力可理解为某一区域的水资源条件在自然—人工二元模式影响下，以可预见的技术、经济、社会发展水平及水资源的动态变化为依据，以可持续发展为原则，以维护生态良性循环发展为条件，经过合理优化配置，对该地区社会经济发展所能提供的最大支撑能力。③ 何希吾将水资源承载力定义为在不同阶段的社会经济和技术条件下，在水资源合理开发利用的前提下，当地水资源能够维系和支撑的人口经济和环境规模总量。④ 朱一中等认为，鉴于水资源承载力研究的现实和长远意义，对其概念的理解必须置于可持续发展战略框架下，充分考虑水资源系统本身特征，从水资源系统—自然生态—社会经济系统耦合关系的角度认识水资源对特定区域人口、资源环境、经济的支撑能力；基于此，应将水资源承载力定义为，"某一区域在特定历史阶段的特定技术和社会经济发展水平条件下以维护生态良性循环和可持续发展为前提，当地水资源系统可支撑的社会经济活动规模和具有一定生活水平的人口数量"。⑤ 王树谦等认为，水资源承载力必须以一定的时空界定性为前提，以经济和技术水平为依靠，以可持续发展为原则，以水能支撑的最大负荷为目标，基于此水资源承载力可被界定为"在一定的经济和技术水平条件下，特定区域或流域的水资源所能承载的人口、社会经济和资源

环境三者相互协调持续发展的最大水平"。① 夏军等给出了城市化地区水资源承载力的概念，"某一地区在城市化进程中，以可持续发展为原则或目标，在维持生态与环境良性发展的前提下，根据当时的科学技术水平与经济发展水平确定的水资源所能支持的最大社会经济规模"。② 刘晓等进一步研究指出，资源对人类的承载力不同于对其他物种的承载力，因为人类不同于其他物种仅仅满足于基本生存需要，仅仅意味着最低程度的饮用水供给、粮食供给和最低限度的环境享受，水资源需要对人类的承载力有更丰富的内涵，它所维持的人类状态应该是人口、经济、生态和精神文明的共同发展；由此水资源对人类承载力应该被定义为，在一定的技术和管理水平下，区域水资源系统能够稳定承载的人类最大发展水平。③

综合上述学者对水资源承载力的定义，并结合当前人类现实可持续发展战略需要，本书认为，首先应人类可持续发展战略实施的时代要求，水资源承载力的概念应在人类可持续发展战略框架下进行界定。水资源承载力本质上反映的是特定区域水资源对当地社会经济可持续发展的支撑能力；水资源承载力须优先考虑水资源系统及其所支撑的自然生态系统的可持续性，水资源承载力是在优先保障自然生态环境系统良性发展基础上水资源对人类社会经济的最大支撑能力。其次，水资源承载力应充分考虑其人文维度即特定发展历史阶段的人类对水资源的综合开发水平与利用消费水平。在特定时空尺度上水资源的自然赋存有限的情况下，受制于自然水资源开发的工程技术水平和开发条件，较低的开发率意味着较低的可供直接利用的水资源量以及较低的水资源承载力；在特定的历史阶段受制于人类资源利用技术水平和生活水平要求，较高水资源利用水平，意味着较高的水资源承载

① 王树谦、沈海新、王慧勇：《水资源承载力理论与方法》，《河北工程大学学报》（社会科学版）2006 年第 1 期。
② 夏军、张永勇、王中根等：《城市化地区水资源承载力研究》，《水利学报》2006 年第 12 期。
③ 刘晓、陈隽、范琳琳等：《水资源承载力研究进展与新方法》，《北京师范大学学报》（自然科学版）2014 年第 3 期。

力，而个体较高生活水平和水资源消费意味着较低的水资源承载力。可见，水资源承载力是个涉及自然与人文多重要素的概念。由此可将水资源承载力定义为，特定地域特定社会经济发展历史阶段，其水资源禀赋在保障自身与自然生态环境良性发展的前提下，基于当时水资源开发技术水平和利用、消费水平，能够持续稳定地维持当地最大的社会经济规模。

二 水资源承载力的影响因素

根据水资源承载力的基本概念，水资源承载力取决于区域水资源自然赋存、自然环境状态、技术水平、居民消费水平等多种因素。

（一）区域水资源的自然赋存是水资源承载力的物质基础和前提

在其他条件相同的情况下，区域水资源自然赋存越丰富，其承载力越大。在自然水循环过程中，特定地区总会存在一定质与量的水资源，并具有一定的相对稳定性。如我国长江流域水资源量多年平均值为9960亿立方米，黄河流域水资源量多年平均值为828亿立方米。但这种水资源的自然赋存受气候气象、地形地质、地表植被等自然要素以及人类社会经济活动深刻影响，因而具有动态变化性。地表水资源多源于大气降水，气象气候条件直接决定着地表地下水资源量的大小，并受气候气象条件变化的影响，特定地区的水资源具有一定的季节和年际变化。在我国季风气候区，受东亚季风环流影响，降水季节与年际变化大，特定区域的水资源量存在较大的时间变化。这客观上增加了我国水资源安全的风险。地形地质为特定地区水资源提供了赋存与储备条件，并影响着大气降水。同样条件下地形坡度平缓或地势低洼有利于大气降水的汇集和下渗形成丰富的地表和地下水；存在较为完整封闭地下隔水层的地区地下水通常较为封闭；山区迎风坡降水强于背风坡。地表植被具有水土保持和水源涵养功能，直接影响着陆地降水的汇流下渗过程，进而影响特定区域的水资源量和变化过程。高覆盖度的植被可减缓降水流失的过程，使更多的水分下渗并保存于土壤或地下含水层，进而以地下径流的方式汇入河川径流，可以降低因降水极端变化带来的水安全风险。随着人类人口经济规模的膨胀和活动能力的增强，特定区域的水资源自然赋存受到人类的干扰越来越大。人们可通过水库的修建、植被的保护增加当地水资源供给量；同时也可保护地表植被的破坏，或水污染减少当地可用水资源量，增大当地水资源安全风险。

（二）自然环境状况是影响区域水资源承载力的重要的背景条件

自然环境影响区域水资源承载力有两条路径：一是影响区域水资源的自然赋存状况，二是影响区域社会经济活动水资源需求情况。降水丰沛均匀、地表植被丰茂、地势平缓低洼，当地水资源赋存条件优越，水资源承载力就越大，如亚马孙河、长江、密西西比河等世界中低纬度地区的著名河流的中下游地区。相反，那些气候干旱，降水变动幅度大，地表植被稀疏、土壤持水差的地区则水资源自然禀赋条件差，水资源承载力差，如我国西北地区干旱荒漠区和黄土高原地区。另外，当特定地区降水稀少，蒸发旺盛，维持当地生态环境和农业生产将更多地依赖于当地地表、地下水资源而非降水，使得单位农业生产和生态环境需要更多的水资源，从而降低特定水资源条件下的水资源承载力，水资源安全风险更大；相反，那些降水量丰富，生态和农业主要依赖自然降水的地区，同样的水资源量具有更大承载力，水安全风险小。如我国宁夏农田亩均灌溉用水量达 1352 立方米，而江苏省亩均灌溉用水仅为 446 立方米，因此同样的水资源量江苏省支撑更大规模的农业生产。

（三）科学技术与管理水平是人类影响水资源承载力的能动力量

科学技术反映人类开发利用水资源的能力，包括通过工程技术手段将自然水体转化为可供人类直接利用的水资源的能力，可称为水资源开发的技术能力；通过技术、管理等手段提高单位水资源利用效率的能力，可称为水资源利用的技术能力。大自然赋存的水资源大多无法直接为人类利用，通常需要通过修建水利工程和设施才能为人类所直接利用。因此，水资源开发能力是决定区域水资源现实可利用量的重要因素，直接影响着区域水资源的现实承载力。如果一个地区自然水资源丰富，但由于难以开发或开发利用能力有限，那么其水资源承载力将受到极大的限制。如我国西南横断山区水资源丰富，但山体高大、地表崎岖不平，水资源难以开发，会极大地限制当地水资源对人类社会经济活动的规模的支持力。当前限于人类技术水平，人类还难以大规模利用两极及高寒地区的固体淡水资源。相反，相关技术水平的提高将极大地增加人类可利用水资源量，提高区域水资源承载力，如海水淡化技术一旦获得突破，海洋将为人类提供源源不断的淡水资源；污水处理和进化技术达到一定水平，净化水将成为人类稀缺水资源的有效补充。从人类利用水资源技术和管理水平看，通过节水技术的创新和应用以及对水资源利用的有效管理，可降低人均生活用水和单位经济规模的耗水量，从而可使一定的可用水资源承载更多的人口和经济规模。由此增加特定地区的水资源承载力。如采用喷灌农田节水灌溉可比传统漫灌节水 75%，使水资源农业生产承载能力提高 4 倍。工业冷却用水占我国工业用水总量的 80%，若采用间接空气冷却技术，可节水 90%，直接空气冷却可不用水。[①] 可见，科学技术与管理通过提高水资源的利用效率，成为提高水资源承载力的积极因素。

（四）区域经济发展水平和居民消费水平是影响水资源承载力的需求因素

区域经济发展水平和居民消费水平是直接影响单位经济产出需水量和人均需水量的两个重要因子。不同的经济活动对水资源的需求量不同，当经济水平低，经济结构偏重农业和高耗水工业时，单位产值或产出需要消耗较多的水资源量。同样，当居民生活水平较高，生活用水项多，用水量就较大，人均耗水量大。因此，维持区域单位经济规模和人口生活需水量较大，水资源承载力降低。因此，提高经济发展水平，在提高生产效率的基础上减少农业规模，增加低耗水经济活动比重。与此同时，在保证现有生活水平的基础上倡导生活用水一水多用将有利于提高区域有限水资源条件下水资源的人口与经济承载力。研究表明，由于生活水平差异，2007 年美国城乡居民人均生活用水量为我国居民的 3 倍多，但是，就生产用水而言，由于美国产业水平层次高，万元 GDP 耗水量不及我国的 25%；在总用水量大致相当

---

① 祁鲁梁、高红：《浅谈发展工业节水技术提高用水效率》，《中国水利》2005 年第 13 期。

的情况下，美国的经济产出约为我国 GDP 的 4 倍。① 此外，劳动区域
分工与产品交换也将间接地影响水资源承载力的大小，因为劳动的区
际分工影响着特定区域的经济结构，从而间接地影响区域水资源的承
载力，产品交换通过将本地居民消费的高耗水产品生产由域外承担，
降低在维持同样生活水平下对本地水资源的消耗，从而增大本地水资
源的承载力。

可见，水资源承载力作为水资源对特定区域社会经济可持续发展
的支撑能力的衡量指标，不仅取决于区域水资源自然禀赋，也与区域
自然环境、科学技术和管理水平以及社会经济和消费水平密切相关。
丰富的水资源赋存、优越的生态环境、发达的科技、高效的管理水平
以及高端的产业结构有利于提升水资源承载力，保障区域水资源安
全。当然，随着社会经济的发展，人们生活水平的提高，生活需水量
增加，将使水资源的人口承载力降低。由于区域自然条件和水文循环
的变动性，以及社会经济动态发展性，特定区域水资源承载力具有动
态性和相对性。水资源承载力总是相对于特定的社会经济发展水平和
人类生活需水水平而言的。

三　水资源承载力的特征

根据上述有关水资源承载力概念分析可以推理归纳出水资源承载
力的基本特征。基本特征有以下几方面：

（一）有限性

受水资源有限及经济技术能力的约束，特定区域的现实可利用的
水资源具有相对有限性，即在特定的时空范围内，由于所能获得的水
资源量和水环境容量及其利用效率的局限，当经济水平和居民生活水
平确定时，使水资源承载力不可能无限大。

（二）动态性

水资源承载力是一个动态的概念，这是因为，水资源承载力的客
体和主体都是动态的。具体体现在水资源系统本身的质和量具有周期
性波动和相对变化性；更重要的是，随着社会经济的发展和科学技术

---

① 冯杰：《中美两国用水比较分析》，《中国水利》2010 年第 1 期。

水平的提高，人们对水资源开发利用能力及需水量也在不断变化。

（三）空间差异性

不同地区由于自然环境、社会经济水平、科学技术、居民生活水平存在显著的空间差异，使得即使在水资源条件相同的情况下，其社会经济与生态环境支持能力即承载力存在显著的差异。一般来说，水资源丰富、水资源开发能力强，用水效率高的地区水资源承载力高。

（四）不确定性

水资源系统本身受天文、气象及人类活动等多要素的复杂影响，因而具有一定的复杂性和模糊性。人类对自然力的认识和用水行为的控制力也是有限的。这导致水资源承载力的指标值会有一定的不确定性。

第五节　城市水安全监管理论

水安全属于重要公共安全领域，是政府需要向公众提供的一项基本公共产品。因此，保障城市水安全是一项政府责任，水安全问题的解决需要加强政府监管。

一　政府监管理论

（一）政府监管的概念与要素

政府监管，学界又称政府管制或规制，一般是指市场经济条件下政府为实现某些公共政策目标，依据一定的法律规章，运用自身的强制执行力对微观经济主体进行的规范与制约。国内外学者对这一概念有不同的定义。维斯卡西（Viscusi）等强调政府强制力的运用，认为管制就是政府以制裁手段对个人或组织的自由决策的一种强制性限制。[1] 一些学者强调政府管制的法律制度制定、遵循和运用。如丹尼尔认为，管制是行政机构制定并执行直接干预市政机制或间接地改变

---

① Viscusi, Kip W., *Economics of Regulation and Antitrust* (3rd ed.), Economics of Regulation and Antitrust/MIT Press, 2000, p. 357.

企业和消费者供需的一般规则或特殊行为①；日本学者植草益则将政府管制定义为社会公共机构（政府）依照一定的规则对企业获得进行限制的行为。② 经济学者更强调政府管制对企业的经济行为的干预与作用。如经济学家萨缪尔森等认为，管制是政府以命令的方法改变或控制企业的经营活动而颁布的规章或法律，以控制企业的价格销售或生产决策③；施蒂格勒强调管制通常是产业自己争取来的，其设计和实施主要是为受管制产业的利益服务。④ 我国学者多沿用西方学者的定义，因此，对政府管制的定义与西方学者的定义大同小异。如余晖对政府管制的定义是，行政机构制定并执行直接干预市场配置机制或间接改变企业消费者供需决策的一般规则或特殊行为。⑤ 陈富良等更倾向于使用"规制"一词，认为政府规制是指社会公共机构和组织依法通过许可或认可手段对企业的有关活动或外部性行为实施直接影响的行为。⑥ 曾国安将管制定义为，管制者给予公共利益或者其他目的依据既有规则对被监管者或进行限制。⑦ 学者对"管制"或"规制"的定义大同小异，并不存在实质性的区别。政府监管或管制（规制）首先应理解为主要是政府的一种管理职能或行为，与行政管理不同，其管理对象不是政府下属机构或人员，而是具有独立的民事权责地位的法人和自然人，管理的依据是既定的法律规章和相关标准，强制执行权是政府监管的有效保障。其监管的内容主要是企业或个人行为，监管的方法主要是行政手段。

基于对上述诸多要素的分析，可以归纳出政府监管或管制（规

---

① 丹尼尔·F. 史普博：《管制与市场》，余晖等译，上海人民出版社 1999 年版，第 45 页。

② 植草益：《微观管制经济学》，朱绍文等译，中国发展出版社 1992 年版，第 1—27、282—284 页。

③ 保罗·萨缪尔森、威廉·诺德豪斯：《经济学》，高鸿业译，中国发展出版社 1992 年版，第 864 页。

④ 乔治·J. 施蒂格勒：《经济学》，潘振民译，上海三联书店 1989 年版，第 210 页。

⑤ 余晖：《政府与企业：从宏观管理到微观管制》，福建人民出版社 1997 年版，第 37 页。

⑥ 陈富良、万卫红：《企业行为与政府规制》，经济管理出版社 2001 年版，第 38 页。

⑦ 曾国安：《管制、政府管制与经济管制》，《经济评论》2004 年第 1 期。

制）的基本构成要素，主要包括以下三个方面：①管制者，即管制的主体，是通过立法或其他形式被授予管制权的政府行政机关；②被管制者，即管制的客体，是包括企业和消费者的各种经济主体；③管制的依据和手段，是各种法规或制度，明确规定被管制者能做出什么决策，如何限制以及被管制者违反法规将受到的制裁等。[①] 因此，本书对政府监管（管制或管制）采用如下定义：具有法律地位的、相对独立的管制者（机构），依照一定的法规对被管制者（主要是企业）所采取的一系列行政管理与监督行为。

（二）政府监管的基本类型

依据政府监管对象、目的不同，可将政府监管分为经济性政府监管、社会性政府监管和反垄断政府监管。

1. 经济性政府监管

经济性监管对象主要包括那些存在自然垄断和信息严重不对称的产业，其典型产业包括有线通信、电力、铁路运输、自来水供应、污水处理等行业。这些行业通常由一家或极少数家企业集中提供产品和服务，比多家企业提供相同数量的产品和服务具有较高的社会总生产效率。但是，这些产业的企业一旦形成垄断经营，如果不对它们进行管制，就会利用其垄断力量，通过制定高价而取得垄断利润，同时对提高自身生产效率缺乏足够动力，从而扭曲社会分配效率。经济性监管的内容主要包括以下几个方面：

（1）价格监管。管制者要在特定产业或特定业务领域，在一定时期内制定最高限价如供水价格（有时也要制定最低限价，如排污收费），并规定价格调整的周期。

（2）进入和退出市场监管。为了维持产业的规模经济效益以及保证产品或服务的质量，管制者需要限制新企业进入产业，通常采取竞争性特许经营。同时，为保证供给的稳定性，还要限制企业任意退出产业，或强制提供不合格产品或服务的企业退出。

---

① 参见王俊豪《管制经济学学科建设的若干理论问题——对这一新兴学科的基本诠释》，《中国行政管理》2007 年第 8 期。

（3）投资管制。管制者既要鼓励企业投资，以满足不断增长的产品或服务需求，又要防止企业间过度竞争，重复投资。还要对投资品的最优组合进行管制，以保证投资效率和效益。

（4）质量管制。由于产品和服务质量水平与成本高度相关，如果不对产品和服务质量实行管制，企业就会产生降低产品和服务质量的刺激。因此，为维护并不断增进消费者利益，政府在实行价格管制的同时，还应该对产品和服务质量实行管制。

2. 社会性政府监管

在诸多现实的经济活动中，许多经济行为经常会产生严重的负外部性，如一些企业的生产活动带来空气污染、水污染等问题，或提供的产品存在严重缺陷危害消费者身心健康；消费者的个人消费行为也会造成负外部性，如个人使用小汽车会引起或加重空气污染。而与此同时，由于公众对此缺乏足够的知识，存在相关信息不对称问题。对于这些由环境污染、产品质量低而造成的社会问题，居民和消费者是最大的受害者，但是，由于他们不掌握足够的信息，或不能形成较大的社会力量去索要补偿损失，他们就难以得到经济补偿。这需要政府代表人民的利益，通过立法、执法手段加强对这类社会问题的管制。这也为政府实行社会性管制提供了理论依据。社会性管制的内容非常丰富，植草益根据日本社会性管制的政策实践，将社会性管制的内容分为确保健康和卫生，确保安全，防止公害和保护环境，确保教育、文化、福利这四大类，各大类中又包括若干小类，其范围十分广泛。而在美国，通常把社会性管制局限于卫生健康、安全和环境保护这三方面。根据发达国家学者的有关论著和管制机构设立与运行的实践，植草益的社会性管制范围显然太广，如确保教育、文化、福利主要是政府公共服务的职能；美国的社会性管制范围较为合适。事实上，中国不少学者也认同美国学者的观点，即把卫生健康（包括食品、药品、医疗、保健等）、安全（包括工作场所安全、职业安全、交通运输安全等）和环境保护（不仅包括尽可能减少和控制大气污染、水污染、固体废物污染等，同时还包括积极发展循环经济，节约利用各种资源）作为社会性管制的主要内容。可见，社会性管制与经济性管制不同的是，它不是以特定产业为研究对象，而是围绕如何达到一定的社会目标，实行跨产业、全方位的管制。

3. 反垄断政府监管

反垄断监管主要是针对竞争性领域中具有市场垄断力量的垄断企业及其垄断行为，特别是由市场集中形成的经济性垄断行为。但在目前的中国，由滥用政府权力而造成的行政性垄断更为普遍，因此，也应是反垄断的对象。反垄断的主要目标是提高资源配置效率，维护正常公平竞争，保证市场竞争机制的有效运行。值得一提的是，20世纪80年代以来，许多国家在垄断性产业纷纷制定与实施放松管制政策，引进与强化竞争机制，这使原来的垄断性市场结构改革成为竞争性市场结构，寡头竞争在主要业务领域逐渐占主导地位，在一些次要业务领域则形成较为充分的竞争格局。因此，应对改革后垄断性产业的垄断与竞争并存状态，政府对这些产业越来越强调同时实行经济性管制和反垄断管制，以实现有效管制。

（三）政府监管理论体系

根据上述分析，政府监管是针对市场经济主体企业或个人的非理性和投机性行为，为提高资源配置效率和维护社会公众利益而实施的一种管理职能。政府监管涉及经济、政治、行政、社会、管理等各方面的内容，因而管制政策的科学制定需要综合运用多学科知识，综合考虑各方面的因素。

（1）政府管制政策的制定需要充分运用经济学原理，考虑政策制定和实施中的经济因素。要分析政府管制的成本与收益，通过成本与收益的比较以确定某一政府管制的必要性。对自然垄断行业的管制政策的制定与实施要以规模经济、范围经济、垄断与竞争等经济理论为重要依据；而价格管制政策的制定则是以成本与收益、需求与供给等经济理论为主要依据。对每一项社会性管制活动也要运用经济学原理，进行成本与收益分析，论证管制活动的可行性和经济合理性。

（2）政府管制需要充分运用行政管理学知识，发挥行政管理手段的作用。管制的基本手段是行政手段，管制者可以依法强制被管制者执行有关法规，对它们实行行政监督。但是，任何管制活动都必须按照法定的行政程序，以避免管制活动的随意性。这就决定了管制经济学需要运用行政管理学的基本理论与方法，以提高管制的科学性与管制效率。

（3）政府管制需要充分运用政治学知识。从某种意义上讲，管制行为本身就是一种政治行为，任何一种管制政策的制定与实施都在相当程度上体现着各级政府的政治倾向，相当程度上包含着政治因素。因此，政府管制政策的制定需要充分考虑和体现国家执政者的政治价值取向。我国是以人民为主体的社会主义国家，民生导向应是我国制定政府管制政策的基本原则。

（4）政府管制与法制建设密切相关，管制者必须有一定的法律授权，取得法律地位，明确其权力和职责；同时，管制的基本依据是有关法律规定和法定行政程序，管制机构的行为应受到法律监督和司法控制。特别是在管制的行政程序和对管制机构的控制方面，强调行政程序应受到立法、行政执法和司法的多方面控制，管制机构的行为必须遵守授予其权力的有关法律的制约。

二　环境监管理论

环境监管是政府为维护良好的生态环境以保障公众环境利益，对企业或个人的环境行为进行的监管管理。如政府通过收费企业和个人在经济活动中取水、排污等行为的约束。可见，环境监管属于政府社会性监管的重要内容。

（一）环境监管的必要性

政府环境监管主要是基于市场经济条件下，市场机制对经济主体对环境公共物品利用行为调整的失灵。美国著名经济学家萨缪尔森将政府管制视为对企业无节制的市场权力的一种限制，他认为，管制的必要性主要基于三大公益理由：第一，对企业行为进行管制可以防止垄断或寡头垄断滥用市场力量；第二，管制可以纠正诸如污染之类的负外部性问题；第三，管制可以纠正产品和服务的提供者与消费者之

间的信息的不对称。① 同样，经济学家米德也曾指出，政府的干预和
控制在某些特定情境之下是相当必要的，其中的一种情境就是市场机
制往往不能很好地解决由于个人利益与社会利益的对立所引起的重要
社会问题，如环境污染、资源枯竭、人口爆炸等，这些问题均有赖于
政府的控制和干预行动才能得以解决。② 王伯安和吴海燕认为，环境
问题的外部性和环境资源的公共财产属性，决定了解决环境污染问题
不能单纯地依靠市场机制，需要政府的必要管制和干预。③ 黄锡生、
曹飞指出，环境问题实际上就是资源错误配置的问题，政府对经济活
动的适度干预，可以纠正市场行为的外部不经济性，有利于政府对可
能造成环境污染和破坏的行为进行预先控制。④ 此外，陶建格、张世
秋运用制度经济学分析方法，分别对资源环境系统的控制方式进行研
究，指出行政方式可以实现资源环境的有效管理。⑤

（二）环境监管的概念界定

学界对环境监管的概念界定大体一致。潘家华将环境管制定义为
政府以非市场途径对环境资源利用的直接干预。⑥ 从管制目标角度来
界定环境管制，认为政府实施环境管制是通过成本评价与效益评价来
确定不同类型的污染许可和污染量。⑦ 国内学者谭九生对政府环境管
制界定较为规范全面，认为"环境管制是指相关政府机构（环境管理
部门）采取指令的方式向污染排放者或制造者提供污染指标或排污许
可证，间接或直接地对污染排放以及排放者进行限制的一种行政法律

---

① 保罗·萨缪尔森、威廉·诺德豪斯：《微观经济学》，萧琛等译，华夏出版社 1999
年版，第 246 页。
② 詹姆士·E. 米德：《明智的激进派经济政策指南：混合经济》，欧晓理等译，上海
三联书店 1989 年版，第 2—4 页。
③ 王伯安、吴海燕：《治理环境污染的经济制度安排》，《经济问题》2001 年第 6 期。
④ 黄锡生、曹飞：《中国环境监管模式的反思与重构》，《环境保护》2009 年第 4 期。
⑤ 陶建格：《资源环境问题的制度经济学分析》，《商业经济研究》2008 年第 15 期；
张世秋：《中国环境管理制度变革之道：从部门管理向公共管理转变》，《中国人口·资源与
环境》2005 年第 15 期。
⑥ 潘家华：《世界环境与发展的"南北"途径及其趋同态势》，《世界经济》1993 年
第 11 期。
⑦ Mankiw，N. G.，"Principles of economics：pengantar ekonomi makroed"，*Ekonomi Mak-ro*，2012.

手段，其主要作用对象是企业"。① 综合现有学者对环境监管的定义，我们认为，不能将监管的内容仅限于环境污染，资源的过度消耗导致资源稀缺以及生态破坏也是人类面临的重大环境问题，也不能将管制的对象仅限于企业，随着人们生活水平的提高，个人对环境资源的利用消耗与废弃物的排放在与日俱增，对环境的危害在加大。因此，本书将环境管制定义为，政府环境管理机关可能导致环境恶化（经济组织或个人）的环境行为的依法进行的直接的强制性约束。

李挚萍对政府环境管制的发展阶段进行区分，认为可将政府环境管制分为三个阶段。② 第一阶段的环境管制强调政府对环境领域的全面介入，管制手段以强制性手段为主；第二阶段的环境管制强调市场机制在环境领域的运用，注重管制的成本和管制效率问题；第三阶段的环境管制强调公众对于环境管制的广泛参与，通过对政府管制角色的挑战，积极寻求政府与社会建立合作关系，同时注重管制手段的多元化。

（三）环境监管路径

1. 环境监管手段

贝尔（R. G. Bell，2002）等将环境管制工具分为命令控制型和市场激励型两类，并对这两种管制工具进行了比较：命令控制型工具与排污收费、可交易排污许可证等市场激励工具类似，具有明显的减污效果；但命令控制型工具对环境标准的要求相对较高，为达到环境标准，需要付出更高的污染控制成本。③ 斯塔文斯·罗伯特（Stavins Robert）研究指出，一个良好的基于市场激励的环境规制工具必须进行合理的设计，否则将会导致市场失灵。国内学者更倾向于从规范性角度对管制策略进行梳理和比较。李万新从监管方式的差异性方面将

---

① 谭九生：《从管制走向互动治理：我国生态环境治理模式的反思与重构》，《湘潭大学学报》（哲学社会科学版）2012 年第 5 期。

② 李挚萍：《20 世纪政府环境管制的三个演进时代》，《学术研究》2005 年第 6 期。

③ Bell, R. G., Russell, C., "Environmental policy for developing countries: Most nations lack the infrastructure and expertise necessary to implement the market – based strategies being recommended by the international development banks (Environmental Policy)", *National Academy of Sciences*, Vol. 18, No. 3, 2002.

环境管制分为三种策略工具：直接监管、管制激励和自我监管。① 王齐从具体内容角度对我国现行的政府环境管制策略进行梳理，总结出我国目前的环境管制策略有以下几种：环境影响评价制度、"三同时"制度、排污收费制度、限期治理制度、污染物总量控制制度、排污许可证制度、环境保护规划和计划制度、环境保护目标责任制、城市环境综合整治定量考核制度等。②

2. 利益协调策略

由于环境系统本身的开放性及其与社会、政治、经济系统之间的密切关系，环境治理中的政府管制必然涉及包括政府、企业、公众等在内的众多利益行为主体。这些利益主体在环境问题上的利益诉求并不相同，作为理性的经济人，不同利益主体必然追求自身利益的最大化，故而在政府环境管制过程中存在各种利益冲突与博弈。具体来说，环境监管中需要有效处理的利益关系包括政府与企业的利益冲突和博弈、政府与政府之间的利益冲突和博弈、企业与公众之间的利益冲突和博弈。③

相关研究结果表明，企业是否选择减排与企业减排前后的预期收益，企业声誉成本、企业排污遭受的惩罚程度，政府对企业监管力度等因素密切相关；地方政府对企业环境监管力度以及是否选择与排污企业合谋与中央政府的监管力度密切相关。④ 这为地方与中央政府环境管制策略的选择提供了依据。一般来说，更多地采取经济激励手段平衡减排前后企业利润与成本，或通过曝光及纳入诚信体系，提高违规排放力度将有利于控制企业排污行为。对地方政府加强环境监管巡视，将有利于促进地方政府加强环境监管工作。

---

① 李万新：《中国的环境监管与治理——理念、承诺、能力和赋权》，《公共行政评论》2008 年第 5 期。
② 王齐：《环境管制对传统产业组织的影响》，《东岳论丛》2005 年第 1 期。
③ 参见王斌《环境污染治理与规制博弈研究》，博士学位论文，首都经济贸易大学，2013 年，第 23—30 页。
④ 卢方元：《环境污染问题的演化博弈分析》，《系统工程理论与实践》2007 年第 9 期；王艳、丁德文：《公众参与环境保护的博弈分析》，《大连海事大学学报》2006 年第 4 期。

3. 合作共治策略

随着环境问题复杂性和不确定性的加剧、社会传递性与流动性的扩展、信息技术的革新以及公民意识的觉醒，政府环境管制无论是在主观的管制意愿，还是在客观的管制能力上，都存在难以克服的固有缺陷和制度缺失，政府环境管制受到越来越多的质疑与批评。因此，适应新形势，有必要对传统环境治理模式进行转型。对此，国内外学者已有所探讨。谭九生（2012）认为，未来生态环境治理应当以管制为逻辑起点，建构一种新的以自上而下治理、自我治理、合作式治理为基础的生态环境互动治理模式。黄锡生等指出，要从单一的政府环境监管模式逐步向政府监管、第三方监管和自我监管的混合型监管模式转变。① 严燕、刘祖云基于环境冲突的视角探讨了我国环境监管的转型问题，认为当前我国环境冲突的社会风险呈现出从可能性向现实性转变的态势，因而必须在风险理论的指导下，运用多元主体共同参与公共事务的协同治理模式。② 类似地，杨浩勃等（2015）认为，环境抗议的特色与环境问题的形成逻辑密切相关，其根源在于中国生态环境治理结构中"市场强势、权力错位与社会弱势"的环境利益相关主体间失衡，应从生态政治学出发，构建多元协同治理机制，并最终实现国家、市场、社会的系统平衡。③ 吕丹指出，在现代环境治理话语体系中，公民（个人或组织）应该同政府、企业一样，成为该体系中的重要组成部分，公民参与是有效监督的重要保障，也是管制目标实现的重要基础。④ 本书认为，环境管制作为公共管理重要组成部分，应当充分运用现代社会治理理念和公共管理理念，充分借助社会与公众力量，向实施政府主导下的多元共治方向发展。

---

① 黄锡生、曹飞：《中国环境监管模式的反思与重构》，《环境保护》2009年第4期。
② 严燕、刘祖云：《风险社会理论范式下中国"环境冲突"问题及其协同治理》，《南京师范大学学报》（社会科学版）2014年第3期。
③ 杨浩勃、黄斌欢、姚茂华：《乡村环境的协同治理：生态政治学与社会的生产》，《农业现代化研究》2015年第1期。
④ 吕丹：《环境公民社会视角下的中国现代环境治理系统研究》，《城市发展研究》2007年第6期。

三　公共安全监管理论

水安全实际属于公共安全范畴。安全监管本质上是政府对风险的控制行为。公共安全监管实质是政府对公共环境安全进行控制，解决市场内生失灵与社会固有失范。市场机制的固有缺陷客观上要求必须设立政府机构，对市场主体的活动进行监督和管理，以预防和矫正市场失灵问题。但是，政府作为最庞大复杂的权威组织，管理领域宽泛、服务对象多元，因而所承担的公共职能往往无法依靠一个或一级政府单独实现，需要联动不同类别和层次的政府和其他社会力量一起来分工配合、协作。

（一）公共安全监管的系统构成

根据安全监管的目标和内涵，可以从三个维度审视和分析安全监管。

第一个维度：主体维，即安全监管的主要参与者，是人格化的主体，包括监管方——政府、被监管方——主要是企业和社会中介组织。政府是安全执法监察主体和政策制定主体，企业是安全生产主体和安全责任主体，相关社会中介组织是安全经营行为服务的主体。

第二个维度：政策维，即安全监管的各类政策，根据规制经济学和公共管理学，安全监管政策有三类：一是安全监管的经济性政策，即通过财政、税收等经济手段规制企业的生产经营行为和安全生产活动，使之达到政府设定的安全目标；二是安全监管的社会性政策，即通过政府的行政引领和干预，利用安全伦理、安全文化、安全诚信、安全评价、舆论监督、公众参与等一系列政策、措施、手段、行动准则和规定政策，促进安全生产和安全监管工作，解决事故和灾害引发的社会问题，改善社会环境，增进社会福利，促进社会稳定和和谐，降低市场经济下公众安全风险；三是安全监管的法律性政策，即与安全监管立法、司法和执法相关的政策，旨在从法律和法制层面规制生产经营单位的安全生产活动，重点治安，促进安全生产长效机制的构建。

第三个维度：要素维，即安全生产和安全监管的五要素：安全文化、安全法制、安全责任、安全科技和安全投入。这是安全监管工作的五项重要内容和抓手，它们之间是相对独立的，但也需协同配套、共同发挥作用。安全文化的核心是安全素质，人的安全素质关键是安全意识。全社会应认识安全的重要作用，决策者和公众共同接受安全意识、安全理念、安全价值标准，树立预防为主、安全是生活质量的观点，树立自我保护、除险防范等意识，坚持以人为本，珍惜生命、关爱生命，通过安全文化建设提高全民安全素质，为安全生产提供强大的精神动力和智力支持。安全法制是指制定和完善与安全生产和安全监管有关的法律法规并在实践中严格执法等，内涵包括：理顺法律关系，明确法律责任，提高执法水平，改善执法条件，加大执法力度，严肃追究法律责任，使安全生产法律法规成为任何社会成员不可逾越的界限；健全安全法规，做到有法可依，措施得力，推进安全监管工作从人治向法治转变；完善行业规章、规范和标准，依法加强执行力度。这是安全问题的治本之策。安全责任是指"确保政府承担起安全生产监管主体的职责，确保企业承担起安全生产责任主体的职责"。在安全监管工作中，政府工作的第一要务就是促进企业落实安全生产管理的主体责任。应突出企业安全生产的主体地位，落实好生产经营单位在机构、投入、人员素质、管理、经济赔偿方面的制度，促使企业建立安全生产自我完善的长效机制。安全科技是指与安全生产相关的科学技术。加强安全基础科学研究和理论创新，重点研究安全监管理论、安全心理理论、安全行为理论、安全工程理论、安全经济理论、安全管理理论、安全执法理论、安全文化理论、本质安全理论等，为安全生产和安全监管提供正确的指导方向。安全技术研发方面，应加强典型重大灾害事故致因机理及演化规律的研究，加强事故隐患诊断、预测与治理的技术研究。推动安全技术资源整合，形成以企业为主体、产学研相结合的安全技术创新机制。安全投入是制定和完善财政、金融、保险、税收等有利于安全生产的经济政策，拓宽安全生产投入渠道，形成以企业投入为主、政府投入导向、金融和保险参与的多元化安全生产投融资体系，引导社会资金投入安全生产，改善安全生产条件。

（二）公共安全监管的必要性

在市场经济条件下私人和企业作为理性经济人，很少关注公共环境安全风险，即对环境等公共安全风险存在非理性认识或偏见及相应行为，不利于公共安全风险的解决。因此，为有效防控公共安全风险，政府有必要纠正个人和企业对公共安全认识的偏见和错误行为。这为政府进行公共安全监管提供了理论依据。事实上，政府有责任也有可能会影响企业或个人提供的公共安全认知，也有能力控制其错误的危及公共安全的行为。现实中，公众对公共安全的风险认知与实际风险存在偏离，或者高估或者低估。当高估时会引发社会恐慌，影响社会安定。如当城市居民对某次水源地污染事件影响过高估计时，会引发对矿泉水或纯净水的抢购。而当人们对自己不当行为对公共环境影响低估时，就会造成继续这种行为而不去节制，如水浪费行为，从而加剧环境安全风险。因此，政府有必要对这些行为加以管制。

信息不对称是导致政府公共安全监管的另一重要原因。政府对私人涉及公共安全的行为往往存在信息不完备或不对称，无法实现对私人行为威胁环境安全行为的有效管控，需要通过加强监管，降低或消除这种风险。为此政府需要建立完善的检测、监控与监督体系，获取相应的信息，作为调控私人行为的依据。如自来水行业，为保证公众用水水质安全，需要政府建立水源—取水—输水—净水—供水等多环节的监控监管体系，获取相关信息，及时干预供水企业的不当供水行为，而非在水质事件发生后，造成了严重的社会影响后，进行简单的事后处罚。再如，对企业排污行为的监管，为控制自然水体污染风险，需要对各排污企业的排污量、浓度、性质，对照排污标准进行实时监测与控制，而非在污染事件发生后再做处理。

企业行为安全风险外部性是导致政府安全监管的另一个重要原因。公共环境往往被使用者视为没有明确产权归属的产品，人们在使用时往往倾向于最大限度地利用，从而超过环境的承受力，增大公共环境安全。如过度取用自然水资源或不加节制地向环境排放废弃物。这种行为实际上会不可避免地产生由公众承担的安全风险成本，即企业行为外部性安全风险。在此情况下，需要政府在强化监管的基础上，将这种安全风险成本内部化为企业内部成本，从而遏制企业危害公共环境安全的行为。此外，在经济利益的驱动下，作为理性经济人的企业有可能在知晓自身行为的公共危害和惩罚措施情况下仍有可能进行投机行为，危及公共安全。如在我国屡禁不止的企业偷排、漏排行为。这也为加强政府公共安全监管提供了必要性。

（三）公共安全监管方法

公共安全问题具有社会经济的内生性、构成要素的系统性、发生发展的过程性。具体来说，公共安全问题内生于社会经济活动之中，且无处不在、涉及面广，渗透于社会经济活动的每一个过程与环节。因此，传统的政府包揽式、碎片化、节点性管理模式无法取得理想效果。基于公共安全特征需要采取整体性、参与式、过程性思维保证城市公共安全问题。在现代风险社会，任何主体都无法单独应对公共安全问题。有必要将其提升到治理现代化的新高度，发挥政府、市场和社会的整体作用，编织全方位、立体化的公共安全网。

首先，强化政府公共安全监管体制建设，发挥政府的基础性作用。体制改革方面，在事关公共安全领域内推行综合执法，实现安全监管执法的网格化、一体化。在日常监管中，坚持以问题为导向，积极引入信息公开、随机抽查、风险管理等科学理念，提高公共安全监管体系精细化水平。推进公共安全法治化，建立最严格的监管制度，用最严厉的处罚和最严肃的问责威慑违法行为。坚持重心下移、关口前移、资源下沉，实现基层监督执法人员素质、设施保障、技术应用的整体协调。

其次，充分利用经济手段和市场机制，加强公共安全市场源头治理。理想的公共安全体系，应当将各方面激励和约束集中到市场主体行为上，把公共安全与其市场主体的经济利益相捆绑，让优胜劣汰的市场机制成为公共安全水平的重要影响因素。只有各方都产生尚德守法的内生动力，才能从源头上减少安全隐患。政府需要通过政策手段来引导市场运行，使诚信自律的主体获得更多经济效益。

最后，充分利用社会组织和公众力量，加强公共安全社会协同治理。公共安全连着公众每个人的力量，有必要调动每个人的积极性，实现共治共享。应拓展公众参与公共安全治理的有效途径，实现政府管理与社会自我调节的良性互动。社会共治包括风险交流、贡献奖励、典型示范等机制。一方面，需要尽快把公共安全教育纳入国民教育和精神文明建设体系，通过各种渠道加强安全公益宣传；另一方面，需要积极引导社会舆论和公众情绪，营造"关注公共安全就是关心自身安全"的社会氛围。

第三章　城市水安全评价指标体系及方法

　　城市水安全的评价对于深入了解城市水安全形势，确定城市水不安全因素，进而提出切实可行的水安全监管措施，以保证城市社会经济安全可持续发展具有十分重要的现实意义。因此，城市水安全评价是城市水安全监管的重要一环，城市水安全科学评价研究是城市水安全研究的核心内容。随着我国城市化的快速推进，更多的人口和经济活动将集中于城市。城市水安全风险在逐渐增大；同时，高度集中的人口和经济要素又为城市水安全提出了更高的要求。因此，城市水安全评价研究对我国水安全保障显得尤为重要，成为我国学界关注的焦点。

　　要对城市水安全做出科学评价，至少需要做好以下四个方面紧密联系的工作：一是在深入理解城市水安全系统特征的基础上提出有针对性可操作的科学的评价指标体系并确定各级指标的权重；二是城市水安全各评价指标和综合评价值确定安全等级评价标准；三是在收集数据的基础上选用科学的评价模型核算城市水安全评价值，并结合评价等级标准对城市水安全状态做出评价；四是提出提升城市水安全的政策措施。在上述城市水安全评价工作中，评价指标体系为城市水安全评价提供了基本评价维度，评价标准为城市水安全评价提供了参考依据；评价模型为城市水安全评价提供了基本手段，城市水安全政策的提出基本是整个评价工作的目的。可见，在城市水安全评价中关键的工作是评价指标体系的构建、评价等级标准的确定及合适的评价模型选择。这也是城市水安全评价研究的重点内容。

第一节　城市水安全评价指标体系构建

建立科学的城市水安全评价指标体系是城市水安全评价工作的核心。科学的城市水安全评价指标体系建立在对水安全概念的深度把握，对城市水安全系统的充分理解基础之上。基于对城市水安全内涵和水安全系统的理解，国内外学者对城市水安全评价指标体系的构建进行了丰富的研究工作。

一　城市水安全评价指标体系的构建原则

评价值体系构建是一项基础而又技术性强的工作，因而指标的选择需要遵循一些基本原则。综合相关研究成果，本书认为，城市水安全评价指标体系构建需遵循如下原则。

（一）科学性原则

按照科学理论，特别是可持续发展理论，定义指标的概念和计算方法，所选取的指标既反映城市水安全概念的内涵，又要符合评价城市可持续发展的实际需要。确立的指标体系能够较客观地反映城市水安全本质内涵，须经过观察、测试、评议，通过信度和效度检验。目前学术界对水安全尚未有一致的定义，但其包含的某些内容则是比较明确的，尤其国际上重要专业学术会议对水安全的阐述，对评价指标的科学选取起指导性作用。

（二）独立性原则

城市水安全指标应当相对独立，所选指标应与城市水安全体系内其他变量指标的关联度较低，保证评价指标体系的简洁性与客观性。只有独立客观的指标，才能够对复杂系统的运行过程做出准确、有代表性的描述，也便于分析得到全面、置信度高的结果。分别考虑城市水安全社会、经济、环境等方面的要求，科学地选择指标要求指标具有独立性。

（三）完备性原则

城市水安全是个由水资源安全、水生态环境安全、水灾害预防安全等子系统组成的复杂系统，反映城市水安全状况的变量有多个且相互关联形成体系。因此，在指标选取时应全面系统地审视城市水安全多维表现，分别选取能够反映单一子系统对供水安全影响因素的指标，从而组成层次分明、组别明确的系统性指标体系。避免关键指标确实，影响评价结果的全面与客观性。

（四）可比性原则

评价指标对于不同的评价城区应当具有通用性，既具有不同对象同一时期的横向可比性，也具有同一对象不同时期的纵向可比性。从公平、公正的角度出发，不宜选取仅适用于少部分评价区域的特殊指标。为使评价结果在不同城区具有可比性，指标尽可能采用标准的名称、概念、计算方法，做到与其他区域指标具有一致性。

（五）可操作性原则

指标值收集整理是一项十分复杂而困难的工作。因此，评价指标体系的设置不宜过于庞大，指标体系尽量简化，计算方法尽量简便、直观、易操作。同时，要考虑到数据获取的难易程度和可靠性的问题，应当充分利用现有统计资料及国家、政府有关的规范标准，指标体系要充分考虑到资料的来源和获得的现实可能性。

二 城市水安全评价指标体系的构建

（一）单项评价指标

早期研究主要多采用单项指标针对水资源安全进行评价。这些指标包括反映人类对水资源压力大小的指标即水压力指数、反映特定地域水资源支撑社会经济发展的水资源承载力指标[1]，以及反映在气候变化和人类活动驱动下水资源系统本身发生不利变化的脆弱性指数等。[2]

1. 水资源压力指数

反映人类水资源压力的指标可以较粗略地反映一个国家或地区的

---

[1] 夏军、朱一中：《水资源安全的度量：水资源承载力的研究与挑战》，《自然资源学报》2002 年第 3 期。

[2] 陈攀、李兰、周文财：《水资源脆弱性及评价方法国内外研究进展》，《水资源保护》2011 年第 5 期；王生云：《水资源脆弱性测度技术述评》，《生态经济》（中文版）2014 年第 2 期。

水资源安全程度。[①] 水资源压力指数即反映特定地区面临的水资源稀缺程度的指标。目前国际上通用的宏观衡量水资源压力的指标有人均水资源量和水资源开发利用程度两个。

（1）人均水资源量。"人均水资源量"概念最早由瑞典水科学家福尔肯马克和威德斯特兰（Falkenmark and Widstrand）于 20 世纪末提出，用于衡量当时日益严重的水稀缺状况以及水资源面临的巨大人力需求压力。[②] 人均水资源量越小表明，区域特定区域水资源越稀缺，水资源压力越大。这一指标的核算因所需的"水资源量"和"人口数"数据便于获取而具有简便易行性，但该指标用于反映水资源压力和人类水安全还需要对相关变量做进一步的科学界定。[③]

①考虑区域可开发利用的水资源量。区域水资源量可以有区域总水资源量、区域可更新水资源量、区域可持续利用水资源量的区别。从维持水资源可持续利用和区域可持续发展的视角，不宜将"水资源总量"作为"人均水资源量"指标核算的基础数据。这是因为，水资源总量中包括部分不可更新或更新缓慢的地下水，也包括维持区域生态平衡与持续性的生态需水。维持区域可持续发展，人类可利用的水量应是将这两类水资源从水资源总量中剥离预留出来。

②要充分考虑区域水资源的开发条件。水资源的自然赋存状态即自然水体通常无法被人类直接利用，需要借助水利工程与技术进行开发才能进入人类社会经济系统，成为现实可用的水资源。一些地区尽管水资源总量丰富，但水资源开发难度大或成本高，比如，我国西南地区，经开发现实可用水资源少，水资源压力也会比较大。因此，人均水资源指标中的"水资源量"应该指在当前或预期技术水平下，可开发利用的现实水资源量。

---

①　贾绍凤、张军岩、张士锋：《区域水资源压力指数与水资源安全评价指标体系》，《地理科学进展》2002 年第 6 期。

②　Falkenmark, M., Widstrand, C., "Population and water resources: A delicate balance", *Population Bulletin*, 1992, Vol. 47, No. 3, pp. 1 – 36.

③　贾绍凤、张军岩、张士锋：《区域水资源压力指数与水资源安全评价指标体系》，《地理科学进展》2002 年第 6 期。

③考虑水污染对可用水资源量的影响。区域水安全不仅意味着区域水资源量的供给的充足性和可持续性，而且还应有充分的水质保证。无论是生活饮用水，还是各类经济用水和生态环境用水，都有一定的水质要求。人类无法避免的污水排放一方面需要依赖一定"水质"自然水体的容纳和净化；另一方面也在降低自然水体的水质，使区域可利用水资源量减少，造成水质性缺水。因此，在同样的人均水资源量供给情形下，因水质不同区域面临的水资源压力也不同。

④考虑经济需水结构对水资源的压力。在同等人口规模与可用水资源量情形下，因实际的经济结构不同，区域面临的水资源压力不同。区域经济结构偏耗水量大的产业如漫灌式农业、钢铁、造纸、洗浴等，在发展过程中有可能面临更大的水资源压力和水安全风险。人均水资源量指标并未考虑这一人文因素对水资源安全的影响。

⑤要考虑水资源压力的时空差异。事实上，同一地区年际或不同季节因降水量不同，可供开发使用的水资源量存在很大差异；在地区内部不同地方也会因水资源空间分布的差异出现水资源压力不同。因而，"人均水资源量"指标不适宜用于大的时空尺度水资源压力或稀缺性评价。

⑥人口指标应区分城市常住人口与户籍人口。在用"人均水资源"衡量城市水资源安全时，"人口数量"应是常住人口量而非户籍人口量与城市临时流动人口净流入量之和。"水资源量"的核算，除考虑城市生态需水、水资源开发能力等因素外，考虑到城乡地域及其用水的整体性，应在预留乡村农业农村生产生活用水及生态用水的基础上加以计算，而非将城市所在水文单元的全部水资源量作为城市用水。未来随着城市污水处理能力的提高，更多的再生水将被生产出来，将成为城市"水资源总量"的有效补充，理论上应被核算在"水资源量总量"内。

可见，以"人均水资源量"指标衡量水资源安全，需要对"水资源量"的统计口径进行科学界定。依据上述讨论，本书认为，这里的"人均水资源量"应界定为"在预留了生态环境可持续用水量后，在一定的工程技术条件下可被人类开发利用现实的可更新、可满足人们特定水质需要的水资源量，即现实的可持续利用具有一定清洁度的水资源量"。

（2）水资源开发利用程度。"水资源开发利用强度"是世界粮农组织、联合国教科文卫组织、联合国可持续发展委员会等诸多国际组织广泛使用的反映水资源压力的指标。水资源开发利用程度被定义为年取用淡水资源量占可获得的淡水资源总的百分比。[①] 这一比例越大表明人类对水资源开发利用的强度越大，进一步开发利用潜力减小，水资源系统面临的人类活动压力越大。与"人均水资源量"指标相比，水资源开发利用程度作为衡量水资源压力的指标的优点，是其隐含地考虑了保证生态用水的必要，人类对水资源开发利用程度越高，留给水资源系统本身及相关生态系统的水资源越少，水系统及相关自然生态受到的压力就越大，其可持续性越差。在使用该指标评价城市水安全时应注意如下三个方面：

第一，应充分考虑水资源开发条件对水资源压力的影响。水资源开发条件差的地区尽管水资源开发利用程度很低，但由于现实可持续利用的水资源有限，水资源也可能比较稀缺，如我国西南喀斯特地貌区因开发利用难度大而出现的工程性缺水。

第二，应充分考虑水污染因素对水资源稀缺性的影响。在原本自然水资源丰富的地区，当大部分的自然水体被严重污染，不能满足人们对水资源水质的需要时，其水资源开发程度再低也不能表明该地区压力小。现实中，我国西南沿海一些自然水资源丰富地区，由于水资源受到严重污染，大大减少了可用水资源量，出现了水质性缺水。

第三，同"人均水资源量"指标一样，在对大区域尺度进行水安全评价时，应充分考虑水资源开发利用强度的时空差异。此外，还要考虑数据的可获得性，要对各项社会经济取用水进行逐项核算。可见，在用水资源开发利用强度指标衡量水资源压力时，同样，需要充分考虑人类对水资源开发利用条件和水质污染因素，否则无法准确反

---

① 贾嵘、薛惠锋、薛小杰等：《区域水资源开发利用程度综合评价》，《中国农村水利水电》1999 年第 11 期。

映特定地域的水资源压力和安全状况。

该指标阈值和等级划分标准通常根据水资源开发利用率与水生态环境问题的对应关系的经验确定。[①] 根据国际经验，水资源压力可做如下一般划分：当指标值小于10%时，为低水资源压力，今后水资源开发潜力大；当指标值大于10%而小于20%时，为中低水资源压力，水资源开发潜力较大；当指标值大于20%而小于40%时，为中高水资源压力，水资源开发潜力较小；当指标值大于40%时，为高水资源压力，水资源开发潜力丧失；当指标值大于1时，水资源系统超负荷，需借用域外水资源，如通过跨域调水或净虚拟水贸易。

2. 水资源承载力指数

水资源承载力本质上是一个度量水资源制约区域社会经济发展规模的阈值，它通常可用满足生态需水的可利用水量与社会经济可持续发展有限目标需水量的供需平衡退化到临界状态所对应的单位水资源量的人口规模和经济发展规模等指标表达。[②] 在同等水资源自然禀赋条件下，水资源承载力越大，表明区域水资源环境越安全。

根据第二章探讨的水资源承载力的含义，可知水资源承载力受特定地域水资源的自然禀赋、气候植被自然环境要素、水资源开发利用的技术水平，经济结构与生活水平等多种自然环境要素与人文要素的影响。一般来说，区域水资源自然禀赋越丰富，水资源利用技术如节水技术越高，第三产业比例越高，水资源承载力越大；而当区域居民生活水平越高，生活耗水项目越多，在其他条件相同的情况下水资源禀赋下水资源承载力越小。但是，由于居民生活用水在整个用水结构中比例较小，本书认为，制约水资源承载力的人文要素主要是经济结构及其水资源利用水平。

3. 水资源脆弱性指数

水资源脆弱性反映的是气候变化、人类活动等因素对水资源系统

---

① 贾绍凤、张军岩、张士锋：《区域水资源压力指数与水资源安全评价指标体系》，《地理科学进展》2002年第6期。
② 夏军、朱一中：《水资源安全的度量：水资源承载力的研究与挑战》，《自然资源学报》2002年第3期。

造成不利影响的程度。① 综合学术界对水资源脆弱性概念的观点，可把水资源脆弱性定义为，在气候变化、人类活动等作用下，水资源系统的结构发生改变、水资源数量减少和质量降低，以及由此引发的水资源供给、需求、管理的变化和旱涝等自然灾害发生的可能性、倾向或趋势。② 可见，水资源脆弱性可作为反映特定区域的水资源的安全的一个指标。其基本内涵至少包含如下几个方面。

（1）水资源脆弱性是水资源系统自身的一种客观属性，水资源系统内部特征是其脆弱性的根源。气候变化及其人类活动是造成水资源脆弱性外部驱动因素，通过引起水资源系统内部特征变化而使其脆弱性变化。

（2）水资源脆弱性包括水资源系统在外部驱动力作用下的敏感性和适应性。其中，敏感性是指水资源系统在外部因子作用下易发生不利变化的程度；适应性是指水资源遭到破坏后的恢复能力。显然，敏感性是水资源脆弱性的正向因子，而适应力是水资源脆弱性的逆向因子。

（3）水资源脆弱性包括水质脆弱性和水量脆弱性两个方面内容。前者反映的是水资源水质易受污染或发生改变的情形，通常不流动水体比流动水体更易受污染而水质恶化。后者是指主要受气象气候、地表植被、地形地貌等水循环条件变化影响，水资源量易发生变化的情形。

（4）水资源脆弱性既受水资源本身特征影响，也受其所处的自然社会经济环境条件影响。干旱区水资源由于所处气候区干旱植被稀少，无论是水质脆弱性还是水量脆弱性相对降水丰沛和植被覆盖度高的地区都比较大，更易受气候变化和人类活动的影响。这也反映了水资源脆弱性的空间差异性。

综观学界对水安全评估的单指标构建研究，主要是针对水安全中

---

① 唐国平、李秀彬、刘燕华：《全球气候变化下水资源脆弱性及其评估方法》，《地球科学进展》2000 年第 3 期。

② 夏军、雒新萍、曹建廷等：《气候变化对中国东部季风区水资源脆弱性的影响评价》，《气候变化研究进展》2015 年第 1 期。

的水资源安全维度的评估。其中，水资源压力指数测度的是人类社会经济活动对水资源需求压力或水资源稀缺程度；水资源承载力平衡指数测度的是在特定社会经济发展阶段水资源对人类社会经济规模的最大支撑能力；而水资源脆弱度指数则指示着在自然环境与人类社会活动驱动下水资源系统自身遭受破坏的倾向。水安全的内涵包括其自然属性、社会属性以及人文属性，在进行区域水安全评价时，不仅要考虑水资源现状，同时还要综合评价与之相关的多方因素。因此，水匮乏指数的构成包括建立水安全保障体系的综合信息。

（二）基于水安全概念的综合评价指标体系

从水安全条件要求看，既包括水资源安全，还包括水环境安全与水灾害防控安全；从人类生存发展全球需要看，既要保证人们生活用水安全，还应保障经济用水安全以及生态环境用水安全。因此，水安全评估需要构建多维综合指标体系。下面从水安全条件角度和人类水安全需求两个角度加以论述。

1. 基于水安全条件要求的综合评价指标体系

从水安全条件要求构建的水安全综合评估指标体系，包括水资源安全、水环境安全与免受旱涝损害方面的指标。其中，水资源安全即要求水作为一种资源能够满足人类生活、生产以及生态系统可持续需求；水环境安全即要求水体水质能够保证人类生存发展及生态环境对特定水质标准的要求；水灾害安全即要求水量或水质的变动不应过分剧烈超过当前人们的适应或应对能力而给人类或环境造成损害。

综合当前学界在此方面的研究成果[1]，此类水安全评价指标体系可概括如表3-1所示。

2. 基于人类水安全需求的综合评价指标体系

人类自身生存发展具有多维安全需要。从人类多维生存发展安全需要角度构建的水安全综合评估指标体系，包括生活用水安全、经济

---

[1] 金菊良、吴开亚、李如忠等：《信息熵与改进模糊层次分析法耦合的区域水安全评价模型》，《水力发电学报》2007年第6期；韩宇平、阮本清、解建仓：《多层次多目标模糊优选模型在水安全评价中的应用》，《资源科学》2003年第4期。

表 3 - 1　　　　　　　　供给框架下水安全评价指标体系

水安全子系统	评价指标	指标性质	指标权重
水资源安全 子系统 （0.5656）	1. 人均水资源量（立方米/人）	正向指标	0.155
	2. 单位面积耕地水资源量（立方米/公顷）	正向指标	0.154
	3. 地表水利用程度（%）	逆向指标	0.099
	4. 地下水利用程度（%）	逆向指标	0.098
	5. 工业万元产值用水量（立方米/万元）	逆向指标	0.113
	6. 农业用水总额（立方米/亩）	逆向指标	0.106
	7. 人均用水量（立方米/人）	逆向指标	0.122
	8. 人均口粮（千克/人）	逆向指标	0.038
	9. 粮食单产（千克/公顷）	正向指标	0.031
	10. 灌溉面积率（%）	逆向指标	0.088
水环境 安全子系统 （0.3023）	11. 单位面积化学需氧量排放量（吨/平方千米）	逆向指标	0.195
	12. 工业废水处理达标排放率（%）	正向指标	0.093
	13. Ⅳ级水质比率（%）	逆向指标	0.094
	14. 侵蚀模数指数（%）	逆向指标	0.113
	15. 荒漠化指数（%）	逆向指标	0.113
	16. 森林覆盖率指数（%）	正向指标	0.180
	17. 氟病区人数比例（%）	逆向指标	0.212
水灾防治 安全子系统 （0.1321）	18. 洪水受灾面积率（%）	逆向指标	0.202
	19. 干旱受灾面积率（%）	逆向指标	0.116
	20. 区域工农业产值密度（万元/平方千米）	逆向指标	0.302
	21. 单位面积蓄水工程总库容（立方米/平方千米）	正向指标	0.185
	22. 堤防保护耕地面积率（%）	正向指标	0.195

注：表中指标体系及其权重主要采用了金良菊等（2007）的研究成果；其中，指标体系权重运用基于加速遗传算法的改进模糊层次分析法与信息熵方法相结合的方法确定。

用水安全、生态用水安全等多个方面的指标。其中，生活用水安全是指人们的日常饮用和家庭生活能够得到保障的程度；经济用水安全是人类经济活动用水得到保障的情况；生态用水安全是指人类赖以生存的生态环境用水能够得到保障的程度。有关这一视角的水安全评价指标体系的研究，亚洲开发银行给出的指标体系最为全面系统[①]，其指标权重可运用熵权法计算获得。[②] 该指标体系由 5 个一级指标、12 个二级指标、23 个三级指标和 16 个四级指标构成。指标体系及其权重如图 3-1 所示。其中 5 个一级指标的含义如下：

（1）生活用水安全。满足居民生活用水及公共卫生需求。保障生活用水是经济发展和社会进步的基础，为居民提供安全的饮用水及公共卫生服务应该是首要任务。

（2）经济用水安全。支撑农业、工业和能源产业的用水需求。在经济快速发展的今天，水较之以往具有更加重要的经济意义。如何协调经济模式、政策调控方式和水资源分配管理，促进经济持续发展，是发展的优先议题。

（3）城市用水安全。确保城市水系统的安全可靠，妥善解决城市的供水、排水和排污等问题。当前我国正经历空前的城市化，人口不断从农村迁移到城市，使城市成为社会运转中最为重要的节点。加强城市水管理，建设宜居城市，维持城市活力尤为急迫。

（4）环境需水安全。保障水环境和生态的健康。在我国经济的高速发展已引发了大量的水环境和水生态问题。为此，需要尽快向绿色的经济增长方式转变，充分保证生态用水需求。

（5）水灾害防御能力。抵抗水灾害的能力及灾后的恢复能力。在当前经济开发和城市化进程，全球气候变化会增加水灾害的风险。为降低风险，必须加强基础设施建设，提高管理水平，大力改善现有的抗灾防灾系统。

在该指标体系中部分指标核算所需数据如表 3-2 所示。

3. 基于水安全概念的城市水安全评价指标体系

综合考虑水安全含义以及城市水安全系统的特征，对城市水安全概念进行较为全面系统的界定：在城市这样一个特定区域内，能够为

---

① Asian Development Bank, "Asian water development outlook 2013: Measuring water security in Asia and Pacific", Mandaluyon, Philippines, 2013.

② 江红、杨小柳：《基于熵权的亚太地区水安全评价》，《地理科学进展》2015 年第 3 期。

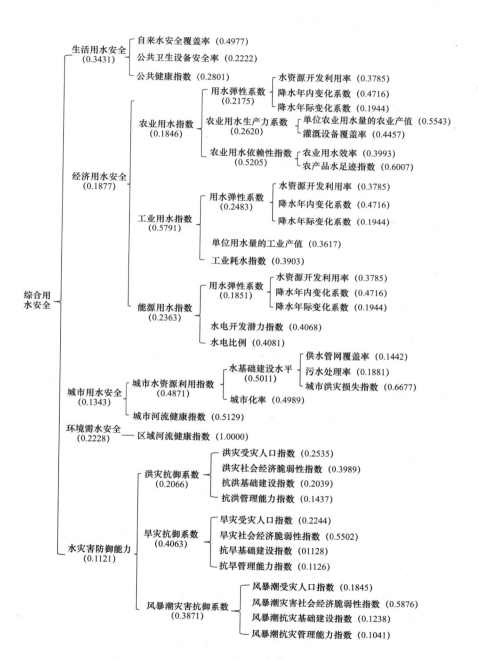

图 3－1 亚洲开发银行水安全评级指标体系

表 3 - 2   亚洲开发银行水安全评级指标体系部分指标体系说明

指标	原始数据
农业用水效率	水资源流失量、水资源总量
农产品水足迹指数	内部水足迹、外部水足迹、农业用水量
工业耗水指数	工业用水量、总用水量
水电开发潜力指数	可开发水电资源量、已开发水电资源量
城市河流健康指数	引自 Vörösmart 等（2010）
洪灾受灾人口指数	人口密度、城市人口增长率、总人口增长率
洪灾社会经济脆弱性指数	清廉指数、贫困人口比例、官方援助指数、森林砍伐率、婴儿死亡率
抗洪基础建设指数	潜在投资密度、单位面积的库容
抗洪管理能力指数	识字率、入学率、电视网络覆盖率、移动电话覆盖率、国内储蓄总值比重
旱灾受灾人口指数	人口密度、城市人口增长率、总人口增长率
旱灾社会经济脆弱性指数	清廉指数、贫困人口比例、官方援助指数、森林砍伐率、婴儿死亡率
抗旱基础建设指数	潜在投资密度、单位面积的库容
抗旱管理能力指数	识字率、入学率、电视网络覆盖率、移动电话覆盖率、国内储蓄总值比重
风暴潮受灾人口指数	人口密度、低地人口比例、总人口增长率
风暴潮灾害社会经济脆弱性指数	清廉指数、贫困人口比例、官方援助指数、农业生产总值比重、婴儿死亡率
风暴潮抗灾基础建设指数	潜在投资密度、道路覆盖率
风暴潮抗灾管理能力指数	识字率、入学率、电视网络覆盖率、移动电话覆盖率、国内储蓄总值比重

人类等生命、生态和经济主体提供可接受质量和数量的水的可靠性，涉水灾害在人类、环境和经济的可承受范围之内，保障城市社会经济、生态环境等的可持续发展。在此基础上，遵循科学性、可操作性、整体性、动态与静态相结合、定性与定量相结合等基本原则，对城市水安全的影响因素进行分类、筛选，建立了包括城市重要性、防洪安全、供水安全和水环境安全四个方面共 22 个指标的城市水安全评价指标体系，并运用层次分析法确定指标体系权重（见表 3 - 3）。

表 3-3　　　　基于城市水安全概念的城市水安全评价指标体系

水安全子系统	评价指标	指标性质	指标权重
城市重要性 (0.0813)	人口密度 (I_1) (万人/平方千米)	正向指标	0.7500
	人均 GDP (I_2) (万元/人)	逆向指标	0.2500
防洪安全 (0.3598)	洪灾损失率 (I_3) (%)	逆向指标	0.1913
	受灾人口百分比 (I_4) (%)	逆向指标	0.0381
	受灾面积百分比 (I_5) (%)	逆向指标	0.2918
	指挥调度系统的完备率 (I_6) (%)	正向指标	0.2918
	堤防达标率 (I_7) (%)	正向指标	0.0591
	单位面积闸站排涝流量 (I_8) [立方米/ (s×平方千米)]	正向指标	0.0381
	城市水域面比率 (I_9) (%)	逆向指标	0.0898
供水安全 (0.3598)	人均水资源量 (I_{10}) (立方米/人)	正向指标	0.0286
	公顷水资源量 (I_{11}) (立方米/公顷)	正向指标	0.0404
	地下水利用程度 (I_{12}) (%)	逆向指标	0.2028
	有效灌溉率 (I_{13}) (%)	正向指标	0.0826
	自来水普及率 (I_{14}) (%)	正向指标	0.3162
	管网漏损率 (I_{15}) (%)	逆向指标	0.1267
	水源地水质达标率 (I_{16}) (%)	正向指标	0.2028
水环境安全 (0.1991)	单位 GDP 排污水量 (I_{17}) (吨/万元)	逆向指标	0.0803
	截污率 (I_{18}) (%)	正向指标	0.0512
	污水处理率 (I_{19}) (%)	正向指标	0.1364
	污水处理达标率 (I_{20}) (%)	正向指标	0.3693
	水功能区达标率 (I_{21}) (%)	正向指标	0.2317
	植被覆盖率指数 (I_{22}) (%)	正向指标	0.1364

三　基于水安全系统分析的城市水安全评价指标体系

　　水资源安全受系统性因素影响，即影响和决定水安全的因素具有系统性，各因素间存在相互影响和制约构成水安全系统。上述无论是单维度单项指标的构建以及基于水安全概念分析均缺乏对水安全这一系统性特征的考虑。基于水安全系统要素内在结构关系的分析构建相应的水安全评价指标体系更加科学有效。

（一）基于水贫困系统概念框架的指标体系

水资源问题对人类生产发展的威胁，除了受水资源自然禀赋状态影响，还受人类对水资源的利用途径、能力和环境的制约。基于这种认识，2003 年英国牛津大学的生态与水文研究所（CEH）的卡罗琳·萨利文（Caroline Sullivan）教授提出了水贫困概念[①]，用以表征指自然界中缺少可供使用的水以及人们缺少获得水的能力或权利。事实上水资源对人类生产生活安全保障除了受自然水资源禀赋制约，更与人们利用水资源的能力有关。水资源匮乏在某种程度可以说是人们合理开发利用水资源能力的贫乏。基于水贫困概念，经过诸多学者的发展完善，侧重测量人类水资源利用能力水贫困测度框架即水贫困指数（Water Poverty Index，WPI）概念框架逐渐成熟完善。[②③] 该指数从多学科交叉的角度融合了水资源状况、供水设施状况、利用能力、利用效率和环境状况等多重自然与人文要素，为水资源安全提供一个标准化的系统性的评价框架，可系统评估水匮乏对人类社会经济发展的影响程度。WPI 具有计算简单、经济实用、易于理解等特点，得到国际水科学领域的普遍认可。

具体来看，WPI 是由水资源、供水设施、利用能力、使用效率和环境状况五个指标构成。水资源是指人类可利用的地表水和地下水量及其可靠性或可变性；供水设施是指自来水和灌溉的普及程度，包括农业国家或地区的基本需水和卫生需水，体现了公众获得清洁水源便捷性和用水的安全程度；利用能力体现健康、教育、财政等方面对水行业的影响；使用效率主要是指工业、农业以及生活中的用水投入产出比率；环境状况反映水质情况及生态环境可能受到的潜在压力，体现资源利用情况对环境的影响。上述五个方面又包含一系列具体指标

---

① Caroline Sullivan，"Calculationg a water poverty index"，*World Development*，Vol. 30，No. 7，2002，pp. 1195 – 1211.

② Caroline Sullivan，"The water poverty index：Development and application at community"，*Nature Resources Forum*，No. 27，2003，pp. 189 – 199.

③ 王雪妮、孙才志、邹玮：《中国水贫困与经济贫困空间耦合关系研究》，《中国软科学》2011 年第 12 期。

变量，且在不同的研究空间尺度变量选择上应有所不同，如表 3 - 4
所示。

表 3 - 4　　　　　　WPI 各组成要素所采用的指标变量

WPI 构成子要素	指标变量
水资源状况（R）	可利用的地表与地下水资源总量；自然水资源量的变动可靠性；自然水体水质级别及其可靠性
供水设施状况（A）	可获得管道输送清洁水的家庭比率；用水冲突统计数量；享有卫生设施的人口百分比；妇女取水百分比；取水花费的时间；灌溉耕地比率
利用能力状况（C）	家庭财富与收入状况；儿童死亡率；用水户成员数量比；患水相关疾病的家庭数；享有公共财政或福利的家庭数
使用效率状况（U）	生活用水比率；农田灌溉面积率；家畜用水总量；工业用水效率
环境状况（E）	自然资源开发利用情况；农业损失率；农田受侵蚀的家庭比率

WPI 指标框架已在水安全评价中得到了广泛应用。[1][2][3][4] 基于对
WPI 概念及其框架的理解，吸收当前水资源安全评估中 WPI 的应用研
究，并充分考虑城市水安全系统的特性，本书构建了如表 3 - 5 所示
的基于 WPI 水安全评价指标体系。

水贫困指数核算通常采用百分值，为了消除各评价指标量纲的影
响，首先需要对样本数据集进行标准化处理，并在标准化值基础上乘
以 100。

---

[1]　刘东、赵清、白雪峰：《水匮乏指数在区域水安全评价中的应用》，《灌溉排水学报》2009 年第 4 期。
[2]　靳春玲、贡力：《水贫困指数在兰州市水安全评价中的应用研究》，《人民黄河》2010 年第 2 期。
[3]　高跃、张戈、郭晓葳：《基于水匮乏指数模型的朝阳市农村地区水安全评价》，《云南地理环境研究》2016 年第 2 期。
[4]　罗斌、姜世中、郑月蓉等：《基于熵权法的水匮乏指数在四川省水安全评价中的应用》，《四川师范大学学报》（自然科学版）2016 年第 4 期。

表 3 – 5   基于 WPI 水安全评价指标体系及其解释

类型	指标	核算公式	指标含义
资源	人均水资源量	城市可用水资源总量/城区总人口	反映城市水资源紧缺程度
	水资源年际变动程度	城市多年可用水量离差平均值	反映城市可用水年际可靠度
	水资源开发利用程度	城市用水/城市可用水资源量	反映未来城市用水增量潜力
	地表水集中供水比率	城市化可用水地表水/总可用水	反映供水格局及可持续性
	水源地水质优良率	优于Ⅲ级水的水体测量断面比例	反映城市可用水的水质优度
设施	自来水普及率	使用自来水用户/城市总户数	反映城市供水设施覆盖度
	自来水水质达标度	环保机构抽检自来水质合格率	反映供水设施水处理能力
	管网漏损率	管网漏损量/总供水量	反映供水设施效率
能力	市民人均 GDP	全市 GDP 总量/人口总数	反映城市用水经济能力
	市民人均纯收入	全市总纯收入/人口总量	反映城市居民用水能力
	居民收入公平程度	收入基尼系数	反映居民用水经济能力差异
	居民受教水平	人均受教育年限	反映居民用水的知识能力
	水利投资系数	年度水利投资/总投资数额	反映财政支持能力
利用	人均生活用水量	平均每天每人生活用水量	反映生活用水情况及效率
	单位产值用水量	总用水量/总产值	反映经济用水情况及效率
	工业用水复用率	工业重复用水量/总用水量	反映工业用水效率
	生活节水水平	家庭节水设施普及率	反映家庭用水节水能力
	工业节水工艺水平	工业节水设施普及率	反映工业生产节水能力
环境	建成区保有绿地率	维护良好的绿地/建成区面积	反映城区绿化水平
	人均公共绿地面积	城市公共绿地面积/城市总人口	反映城市总体环境水平
	城市河道污水程度	城市劣质水域面积/水域面积	反映用水排污对环境压力

    参照国内外的研究成果，考虑到目前的社会经济发展水平，以国际标准、国家标准和发展规划值为依据，通过专家咨询，研究具体指标的临界点来确定指标评价标准。水安全程度按照五个级别划分，如表 3 – 6 所示。

表 3 – 6   基于 WPI 水安全级别划分

临界值	水安全状况	含义
WPI > 62	非常安全	水资源、水环境系统与社会、经济健康协调高效发展
56 < WPI < 62	安全	水资源、水环境系统与社会、经济健康协调发展

续表

临界值	水安全状况	含义
48 < WPI < 56	基本安全	水资源、水环境系统与社会、经济能协调发展
35 < WPI < 48	不安全	水资源、水环境系统不能与社会、经济协调发展，已威胁到社会、经济的可持续发展
WPI < 35	极不安全	水资源、水环境系统全面恶化，严重阻碍社会、经济可持续发展

（二）基于 DPSIR 概念模型的水安全评价指标体系

DPSIR 即"驱动力（D）—压力（P）—状态（S）—影响（I）—响应（R）"概念框架，是基于当前国际上流行的环境影响评估框架模型 PRS（压力—状态—响应）发展而来。PRS 框架最初由加拿大的统计学家戴维·J. 拉波特和托尼·弗兰德等（David J. Rapport and Tony Friend et al.）在 1979 年提出[①]，后来经联合国环境规划署（UNEP）和经济合作与发展组织（OECD）在 20 世纪八九十年代的共同发展，已成为一种用于环境问题研究较为有效的框架体系。

PSR 框架模型使用的是"原因—效应—响应"这一种思维逻辑，它体现了人类与自然环境之间相互作用的内在关系。人类通过各种活动，从自然环境中获得满足自身生存和发展所必需的资源，同时会将废弃物排放到环境中，从而对环境产生压力（P），构成环境变化的原因。这种压力（原因）改变了自然资源的存储数量和环境质量，即产生了环境状态变化的效应（S）。而这种自然环境状态的变化，又会反过来影响到人类所从事的社会经济活动，进而促使社会通过调整环境、经济以及部门等方面的政策，以及改变意识和行为，来对这些变化做出相应的反应（R）。如此往复循环，便构成了人类与自然环境之间的"压力—状态—响应"关系。

基于 PSR 框架，DPSIR 模型描述了一条更为完整的环境问题因果链。这条因果链可表述为，社会、经济、人口的发展作为长期驱动力

---

① Rapport, D. J., Tony Friend and Regier, H. A., "Ecosystem Medicine", *Bulletin of the Ecological Society of America*, 1979, Vol. 60, No. 4, pp. 180 – 182.

（D）作用于环境，通过资源索取和废物排放对环境产生压力（P），造成资源数量减少、生态退化等生态环境客观状态（S）的变化，从而对人类所处的水资源等生态环境造成各种影响（I），如水稀缺、水疾病等。这些影响促使人类对生态环境状态（S）的变化和影响做出节约资源与环境治理等方面的响应（R），响应（R）措施又作用于社会、经济和人口所构成的复合系统或直接作对环境产生压力（P）、状态（S）和影响（I）。该模型从系统分析的角度看待人和环境系统的相互作用，已成为一种在环境系统中广泛使用的评价指标体系概念模型。

基于 DPSIR 概念模型的城市水安全评价指标体系的构建，是以城市 DPSIR 概念框架为基础，由水安全驱动力子系统、压力子系统、状态子系统、影响子系统和响应子系统五个一级指标体系构成，每个子指标系统又由若干评价指标组成。DPSIR 概念框架下城市水安全系统要素关系可表述为，城市人口以及社会经济的发展作为驱动因素给城市水资源生态系统带来压力，引起城市人口以及社会经济各个部门对水资源需求量的增加，造成水资源生态系统如水体污染、水质恶化等变化，这些变化导致区域水文系统紊乱，径流量、人类可利用水资源量的减少，整个区域水资源状态失去平衡。水资源状态的变化反馈到社会经济各部门中，造成水资源供需矛盾更加突出，水价水费上涨，水生态系统进一步恶化。为此，必须采取一定的措施，如加强水利投资，提高节水意识等水资源管理政策来调控区域人口和社会经济的发展，制定相关政策措施，间接或直接作用于水生系统，从而降低人类行为对水资源系统造成的压力，减少对水生系统和社会经济发展的影响和制约，以防止城市水生系统的进一步恶化，危害城市水安全。

根据城市 DPSIR 概念框架，综合现有相关研究成果，构建城市水安全评价指标体系，如表 3 - 7 所示。

四　基于系统理论的水安全评价指标体系

城市水安全涉及人口、资源、社会、经济、文化、科技、生态、环境等各个方面，是一个典型的复杂系统。因此，从复杂系统的内涵出发，可将其评价指标体系看作是一个由相互联系的不同层次结构与

表 3 - 7　　　　　基于 DPSIR 概念框架城市水安全评价指标体系

一级指标	二级指标	一级指标	二级指标
驱动力指数	人口密度（人/千立方米）	影响指数	人均水资源量（立方米/人）
	人口增长率（%）		单位投资水资源量（立方米/万元）
	GDP 增长率（%）		水资源开发强度（%）
	工业产值比重（%）		饮用水水质达标率（%）
压力指数	人均生活取用水量 [立方米/（人·年）]		水功能区达标率（%）
	万元产值取用水量 （立方米/万元）		用水冲突发生率（%）
	万元产值污水排放量 （立方米/万元）	响应指数	各类排放污水截污率（%）
	人均生活污水排放量 [立方米/（人·年）]		各类排放污水处理率（%）
状态指数	人均地表水资源量（立方米/人）		水纠纷解决率（%）
	人均地下水资源量（立方米/人）		工业用水重复利用率（%）
	河道水质等级（Ⅰ—Ⅴ）		生活节水技术普及率（%）
	水源地水质等级（Ⅰ—Ⅴ）		水纠纷解决率（%）

　　注：驱动力、压力和影响三个方面的指数指标均为逆向指标；状态和响应指数指标均为正向指标。

多个指标组成的有机整体，既有上下的层次关系，又有指标间的平行关系，不同的指标反映城市水安全的不同侧面，分属于不同的类别。基于城市安全复杂系统的认识和指标体系的构建原则，将城市水安全指标体系由高到低确定为四个层次：目标层（A）、系统层（B）、状态层（C）和指标层（D）。[①] 其中，目标层由系统层反映，系统层由状态层反映，状态层由指标层反映，指标层由若干具体指标构成。目标层设立为"城市水安全评价"。系统层设立"水安全支持子系统""水安全协调子系统"和"防洪子系统"三个子系统。在此基础上，通

---

　　① 黄英、刘新有、史正涛等：《复杂系统评价指标的评价方法研究——以城市水安全为例》，《水文》2009 年第 2 期。

过 8 个状态层,设立了 28 个具体指标,以全面反映城市水安全各层次的具体影响因素。所构建系统指标体系及其标准值见表 3－8。

表 3－8　　　基于城市水安全复杂系统分析水安全评价指标体系

指标	最差值	中间值	最优值	指标	最差值	中间值	最优值
人均水资源量 D_1（立方米）	50		1000	Ⅰ—Ⅲ类水质河长比 D_2（%）	0		100
枯水年比例（%）	50		0	水资源开发利用率 D_4（%）	60		10
背景区人均水资源量 D_3（立方米）	100		1700	背景区Ⅰ—Ⅲ类水质河长比 D_6（%）	0		100
背景区水资源开发利用率 D_7（%）	40		10	法律法规与管理 D_8（无量纲）	0		1
生活用水满足程度 D_9（%）		95	100	生活用水水质达标率 D_{10}（%）			100
生活废污水处理率 D_{11}（%）	0		100	节水意识 D_{12}（无量纲）	0		1
工业用水满足程度 D_{13}（%）		85	100	工业用水水质达标率 D_{14}（%）	0		100
工业废污水处理率 D_{15}（%）	0		100	万元工业产值用水量 D_{16}（立方米）	300		6
工业用水重复率 D_{17}（%）	0		100	农业用水满足程度 D_{18}（%）		80	100
农业用水水质达标率 D_{19}（%）	0		100	万元农业产值用水量 D_{20}（立方米）	1500		30
生态环境用水满足率 D_{21}（%）		60	100	生态环境用水水质达标率 D_{22}（%）	0		100
地下水超采率 D_{23}（%）	40		0	绿化覆盖率 D_{24}（%）		30	60
严重洪涝发生率 D_{25}（次/年）		0.5	0	洪涝经济损失比重 D_{26}（%）		1	0
防洪工程达标率 D_{27}（%）	0		100	防洪应急能力 D_{28}（无量纲）	0		1

在三个子系统中，水安全支持子系统具体包括水资源指数（C_1，含指标 D_1—D_4）和外部支持指数（C_2，含指标 D_5—D_8）；水安全协调子系统包括生活用水协调指数（C_3，含指标 D_9—D_{12}）、工业用水协调指数（C_4，含指标 D_{13}—D_{17}）、农业用水协调指数（C_5，含指标 D_{18}—D_{20}）与环境协调指数（C_6，含指标 D_{21}—D_{24}）；防洪子系统包括洪涝风险指数（C_7，含指标 D_{25} 和 D_{26}）与防洪能力指数（C_8，含指标 D_{27} 和 D_{28}）。

第二节　城市水安全评价方法

一　单向评价指标核算方法

（一）水资源承载力核算方法

基于水资源承载力的含义及其相关要素关系的分析，朱一中、夏军等提出了水资源承载力的度量和计算方法[1]，其过程如下：

1. 计算水资源总量

水资源总量（W）是指流域水循环过程中可更新恢复的地表水与地下水资源总量（W_L）。流域水循环受自然变化（包括气候变化）和人类活动的影响，可更新恢复的地表水与地下水资源量也在不断变化。另外，除本地产生的水资源量外，人工跨流域调水（W_T）可以增加本流域（或地区）的水资源总量。因此流域水资源总量可表示为：

$$W = W_L + W_T \tag{3.1}$$

2. 计算生态需水量

生态需水量（W_e）是指水资源短缺地区为了维系生态系统生物群落基本生存和河流、湖泊等一定生态环境质量（或生态建设要求）的最小水资源需求量。其内涵是：以维持现状或恢复某个生态建设标准的天然生态保护与人工生态建设的需水，其外延包括地带性植被所

---

[1] 朱一中、夏军、谈戈：《关于水资源承载力理论与方法的研究》，《地理科学进展》2002 年第 2 期。

用降水和非地带性植被所用的径流。它通常由河道外的生态需水的估算（如天然生态需水、人工生态需水等）和河道内的生态需水估算（如防止河道断流所需的最小径流量等）扣除其重复的水量构成。基础是自然变化和人类活动影响下的流域水循环规律的认识与模拟。

3. 计算可利用水资源量

流域可利用水资源量（W_S）是指在经济合理、技术可行和生态环境容许的前提下，通过技术措施可以利用的不重复的一次性水资源量。在概念上，需要扣除维系生态环境最小的需水量，以保证生态环境容许的前提条件。因此，原则上讲，可利用水资源量可以通过流域可更新恢复的地表水与地下水资源总量加上境外调水扣除生态需水量加以估算，其计算公式为：

$$Ws = aW_L + W_T - W_e \qquad (3.2)$$

式中，a 为反映工程技术措施的开发利用系数。

4. 计算水资源需求总量

社会经济发展规模水平可以表达为人口数量（P）、国内生产总值（GDP）或净福利（H）等指标。因此，它们对水资源的需求包括人口需水（W_P）、工业需水（W_I）、农业需水（W_A）、环境和其他需水（W_M）等。因此，社会经济发展对水资源需求总量（W_D）可表达为：

$$W_D = W_P + W_I + W_A + W_M \qquad (3.3)$$

5. 计算水资源承载力的平衡指数

为描述水资源的承载力，首先需定义流域水资源承载力的供需平衡指数（IWSD）。其计算公式为：

$$IWSD = \frac{W_S - W_D}{W_S} = 1 - \frac{W_D}{W_S} \qquad (3.4)$$

根据式（3.4），当流域可利用水量小于流域社会经济系统的需水量时，即 $W_S < W_D$，IWSD < 0 时，说明区域可供水资源量不足以支撑现有规模的社会经济系统，区域处于水资源不安全状态，说明流域水资源对应的人口及经济规模是不可承载的。反之，当流域可供水量大于等于流域社会经济系统的需水量时，即 $W_S \geqslant W_D$，IWSD $\geqslant 0$ 时，可供水资源量具备对这样规模的社会经济系统的支撑能力，流域水资源

对应的人口及经济规模是可承载的，供需为良好状态，区域水资源安全。根据水资源承载力的平衡指数（IWSD），可进一步核算区域水资源承载力。

6. 计算水资源承载力

水资源承载力的核算实质是，计算 IWSD = 0 时即系统供需平衡达临界状态的水资源（$W_S = W_D$）所对应的流域人口数（P）和社会经济规模（GDP）等指标参数。本书认为，当确定了临界水资源量 $W_S = W_D$，通过核算维持人均生活所需最小水资源量和单位经济规模最小需水量等，以及经过合理配置的各类需水可供水量，即可求的水资源人口承载力和经济承载力等。其核算公式可统一表示为：

$$F_J = \frac{\overline{W_{DJ}}}{W_{SJ}} \tag{3.5}$$

式中，F_J 为水资源可承载的人类人口规模或某项经济活动规模，$\overline{W_{DJ}}$、W_{SJ} 分别为人均或单位某类经济活动规模所需最小水资源量，和各项用水配置的可持续供水量。通过比较现有人口规模与经济规模与相应的水资源承载力大小可判断水资源安全状态。当现有人口规模或经济规模大于水资源的承载力时，可判断水资源处于不安全状态，否则为安全状态。

（二）水资源脆弱性核算方法

根据其概念，水资源脆弱性是水资源系统受气候变化、人类活动等因素影响时的敏感性和抗压性（适应性）的函数。由此夏军等提出了水资源脆弱性的衡量的函数法。[1] 其计算公式为：

$$V = \alpha \frac{S(t)}{C(t)} \tag{3.6}$$

式中，V 为水资源脆弱性；α 为尺度因子；$S(t)$ 为水资源系统对影响因子的敏感性；$C(t)$ 为水资源系统对影响因子的抗压性（适应性）。

以水资源量脆弱性为例，对夏军等开发的水资源脆弱性测量的函

---

[1]　夏军、邱冰、潘兴瑶等：《气候变化影响下水资源脆弱性评估方法及其应用》，《地球科学进展》2012 年第 4 期。

数法的运用加以说明。在水资源量的供需中，水资源供给受气候变化的影响较显著，水资源需求受社会经济发展的影响较显著。对水资源量供需的水资源脆弱性测量而言，水资源系统对气候变化的敏感性 $S(t)$ 可由傅国斌等开发的径流对降水、气温的双参数弹性系数经标准化后得到[①]；水资源系统对社会经济的抗压性 $C(t)$，由地表水资源开发利用率、人均用水量、百万方水承载人口数构造函数得到：

$$e_{P,\Delta t} = \frac{R_{P,\Delta t} - \overline{R}}{\overline{R}} \bigg/ \frac{P_{P,\Delta t} - \overline{P}}{\overline{P}} = \frac{R_{P,\Delta t} - \overline{R}\,\overline{P}}{P_{P,\Delta t} - \overline{R}\,\overline{P}} \qquad (3.7)$$

式中，$e_{p,\Delta t}$ 为径流对降水、气温的双参数弹性系数，其标准化后即可得到 $S(t)$；$R_{P,\Delta t}$ 为在降水量比多年平均降水量增加 ΔP、气温与多年平均气温相差 Δt 时的径流量；$R_{P,\Delta t}$ 为比多年平均降水量增加 ΔP、气温与多年平均气温相差 Δt 时的降水量；$\overline{P}$、$\overline{R}$ 分别为降水量、径流量的多年平均值。

$$C(t) = f(r, FI, WU) = \exp(-r \times k)\exp(-FI \times WU)$$
$$= \exp\left(-r \times k - \frac{P}{Q} \times \frac{W}{P}\right) \qquad (3.8)$$

式中，r 为本地地表水资源开发利用率，由本地地表水供水量与本地地表水资源量之比得到；FI 为百万方水承载人口数，由人口数 P 和可利用水量 Q 之比得到；WU 为人均用水量，由用水量 W 和人口数 P 之比得到；可利用水量 Q 不仅包括地表水、地下水这样的常规水资源，还包括雨水、再生水等非常规水资源；k 为尺度因子，这里为常数。

二　水安全多指标综合评价方法

采用多指标对水安全进行综合评价，由于涉及多个指标值的综合，在构建科学指标体系并确定指标阈值和分级标准的基础上，首先需要对各指标量纲进行归化统一即标准化，并确定指标权重，以便于计算综合评价值；其次选取合适的综合评价值的核算方法，最后是对

① Fu, G., Charles, S. P. and Chiew, F. H. S., "A two-parameter climate elasticity of stream-flow index to assess climate change effects on annual stream-flow", *Water Resources Research*, 2007, Vol. 43, No. 11, W11419.

照相关阈值和分级标准对区域水安全各分量和总体状况进行评价。

（一）指标值无量纲化处理方法

水安全评价指标体系中各项指标往往具有不同的量纲或量纲单位，不便于建立综合评价模型。维持消除各指标量纲差异对水安全综合评价的影响，需要对各指标量纲进行无量纲化处理，又称指标的标准化处理。

1. 直线功效系数法

直线功效系数法，是指在确定评价指标值变化极限值的基础上，以最理想值为上限值，以最差值为下限值，通过计算实际指标值达到最佳状态的程度即指标的功效状态，从而确定指标评价值，同时消除不同指标量纲差异的方法。这种方法的一个特征是，假定指标值趋向最佳状态时与评价值是一种直线关系。在评价指标体系中，有些指标取值越大越好，称为正向指标（也称效益型指标）；有些指标取值越小越好，称为逆向指标（也称成本指标）。因此，在运用直线功效法对指标进行无量纲化处理时计算公式有所不同，见式（3.9）和式（3.10）。

$$x_i = \frac{x_i - x_{mix}}{x_{max} - x_{mix}} \tag{3.9}$$

$$x'_i = \frac{x_i - x_{max}}{x_{mix} - x_{max}} \tag{3.10}$$

式中，x'_i、x_i 分别为指标 X 的评价值（或规范值）和实际取值；x_{max} 为指标 X 的最大取值，当 X 为正向指标时为最理想值，否则为最差值；x_{mix} 为指标 X 的最小取值，当 X 为正向指标时为最理想值，否则为最差值。当指标 X 为正向指标时，采用式（3.9）对指标值进行无量纲化或规范化处理；当指标 X 为逆向指标时，采用式（3.10）进行无量纲化或规范化处理。

2. 非直线功效系数法

现实中，城市水安全评价指标对城市水安全强度的影响可能是非线性的，如水资源量与城市水安全程度的影响可能存在一种边际递减的关系，即当水资源增加到一定程度，对增强区域水安全作用在减小，这类似于经济学中边际效益递减律。由此，基于指标数值对城市水安全系统影响的规律与经济学边际效益递减原理相似的特点，从分析水安全评价指标数值变化对指标评价值的影响规律入手，可在直线效益函数法的基础上开发非直线性指数功效函数法，对水安全评价指标进行无量纲化或规范化处理。相对于直线型功效系数法，指数型功效函数是用曲线函数来刻画单项指标的评价值，更加符合实际情况，从而使评价结论更加合理和精确。其计算公式如下：

$$x'_i = e^{-f(x_i)}, \quad f(x) = \frac{x_i - x_{\mathrm{mix}}}{x_{\mathrm{max}} - x_{\mathrm{mix}}} \tag{3.11}$$

$$x_i = 1 - e^{-f(x_i)}, \quad f(x) = \frac{x_i - x_{\mathrm{mix}}}{x_{\mathrm{max}} - x_{\mathrm{mix}}} \tag{3.12}$$

式中，x'_i、x_i、x_{max}、x_{mix} 含义与式（3.9）和式（3.10）相同，当指标 X 为正向指标时，采用式（3.11）对指标值进行无量纲化或规范化处理；当指标 X 为逆向指标时，采用式（3.12）进行无量纲化或规范化处理。

3. 基于参数设置的无量纲化方法

传统的参数化多元组合算子模型因取极大极小运算丢失太多信息，而且不能普适通用。若适当设定水安全评价各指标参照值和指标值的规范变换式，使规范变换后的不同指标的同级标准规范值差异很小，从而可以认为用规范值表示的不同指标皆"等效"于某个规范指标。因此，用规范值表示的水安全评价的参数化多元组合算子指数公式可以用该"等效"指标的水安全评价的参数化多元组合算子指数公式替代。[①] 其设定原则为：通过对各项指标各级标准值之间的变化规律 f 比如线性或非线性的观察、分析、比较和提炼，使不同指标的同级标准值经式（3.11）和式（3.12）变换后的同级标准规范值差异尽可能小，而不同标准之间的标准规范值差异尽可能大。

（二）指标权重确定方法

在对城市水安全进行多指标综合评价时，各指标变量对城市水安

---

① 邵东国、杨丰顺、刘玉龙等：《城市水安全指数及其评价标准》，《南水北调与水利科技》2013 年第 1 期。

全影响程度往往不同，因此需要确定各影响指标的权重。确定指标体系权重的方法一般可分为主观赋值法和客观赋值法两大类：客观赋值法，即计算权重的原始数据由各测评指标在被测评过程中的实际数据得到，如均方差法、主成分分析法、熵值法、代表计算法等；主观赋值法即计算权重的原始数据主要由评估者根据经验主观判断得到，如主观加权法、专家调查法、层次分析法、比较加权法、多元分析法、模糊统计法等。这两类方法各有优缺点：主观赋值法客观性较差，但解释性强；客观赋值法确定的权重在大多数情况下精度较高，但有时会与实际情况相悖，对所得到的结果难以给出明确的解释。在城市水安全评价中常用的方法主要有层次分析法、熵值法。

1. 层次分析法

层次分析法（AHP）是确定权重中常用的方法，通过专家咨询，根据专家经验为各个指标打分，代入数学模型，给出各个指标的权重。AHP 最早由美国运筹学家萨蒂（Satty）教授于 20 世纪 70 年代提出[①]，它能够将专家对各要素定性比较的结果进行定量分析，从数学分析的角度给出各要素的排序权重。AHP 是一种定性定量分析相结合的方法，它既保证了专家经验知识的充分利用，又保证了推理过程的正确性和科学性。其基本原理是：先将复杂系统简化为有序递阶层次结构；以某元素为准则对其支配下的各元素进行两两比较建立判断矩阵；通过计算判断该矩阵的最大特征根及对应的特征向量，得到该层要素相对于准则的权重；最后依次由下而上合成得到最低层因素相对于最高层（总目标）的重要性权重，其具体步骤如下。

（1）建立层次递阶结构模型。建立层次递阶结构是层次分析法的理论模型，是进行层次分析的前提和基础。最简单的层次递阶结构模型通常包括目标层、准则层和方案层（或评价指标层）三部分，准则层中可以包含若干子准则层或指标层。其中，目标层一般指解决问题的目标，如城市水安全。准则层即为实现目标所涉及的中间环节，通

① Satty, T. L., "An eigenvalue allocation model for prioritization and planning", Energy Management and Policy Center, University of Pennsylvania, 1972, pp. 28-31.

常为评价准则，如城市生活用水安全、经济用水安全、环境用水安全等，子准则是具体评估指标。方案层是指实现目标可供选择的各种措施、决策方案等，如城市水安全管理的各种方案。其结构模型如图3-2所示。

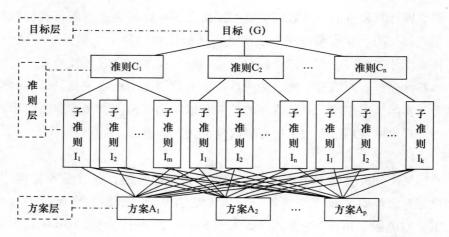

图3-2　AHP层次递阶结构模型

（2）构造判断矩阵。层次结构反映因素之间的关系，但准则层中的各准则在目标衡量中重要性并不一定相同。AHP通过构造矩阵来确定各层次中各元素的权重，即决策者对每一层次中各要素对于上一层控制要素的相对重要性进行两两对比判断，通过合适的数值标度这些判断，就是构造判断矩阵。以准则层对于目标层相对重要性判断矩阵形式如表3-9所示。其中，b_{ij}是指相对于目标G来讲，C_i对C_j重要性之比。为了使决策判断量化，形成数值判断矩阵，需要引入合适的标度。一般采用萨蒂教授提出的1—9标度法，如表3-9所示。

表3-9　　　　　　　　　判断矩阵形式

以G为准则	C_1	C_2	C_n
C_1	b_{11}	b_{12}	b_{1n}
C_2	b_{21}	b_{22}	b_{2n}
……	……	……	……
C_n	b_{n1}	b_{n2}	b_{nn}

表 3 - 10　　　　　　　　　　判断矩阵标度及其含义

标度	含义
1	表示两个因素相比，具有同样的重要性
3	表示两个因素相比，一个因素比另一个因素稍微重要
5	表示两个因素相比，一个因素比另一个因素明显重要
7	表示两个因素相比，一个因素比另一个因素强烈重要
9	表示两个因素相比，一个因素比另一个因素极端重要
2、4、6、8	表示上述两相邻因素判断的中间值情况
倒数	因素 i 与 j 的重要性之比为 b_{ij}，那么因素 j 与 i 重要性之比为 $b_{ji} = 1/b_{ij}$。

（3）层次单排序与总排序。对判断矩阵求其特征向量可得同一层次因素相对于其上一层次某因素的相对重要性权重。其基本原理是，假设将单位重量 1 的物体随机分成 n 小块，每块重量分别为 w_1，w_2，…，w_n。对其重量分别两两对比得到判断矩阵 A，如式（3.13）所示。

$$A = \begin{bmatrix} \dfrac{w_1}{w_1} & \dfrac{w_1}{w_2} & \cdots & \dfrac{w_1}{w_n} \\ \dfrac{w_2}{w_1} & \dfrac{w_2}{w_2} & \cdots & \dfrac{w_2}{w_n} \\ \cdots & \cdots & \cdots & \cdots \\ \dfrac{w_n}{w_1} & \dfrac{w_n}{w_2} & \cdots & \dfrac{w_n}{w_n} \end{bmatrix} \tag{3.13}$$

显然，矩阵满足条件：$b_{ij} > 0$；$b_{ii} = 1$；$b_{ji} = 1/b_{ij}$；$b_{ij} = b_{ik} \times b_{kj}$，其中，i，j，k = 1，2，…，n。用重量向量 $W = (w_1, w_2, \cdots, w_n)^T$ 右乘矩阵 A，即可得到：

$$AW = \begin{bmatrix} \dfrac{w_1}{w_1} & \dfrac{w_1}{w_2} & \cdots & \dfrac{w_1}{w_n} \\ \dfrac{w_2}{w_1} & \dfrac{w_2}{w_2} & \cdots & \dfrac{w_2}{w_n} \\ \cdots & \cdots & \cdots & \cdots \\ \dfrac{w_n}{w_1} & \dfrac{w_n}{w_2} & \cdots & \dfrac{w_n}{w_n} \end{bmatrix} \begin{bmatrix} w_1 \\ w_2 \\ \cdots \\ w_n \end{bmatrix} = \begin{bmatrix} nw_1 \\ nw_2 \\ \cdots \\ nw_n \end{bmatrix} = nW \tag{3.14}$$

由式（3.14）可知，以 n 小块儿物体重量为分量的向量 W 是判断矩阵 A 对应于 n 的特征向量。据有关矩阵理论可知，n 是矩阵 A 唯一非零且最大的特征根，而 W 为其对应的特征向量。显然，特征向量 W 即为相对于物体总重的 n 块物体相对重量排序。故层次排序问题可以归结为计算判断矩阵的最大特征根及其对应的特征向量问题。

在得到同层次上各元素相对于上层次某元素权重排序向量后，还需要将低层次各元素，尤其是各方案相对于总目标进行权重排序，即总排序。其计算公式为：

$$b_i = \sum_{j=1}^{n} b_{ij}a_j \qquad (3.15)$$

式中，a_j 表示目标 G 控制下的准则层 C 中准则 C_j 相对于目标 G 的单层次排序权重。b_{ij} 为准则层中准则 C_j 控制下的子准则层中子准则 I_i 或方案层中方案 A_i 相对于准则 C_j 单层次排序权重（若 I_i/A_i 与 C_j 无关，则 $b_{ij}=0$）。则 b_i 即为子准则 I_i 或方案 A_i 相对于总目标 G 的排序权重。

（4）层次单排序及层次总排序的一致性检验。在构造判断矩阵过程中，由于客观事物的复杂性及决策者主观判断的模糊性，决策者一般不能精确地判断同层次两种要素相对重要性的比值，判断结果也不能满足一致性条件：$a_{ij} = a_{ik} \times a_{kj}$。当判断矩阵过于偏离一致性时，其可靠性会受到怀疑，因此，为了保证得到的结论基本合理，必须对判断矩阵进行一致性检验，即层次单排序一致性检验。此外，虽然经过了一定精度下的层次单排序一致性检验，但在层次总排序时，各层次的非一致性会累加起来，最终分析结果可能会有较严重的非一致性，因而还需要层次总排序检验。层次单排序一致性检验与层次总排序一致性检验方法分别如下：

①层次单排序一致性检验。根据有关矩阵定理，当 n 阶正互反矩阵 A 为一致性矩阵（A 中元素满足 $a_{ij}a_{jk} = a_{ik}$，其中，i，j，k = 1，2，…，n）时，A 的最大特征根 $\lambda_{max} = n$，当矩阵 A 为非一致性矩阵时，必有 $\lambda_{max} > n$，且 λ_{max} 比 n 大得越多，A 的非一致性程度也就越严重。由此，可通常通过计算随机一致性比率 CR = CI/RI 对判断矩阵一致性进行检验。其中，CI 为一致性指标，$CI = \dfrac{\lambda_{max} - n}{n - 1}$；RI 为平均随机一致性指标，$RI = \dfrac{\lambda'_{max} - n}{n - 1}$。RI 通过随机地从数字 1—9 及其倒数中抽取

数字并用随机方法构造 500 个 n 阶样本矩阵，求其最大特征根的平均值 λ'_{max}，定义 $RI = \dfrac{\lambda'_{max} - n}{n-1}$ 获得。萨蒂教授给出了不同阶数下的 RI 值（见表 3-11）。当 CR < 0.10 时，认为判断矩阵的一致性是可以接受的，否则应对判断矩阵做适当修正甚至需要重新判断。

表 3-11　　　　　　　　　　　　RI 的取值规则

n	1	2	3	4	5	6	7	8	9
RI	0	0	0.58	0.90	1.12	1.24	1.32	1.41	0.45

②层次总排序一致性检验。设 I 层次某些元素相对于其上一层次某元素 C_j 的一致性指标为 CI_j（j = 1，2，…，m），相应的平均随机一致性指标为 RI_j（CI_j、RI_j 在相应的层次单排序一致性检验时已经求得）。那么 I 层随机一致性比计算公式如式（3.14）所示，其中 a_j 为 C_j 相对于目标层的排序权重。

$$CR = \frac{\sum_{j=1}^{m} a_j CI_j}{\sum_{j=1}^{m} a_j RI_j} \tag{3.16}$$

同样，当 CR < 0.10 时，认为层次总排序具有满意的一致性，否则应对判断矩阵作适当修正甚至需要重新判断。

AHP 确定要素权重所需信息主要依据的是专家/决策者对问题认识程度。由于专家个人经验、价值观及知识结构等方面的个体差异，致使个人对问题的判断往往带有一定的个人偏好，具有一定的片面性。为使最终的评价结果更能反映多数人的意见，增强评价的公平性与合理性，研究中通常以问卷调查为基础，采用多位专家评价即群体评价的方式。

采用专家群组评价进行指标权重确定需要对这些专家的评判结果进行综合。综合时通常采用加权对数平均综合法排序法。其基本思路是：设有 M 位专家，根据每位专家的重要性给每位专家赋予不同权重，得专家权重向量 $\lambda = (\lambda_1, \lambda_2, \cdots, \lambda_M)^T$，且 $\lambda_1 + \lambda_2 + \cdots + \lambda_M = 1$；然后对各专家判断矩阵中各元素进行综合，得到综合判断矩阵。最后计算各因素排序向量。计算公式为：

$$\lg a_{ij} = (\lambda_1 \lg a_{ij1} + \lambda_2 \lg a_{ij2} + \cdots + \lambda_k \lg a_{ijk} + \cdots + \lambda_M \lg a_{ijM}) \quad (3.17)$$

式中，$a_{ijk}(k = 1, 2, \cdots, M)$ 为第 k 位专家判断矩阵中的元素值，a_{ij} 为综合处理后判断矩阵中的元素值。

2. 熵值法

层次分析法是主观赋值的过程，因此最终的评价结果受评价者主观意愿影响较大，因此有其应用局限。[①] 熵值法是基于信息熵原理，利用各指标值所提供的信息量大小确定指标权重，属于客观赋权法。[②] 熵值法有效地弥补了层次分析法等方法主观随意性较大的缺陷，成为一种被广泛使用的有效确定指标的权重的评价方法。熵值法的基本思想是：系统中的指标提供的信息量越大，不确定性就越小，熵也就越小，权重越大；信息量越小，不确定性越大，熵也越大，权重越小。设有 m 个待评方案，n 项评价指标，形成原始指标数据矩阵 X = $(X_{ij})_{m \times n}$，$0 \leq i \leq m$，$0 \leq j \leq n$。对于第 j 项指标，指标值 X_{ij} 差距越大，则该指标在综合评价中所起的作用越大；如果某项指标的指标值全部相等，则该指标在综合评价中不起作用。熵值法确定指标权重的过程如下。

（1）分析水安全各指标变量之间的关系，建立层次结构模型，并构建原始数据矩阵：

$$X = (X_{ij})_{m \times n} \quad (3.18)$$

式中，X 为原始评价矩阵；X_{ij} 为指标值；m 为待评价方案个数；n 为评价指标个数。

（2）将各指标标准化，计算第 j 项指标下第 i 个方案指标值的权重：

$$p_{ij} = \frac{x_{ij}}{\sum_{i=1}^{m} x_{ij}} \quad (3.19)$$

① Ishizaka, A., Labib, A., "Analytic Hierarchy Process and Expert Choice: Benefits and limitations", *OR Insight*, 2009, Vol. 22, No. 4, pp. 201 – 220.

② Sen, A. K., Social Choice Theory, in Kenneth J. Arrow and Michael Intriligator eds., *Handbook of Mathematical Economics*, Amsterdam: North 2 Holland, 1986, pp. 1078 – 1181.

式中，p_{ij} 为第 j 项指标下第 i 个方案指标值的权重。

（3）计算第 j 项指标的熵值：

$$e_i = -k\sum_{i=1}^{m} p_{ij}\ln p_{ij} \qquad (3.20)$$

式中，e_j 为第 j 项指标的熵值；$e_j \geq 0$，$k > 0$，$k = \ln m$。

（4）计算第 j 项指标的差异性系数：

$$g_j = 1 - e_j \qquad (3.21)$$

式中，g_j 为第 j 项指标的差异性系数；e_j 为第 j 项指标的熵值。

（5）计算底层指标对于上层准则的相对权重，并确定各层指标对总目标的权重：

$$w_j = \frac{g_j}{\sum_{i=1}^{m} g_j} \qquad (3.22)$$

式中，w_j 为各指标权重；g_j 为第 j 项指标的差异性系数。

（三）水安全综合指数核算方法

水安全综合指数的核算方法，最为常用的是加权平均法。首先，计算水安全各子系统安全指数，其计算公式如下：

$$SC_j = \frac{wv_1 I_1 + wv_2 I_2 + \cdots + wv_m I_m}{wv_1 + wv_2 + \cdots + wv_m} \qquad (3.23)$$

式中，SC_j 为 j 水安全子系统指数，wv_1，wv_2，$\cdots$，wv_m 为第 j 项水安全子系统包含各评价指标的相对权重；I_1，I_2，$\cdots$，I_m 为经过标准化处理后的指标值；m 为指标值的个数。在核算水安全各子系统指数后，核算水安全综合指数，其计算公式如下：

$$WSI = \frac{\sum_{j=1}^{n} SC_j}{w_1 + w_2 + \cdots + w_n} \qquad (3.24)$$

式中，WSI 为水安全综合指数，w_1，w_2，$\cdots$，w_n 为水安全各子系统相对权重；SC_j 为水安全各子系统指数；n 为子系统个数。

三　水安全系统评价方法

（一）集对分析法

集对分析是我国学者赵克勤等提出的一种研究不确定系统的系统

分析方法。① 主要从同、异、反三个方面研究事物之间的确定性与不确定性。集对分析法的基本原理是：首先对进行研究的问题构建具有一定联系的两个集对，对集对中两集合的特性进行同一、差异、对立的系统分析，其次用联系度 η 表达式定量刻画，再推广到多个集合组成的系统。如对于两个给定的集合组成的集对 H ＝（A，B），在某个具体问题背景（设为 W）下，对集对 H 的特性展开分析，共得到 N 个特性，其中，有 S 个特性为集对 H 中两个集合 A 和 B 共同具有的，有 P 个特性为两个集合对立的，其余的 F ＝ N － S － P 个特性既不相互对立又不为这两个集合共同具有，则有：

$$\eta = \frac{S}{N} + \frac{F}{N}i + \frac{P}{N}j \tag{3.25}$$

令 $a = \frac{S}{N}$，$b = \frac{F}{N}$，$c = \frac{p}{N}$，则，上式可简写为：

$$\eta = a + b_i + c_j \tag{3.26}$$

集对分析法的核心思想是把确定不确定视作一个确定不确定系统，在这个确定不确定系统中，确定性与不确定性在一定条件下互相转化，互相影响，互相制约，并可用一个能充分体现其思想的确定不确定式 $\eta = a + b_i + c_j$ 来统一地描述各种不确定性，从而把对不确定性的辩证认识转换成一个具体的数学工具。其中，a 表示联系数，对于一个具体问题即为联系度；a 表示两个集合的同一程度，称为同一度；b 表示两个集合的差异程度，称为差异度；c 表示两个集合的对立程度，称为对立度。i 为差异度标识符号或相应系数，取值为（－1，1），i 在 －1—1 变化，体现了确定性与不确定性之间的相互转化，随着 i 趋向 0，不确定性明显增加，i 取 －1 或者 1 时都是确定的；j 为对立度标识符号或相应系数，取值恒为 －1。联系度 η 与不确定系数 i 是该理论的基石。该理论包含随机、模糊、灰色等常见的不确定现象。

水安全作为一个庞大的系统，具有确定性与不确定性。水安全评价实质上就是一个具有确定性的评价指标和评价标准与具有不确定性

---

① 赵克勤、宣爱理：《集对论———一种新的不确定性理论方法与应用》，《系统工程》1996 年第 1 期。

的评价因子及其含量变化相结合的分析过程。将集对分析方法用于水安全评价，可以将待评价地区的水安全的某项指标和其标准分为两个集合，这两个集合就构成一个集对，若该指标处于评价级别中，则认为是同一；若处于相隔的评价级别中，则认为是对立；若指标在相邻的评价级别中，则认为是相异；取差异系数 i 在 −1—1 间变化，越接近所要评价的级别，i 越接近 1；越接近相隔的评价级别，i 越接近 −1。根据集对分析联系度表达式中的同一度、差异不确定度、对立度数值及其相互间的联系、制约、转化关系进行水安全评价。在运算分析时，联系度 η 又可以看成是一个数，称为三元联系数。根据不同的研究对象将式 $\eta = \dfrac{S}{N} + \dfrac{F}{N}i + \dfrac{P}{N}j$ 作不同层次的展开，得到多元联系数：

$$\eta = \frac{S}{N} + \frac{F_1}{N}i_1 + \frac{F_2}{N}i_2 + \frac{F_3}{N}i_3 + \cdots + \frac{F_n}{N}i_n + \frac{P}{N}j$$

即

$$\eta = \varepsilon + b_1 i_1 + b_2 i_2 + b_3 i_3 + \cdots + b_n i_n + cj \tag{3.27}$$

由于各指标的性质不同，具有不同的单位，为了统一评价，根据指标的性质，可以将其分为发展类指标（负向指标对于水安全等级标准），即越大越好和限制类指标（正向指标对于水安全等级标准）即越小越好两类。

（二）系统动力学仿真法

1. 系统动力学

城市水安全涉及自然系统与社会经济系统，是一个复杂的大系统，系统与外部环境之间、系统内部各要素之间都存在相互作用和相互制约，往往是牵一发而动全身。从保障水安全的角度出发，在做出决策之前，最好能进行模拟实验，以便避免因决策失误而造成灾难性的后果。但对于自然—社会经济这一大系统我们很难进行物理实验。系统动力学作为现代科学决策和预测的有效工具，被广泛用于区域宏观发展战略的决策研究，被誉为政策和策略实际系统的"实验室"。因此，近些年系统动力学方法开始引入水安全评价研究中来。

系统动力学（System Dynamics，SD）由美国麻省理工学院乔伊·

W. 福瑞斯特（Jay W. Forrester）教授于 1956 年创立，是一门探索如何认识和解决复杂系统问题的学科。它以反馈控制理论为基础，以仿真技术为手段，定性与定量相结合，研究系统内部信息反馈机制的学科。系统动力学模型本质上是具有时滞的一阶微分方程组，其特点是强调结构的描述，处理具有非线性和时变现象的系统问题，并能对其进行长期、动态、战略性的定量仿真分析与研究。

系统动力学在方法上，首先选择能描述所研究系统行为的状态变量 X(t)，其中，X 为 n 维向量，t 为时间。X(t) 代表 t 时刻系统的状态变量。系统动力学最终就是要讨论 n 维状态变量 x(t) 随时间变化的规律。通过对系统的分析，最终就是要建立方程组：

$$\begin{cases} X = F[X(t),\ p] \\ X(t_1) = X_1 \end{cases} \tag{3.28}$$

式中，X 为 n 维状态变量 X 对时间变量 t 的函数，F 为 n 维函数向量，p 为 m 维函数向量，X_1 为 X 的初值。事实上，系统动力学方程组是以差分方程组的形式出现，即：

$$\begin{cases} X = X(t - dt) + F[x(t),\ p]dt \\ X(t_1) = X_1 \end{cases} \tag{3.29}$$

正是因为是以差分方程组形式表示，系统动力学用于研究与规划社会经济系统这种非线性、高阶次、多重反馈复杂系统的未来行为和相应的长期战略决策尤其能发挥其独特优势。在方程组建立完成之后，可以选择所感兴趣的系统状态变量或状态变量的函数作为输出结果。

2. 系统动力学建模的步骤

（1）确定系统仿真目标。包括明确系统仿真目的、确定系统所要解决的问题和划定系统边界。系统动力学对社会系统进行仿真试验的主要目的是认识和预测系统的结构和未来的行为，以便为进一步确定系统结构和设计最佳运行参数，以及制定合理的政策等提供依据。这里的问题是指系统内部各部分之间存在的矛盾、相互制约与作用、产生的结果与影响，建模的目的就在于研究这些问题，并寻求解决它们的途径。划定系统边界包括分析系统与环境的关系，分析主要矛盾与选择适当的变量，确定内生变量、外生变量、输入量和政策变量。

（2）系统结构分析和因果关系分析。包括描述系统有关因素，解释各因素之间的内在关系，画出因果关系图；隔离划分系统的层次与子结构，重点在于分析系统整体的与局部的反馈关系、反馈回路及它们的耦合：估计系统的主导回路及其性质与动态转移的可能性，通过观察反馈环的相互制约关系，制定控制系统的政策。通过系统结构分析和因果关系分析，明确系统内部各要素间的因果关系，并用因果关系的反馈回路来描述。由于决策是在一个或几个反馈回路中进行的，正是由于有各种反馈回路的耦合使系统的行为更为复杂化。

（3）建立系统动力学模型。系统动力学模型主要包括系统流图和结构方程式两个部分。建立系统动力学模型就是在系统的结构分析和因果关系图的基础上，绘制系统流图，建立数学方程、描述定性与半定性的变量关系，最后构造方程与程序，并对模型做初步检验与评估。系统流程图是整个系统的核心部分，它是系统动力学的基本变量和表示符号的有机组合，使系统内部的作用机制更加清晰明确，同时，通过系统流图中关系的进一步量化，实现政策仿真的目的，流程图是根据各影响因素之间的关系利用专用符号设计的。结构方程式是各因素间数量关系的体现，包括流位方程式、流率方程式、辅助变量方程式等。建立结构方程式就是依据所要研究系统的主要问题，找出它们之间的相互影响，并考虑状态变量、流率变量、辅助变量以及一些外生变量之间的关系，建立定量关系式。

（4）选择输入参数。系统流图只说明系统中各变量间的逻辑关系与系统构造，并不能显示其定量关系，对模型进行仿真模拟，应对模型中的所有常数、表函数及状态变量方程的初始值赋值。模型行为的模式与结果主要取决于模型结构而不是参数值的大小，所以，没有必要用统计的方法来进行系统动力学模型的参数估计。具体来说，应视系统的类型与建模目的而定。参数的估计方法有经调查获得的第一手资料：从模型中部分变量间关系中确定参数值；分析已掌握的有关系统的知识估计参数值：根据模型的参考行为特性估计参数。

（5）进行计算机仿真模拟运算。把所确定的各种参数的原始数据及政策变量值代入结构方程式，进行仿真运算，得出各变量的值及相关变化表。绘制结果曲线图表，并调整数据，反复模拟实验。

（6）分析仿真结果和修正系统模型。为了解仿真实验是否达到预期目的，或者为了检验系统结构是否有缺陷，必须对仿真结果进行分析。根据仿真结果分析，必须对系统模型进行修正。修正的内容包括修正系统的结构，或修正系统。

第三节　城市水安全评价实例

　　针对城市水安全综合评价具有复杂性、模糊性、多层次性等特点，本节提出了基于 Vague 集的城市水安全保障评价方法，建立了 Vague 集相似度量模型。采用 AHP 法与 Delphi 法[①]相结合进行指标赋权，对该水安全保障程度进行评价。以中国西部某一城市水安全保障为例，进行实证研究。该模型可实现城市水安全保障评价的主要指标与“城市水安全保障度”的定量联系。通过构建该市水安全保障度评价指标体系，运用构建的 Vague 集相似度量评价模型对该城市的水安全保障度进行综合评价分析。评价分析的结果表明，该模型综合评价中具有实用性与有效性。

一　城市水安全相似度测量模型

（一）Vague 集定义[②]

　　定义：设论域 $X = \{x_1, x_2, \cdots, x_n\}$ 上的一个 Vague 集 A 由真隶属函数 t_A 和假隶属函数 f_A 所描述 $t_A: X \to [0, 1]$，$f_A: X \to [0, 1]$，其中，$t_A(x_i)$ 为由支持 x_i 的论据所导出的肯定隶属度的下界，$f_A(x)$ 则是由反对 x_i 的证据所导出的否定隶属度的下界，且 $t_A(x_i) + f_A(x_i) \leqslant 1$。元素 x_i 在 Vague 集 A 中的隶属度被区间 $[0, 1]$ 的一个子区间 $[t_A(x_i) + f_A(x_i)]$ 所界定，称该区间为 x_i 在 A 中的 Vague 值，记为 $v_A(x_i)$。

① 陈卫、方廷健、蒋旭东：《基于 Delphi 法和 AHP 法的群体决策研究及应用》，《计算机工程》2003 年第 5 期。
② 林志贵、徐立中、刘英平：《Vague 集理论及其在模糊信息处理中的应用》，《信息与控制》2005 年第 1 期。

（二）Vague 值相似度量

周晓光提出的 Vague 值相似度量模型为：

$$T_z(A,B) = 1 - \frac{|t_A - t_B - (f_A - f_B)| \quad |t_A - t_B + f_A - f_B|}{4}$$

$$- \frac{|t_A - t_B| + |f_A - f_B|}{4} \quad (3.30)$$

式中，$T_z(A,B) \in [0,1]$，$T_z(A,B)$ 值越大，表示 Vague 值 A 和 B 越相似。

这种方法考虑了相对优势、相对已知信息，但都没有对相对未知信息加以考虑，而周晓光提出的 Vague 值相似度量方法不仅考虑了相对优势、相对已知信息，并将相对未知信息纳入考虑，即如果 Vague 值 A 比 B 具有越小的相对优势、相对已知信息以及相对未知信息，则 Vague 值 A 和 B 的相似度越大。

（三）Vague 水安全评价模型

鉴于城市水安全综合评价的复杂性、模糊性以及多层次性的特点，本书建立基于 Vague 集的水安全相似度量模型对其加以研究。

设待评对象为 $V = \{V_1, V_2, \cdots, V_n\}$，指标集为 $U = \{u_1, u_2, \cdots, u_n\}$，其中，压力指标为：$U_1 = \{u_1, u_2, \cdots, u_k\}$，支撑指标为：$U_2 = \{u_{k+1}, u_{k+2}, \cdots, u_m\}$，待评对象 V_t 的压力指标和支撑指标反映城市水安全承载力的情况可以分别用 Vague 集来表示：

$$v_{i1} = \{(u_{i1}, [t_{i1}, 1 - f_{i1}]), (u_{i2}, [t_{i2}, 1 - f_{i2}]), \cdots,$$
$$u_{ik}, [t_{ik}, 1 - f_{ik}]\} \quad (3.31)$$
$$v_{i2} = \{(u_{i,k+1}, [t_{i,k+1}, 1 - f_{i,k+1}]), (u_{i,k+2}, [t_{i,k+2},$$
$$1 - f_{i,k+2}]), \cdots, u_{im}, [t_{im}, 1 - f_{im}]\} \quad (3.32)$$

式中，$t_{ij}(i=1,2,\cdots,n; j=1,2,\cdots,m)$ 表示指标支持城市水安全压力以及支撑的程度，$1 - f_{ij}(i=1,2,\cdots,n, j=1,2,\cdots,m)$ 表示指标反对城市水安全压力以及支撑的程度。待评价对象水安全压力指标的极限状态和支撑指标的理想状态，也可以由一个 Vague 集来表示，则：

$$v_1^* = \{(u_1^*, [t_1^*, 1 - f_1^*]), (u_2^*, [t_2^*, 1 - f_2^*]), \cdots,$$

$$u_k^*, \ [t_k^*, \ 1-f_k^*]\} \tag{3.33}$$

$$v_2^* = \{(u_{k+1}^*, \ [t_{k+1}^*, \ 1-f_{k+1}^*]), \ (u_{k+2}^*, \ [t_{k+2}^*, \ 1-f_{k+2}^*]), \ \cdots,$$
$$u_m^*, \ [t_m^*, \ 1-f_m^*]\} \tag{3.34}$$

将各待评方案的压力指标与极限状态 Vague 值的加权相似度作为压力指数，式中，WPI（v_{i2}，v_2^*）为压力指数。

基于 Vague 值相似度［采用式（3.30）计算］，ω_j 为各个子指标的权重，且 $\sum\limits_{j=1}^{k}\omega_j = 1$。压力指数越大，表明该方案的水安全的压力越大。

$$PI(v_{1i}, v_1^*) = \sum_{j=1}^{k}\omega_j[T(u_{1j}, u_{1j}^*)], (i = 1, 2, \cdots, n) \tag{3.35}$$

压力指数越大，水安全系统中应急保障的压力越大。支撑指数计算公式为：

$$SI(v_{2i}, v_{2i}^*) = \sum_{j=k+1}^{m}\omega_j[T(u_{2j}, u_{2j}^*)], (i = 1, 2, \cdots, n) \tag{3.36}$$

将各待评方案的支撑指标与其理想状态 Vague 值的加权相似度作为支撑指数。加权相似度为：

$$WSI(v_{i2}, v_2^*) = \sum_{j=k+1}^{m}\omega_j[WSI_z(u_j, u^*)]i = 1, 2, \cdots, n \tag{3.37}$$

式中，WSI（v_{i2}，v_2^*）为支撑指数，为各支撑指标与理想状态的基于 Vague 值的相似度［采用式（3.34）计算］，ω_j 为各个子指标的权重且 $\sum\limits_{j=k+1}^{m}\omega_j = 1$，并且支撑指数越大，表明该方案对城市水安全保障的支撑能力越高。则各待评方案的压力度可以表示为：

$$WPS(v_i) = WPI(v_{i1}, v_i^*)/WSI(v_{i2}, v_2^*)i = 1, 2, \cdots, n$$

$$WPS(v_i) = WPI(v_{i1}, v_1^*)/WSI(v_{i2}, v_2^*)i = 1, 2, \cdots, n \tag{3.38}$$

压力度表征了不同城市之间水安全承载力的压力指数与支撑指数之间的对比程度，压力度越大，表明城市水安全保障的能力越小，压力度越小，表明城市水安全保障的能力越大。城市水安全是城市水安全系统中保障支撑与压力之间的对比值，城市水安全保障度越大，城市水安全系统的提供保障能力越强；反之则保障能力越弱。

二 案例研究

本书以中国西部水资源比较发达的中等城市水安全保障状况为评

价对象，对其进行综合评价。

（一）评价指标体系

城市水安全评价指标的构建应遵循"能全面反映与表征水安全的内涵与特征"、"信息集成度高、反应灵敏度高、数据获取途径简单可靠"等原则。依据此原则，从城市水安全应急保障的系统组成出发，构建水安全应急保障度评价指标体系如表3-12所示。

表3-12　　　　　　　　城市水安全保障评价指标体系

目标层	准则层		指标层	指标编号	临界区间
	支撑/压力	评价维度（C）			
城市水安全保障度（WSAI）	水安全压力指标（PI）	水资源压力指标（C₁）	人均用水量（%）	D_1	80—90
			亩均用水量（%）	D_2	80—90
			万元工业产值用水量（%）	D_3	70—80
			生态需水量		
		水环境压力指标（C₂）	地下水水质达标率（L/d）	D_4	300—600
			优于三类河长比（L/d）	D_5	100—200
		水灾压力指标（C₃）	洪水发生风险	D_6	0.01—0.02
			干旱发生风险	D_6	0.01—0.02
		社会经济压力指标（C₄）	人口自然增长率（%）	D_7	3—10
			GDP年均增长率	D_8	7—12
	水安全支撑指标（SI）	水资源支撑指标（C₅）	人均水资源量（%）	D_9	20—30
			工业用水重复利用率（%）	D_{10}	30—50
			农业有效灌溉面积率（%）	D_{11}	80—90
		水环境支撑指标（C₆）	工业废水处理达标率（立方米）	D_{12}	60—100
			生活污水处理达标率（L/d）	D_{13}	70—100
		防灾支撑指标（C₇）	城市防洪能力（%）	D_{14}	70—90
			城市抗旱能力	D_{15}	40—90
		生态环境支撑指标（C₈）	人均绿地面积（%）	D_{16}	5—10
			森林覆盖率（%）	D_{17}	30—40
			湿地面积比率（%）	D_{18}	20—30
		社会经济支撑指标（C₉）	人均GDP（万元）	D_{19}	1—3
			第三产业占GDP比重（%）	D_{20}	30—50

水安全支撑指标包括水资源支撑指标、水环境支撑指标、防灾支撑指标、生态环境支撑指标和社会经济支撑指标五个方面。

水资源支撑指标表现在水资源量对人类社会经济发展的支撑程度以及人类对水资源的有效利用程度，采用人均水资源量、工业用水重复利用率以及农业有效灌溉面积率来表征。水环境支撑主要表现在人类对生产、生活污水的处理能力，因而采用工业废水处理达标率以及生活污水处理达标率来表征。防灾支撑主要体现在城市的防洪能力与抗旱能力，防洪能力的提升主要依靠防洪标准的提高和完备的防洪预警及应急体系的建立，抗旱能力的提升主要依靠抗旱预警与应急体系的完备及补偿水源工程的建设。此类指标可以根据不同城市的具体情况由专家具体给定。生态环境对水安全的支撑可由人均绿地面积、森林覆盖率以及湿地面积比率来表示。社会经济对水安全的支撑表现在经济的发展水平和经济结构的调整方面，经济发展可以为提高城市水安全程度提供资金保障，可用人均 GDP 来表征；城市经济结构的调整，取消耗水量大的工业部门而大力发展第三产业，有利于水资源的合理配置与使用，因而可以用第三产业占 GDP 比重来表征。指标体系中，部分指标具有我国各大中型城市共同的临界区间，如人均用水量、洪水风险、工业废水处理率、人均水资源量等，这类指标为共性指标；而其余指标则为本书的个性指标，具有体现该市水安全特点的临界区间。

根据上述分析，从水安全压力以及水安全支撑相互作用的角度可构建城市水安全保障评价指标体系，如表 3 - 13 所示。

表 3 - 13　　　　　　　　城市水安全保障评价标准

评价标准	WSAI	水安全系统状态
优秀	[0.80, 1]	水量充足、水质良好、水环境功能优良且不易受到影响
良好	[0.70, 0.80]	水量能满足需求、水质污染较轻微、水环境的自我恢复能力较强
一般	[0.55, 0.70]	水量供给维持在临界点，存在水质污染现象、水环境功能的自我恢复能力部分丧失
较差	[0.35, 0.55]	水量短缺、水质污染比较严重、水环境功能退化
很差	[0, 0.35]	水量极度短缺、干旱、洪涝、水质严重污染、水环境功能丧失

在评价标准中，根据水安全的保障程度，设计了五个评价等级。

（二）评价指标权重

单个专家的 AHP 方法往往具有较强的主观随意性，多个专家的 AHP 能够较好地克服这一缺陷，通过聚类分析得到不同专家赋权的权重，从而提高专家赋权的客观性和科学性，AHP 法与德尔菲法相结合的方法，得到各指标权重值，如表 3 - 14 所示。

表 3 - 14　　　　　　城市水安全保障评价指标权重

指标	D_1	D_2	D_3	D_4	D_5
权重	0.1254	0.2090	0.0418	0.0982	0.1767
指标	D_6	D_7	D_8	D_9	D_{10}
权重	0.1253	0.0791	0.0248	0.0116	0.0064
指标	D_{11}	D_{12}	D_{13}	D_{14}	D_{15}
权重	0.0137	0.0465	0.0417	0.0415	0.0345
指标	D_{16}	D_{17}	D_{18}	D_{19}	D_{20}
权重	0.3002	0.0687	0.2062	0.1253	0.0131

（三）隶属函数及水安全保障度计算

在分析全部指标值的基础上，根据各指标值，构建每一个指标隶属函数。由于计算隶属度函数数量较多，下面以 D_{10} 为例来代表计算数值。

指标取值可参照选取表 3 - 14 中的数据。根据选取的数据，对该市水安全系统中各子系统在通常状态下的水安全进行量化计算，结果如表 3 - 15 所示。

表 3 - 15　　　　　　城市水安全保障评价指标取值

指标	D_1	D_2	D_3	D_4	D_5
指标取值	97.68	85	76	500	150

续表

指标	D₆	D₇	D₈	D₉	D₁0
指标取值	0.005	3	7	33.9	0.4
指标	D₁₁	D₁₂	D₁₃	D₁₄	D₁₅
指标取值	0.064	286	80	83	85
指标	D₁₆	D₁₇	D₁₈	D₁₉	D₂₀
指标取值	不显著	533.38	120	80	20.07

根据表 3 – 14、表 3 – 15 中各指标取值，利用式（3.31）、式（3.32），由各指标隶属函数可计算出各指标 Vague 值如表 3 – 16 所示。

表 3 – 16　　　　　城市水安全保障评价 Vague 值

指标	D₁	D₂	D₃	D₄	D₅
Vague 值	[0, 0]	[0, 0.06]	[0, 0.05]	[0, 0.17]	[0, 0.25]
指标	D₆	D₇	D₈	D₉	D₁₀
Vague 值	[0.25, 0.5]	[0.15, 0.3]	[1, 1]	[0.35, 0.46]	[0.5, 0.67]
指标	D₁₁	D₁₂	D₁₃	D₁₄	D₁₅
Vague 值	[0.06, 0.08]	[0, 0.43]	[0, 0.06]	[0.92, 1]	[0.94, 1]
指标	D₁₆	D₁₇	D₁₈	D₁₉	D₂₀
Vague 值	不显著	[0.28, 0.33]	[0.6, 1]	[0.81, 1]	[0.40, 1]

根据表 3 – 16 中各指标 Vague 值以及压力指标极限状态 Vague 值 [1, 1] 与支撑指标理想状态 Vague 值 [1, 1]，由式（3.30）可得各指标相似度。再根据式（3.33）、式（3.34），可求出不同压力下的压力指数（PI）与支撑指数（SI），最后由式（3.38）计算出不同状况下该市的水安全保障程度，如表 3 – 17 所示。

表 3 – 17　　　城市水安全系统子系统各个水安全保障计算结果

子系统	水环境压力	水资源压力	水灾压力	生态环境	社会经济支撑
PI	0.02	0.11	0.38	0.23	0.61
SI	0.95	0.68	0.90	0.85	0.99
WSAI	0.96	0.72	0.41	0.58	0.24
子系统	社会经济压力	水资源指标	水环境支撑	防灾支撑	
PI	0.23	0.03	0.02	0.25	
SI	0.55	0.97	0.94	0.94	
WSAI	0.41	0.94	0.90	0.93	

（四）结果分析

根据以上该市水安全保障的计算结果评价分析，对水安全系统的保障能力进行评价分析：子系统应急保障能力评价分析。由表 3 – 17 可知，该市水安全系统中，水环境压力、水资源压力、水灾压力、生态环境、社会经济支撑、社会经济压力、水资源指标、水环境支撑和防灾支撑指标值分别是 0.96、0.72、0.41、0.58、0.24、0.41、0.94、0.90 和 0.93，该 9 项指标中，社会经济支撑和社会经济压力的指标值分别为 0.24 和 0.41，说明该市社会经济环境的压力较大，但社会经济支撑 SI 数值为 0.99，说明现行的社会经济较为困难，但后续的支撑力量较大，这可能与中央政府对西部开发的有力的政策支持有关。水资源指标和水环境压力的 WSAI 值为 0.94 和 0.96，数值较高，说明该城市的水资源利用量较为充分，水环境也保护较好，水资源指标和水环境压力 SI 数值为 0.97 和 0.95，说明这两个子系统的保障能力较强，也说明地方政府对水资源和水环境的保护力度较大。也符合中国政府对水源地的水质和水量保护措施的现状。该子系统的评价与现实情况相符。

（五）结论

城市水安全保障具有评价的复杂性、多层次性以及模糊性的特点。本章提出了基于 Vague 集的城市水安全保障的评价方法，利用多专家层次分析方法对城市水安全保障的评价指标进行了赋权，讨论了评价指标 Vague 值的确定方法，并以中国西部某一城市为例进行了实证研究。结论认为，在该城市水安全 9 项指标中，社会经济支撑和社会经济压力的指标值分别为 0.24 和 0.41，说明该市社会经济环境的压力较大，但社会经济支撑 SI 数值为 0.99，说明现行的社会经济较为困难，但后续的支撑力量较大，这可能与中央政府对西部开发的有力的政策支持有关。水资源指标和水环境压力的 WSAI 值为 0.94 和 0.96，数值较高，说明该城市的水资源利用量较为充分，水环境也保护较好，水资源指标和水环境压力 SI 数值为 0.97 和 0.95，说明这两个子系统的保障能力较强。由此可见，Vague 集相似度量评价模型能够较好地对城市水安全保障度进行量化评价。

第四章　城市水安全预警系统

　　安全预警是对系统未来危机或危险状态信息的预先警报或警告。预警起源于军事领域，后来预警研究主要运用于自然科学中针对自然灾害的预防。[①] 在水安全领域的应用早期主要是针对流域洪水涝害和水污染事件安全风险的预警。[②] 城市水安全预警是指对由于自然或人为因素引起的城市水危机进行的预期性评估和警报，其目的在于及早发现水安全问题，为制定相关应对措施提供依据。城市水安全预警系统，是通过对城市水安全风险因素的识别、评估、评价建立预警指标体系，进而通过构建适合的预警模型预测城市供水的质与量等方面的指标值偏离期望状态的程度并给出相应的警度级别，发出预警信号，并采取预防、预控措施的综合系统。城市水安全预警本质上是对城市供水水质和量偏离期望状态的预测和警示。建立城市水安全预警系统是有效应对城市水安全风险，保障城市安全、可持续、稳定发展的关键环节。基于未来城市水安全要求，明确城市水安全预警内容与指标，构建水安全模型对城市水安全系统现状、变化趋势进行预测预警，进而建立系统的预警机制，对保障城市水安全具有重大现实意义。

　　水安全预警评价也是水安全管理研究中的重要前沿和热点问题之一。早期水安全预警研究成果主要集中于流域或省域层面供水安全、水污染、水灾害单项内容的水安全预警，而对于城市地域水安全多维度综合预警研究比较少。近些年运用系统学理论方法进行水安全预警

---

　　①　White, G. F., *Natural Hazards Research*, London Metheun Co., Ltd., 1973, pp. 193 - 216.

　　②　Pinter, G. G., "The Danube Accident Emergency Warning System", *Wat. Sci. Tech.* 1999, Vol. 40, No. 10, pp. 27 - 33.

日益受到重视，如陈绍金与黄莉新运用系统动力学方法构建了水安全预警模型，分别对湘江流域与江苏省的水安全预警进行了实证研究。[①]但是，由于水安全系统特别是城市水安全系统是受自然演化和人类活动双重影响的典型复杂系统，当前城市水安全预警评价研究尚缺乏统一定义评价指标体系和可操作性的定量预警模型。在文献前研究的基础上，本书针对城市水安全预警的具体特点，采用智能综合集成方法论，在城市水安全的理论分析、专家咨询和调研基础上建立了流域水安全预警评价指标体系，用模糊层次分析法与智能科学中的遗传算法相结合，基于加速遗传算法的模糊层次分析法筛选指标、确定流域水安全评价系统中各指标和各子系统的权重，用 BP 神经网络模型滚动预测预警指标，用集对分析方法构造预警指标样本值隶属于可变模糊集"水安全评价标准等级"的相对隶属度函数。经上述智能方法的集成，建立了城市水安全预警评价的智能集成模型，并应用于我国城市水安全预警评价的实证研究中。

第一节　城市水安全预警的内容

城市水安全预警内容取决于城市水安全的目标或要求。城市水安全的目标或要求既可以从水安全的条件的角度，如城市水资源安全、水环境安全与涉水灾害防控安全考虑；也可以从城市可持续发展安全需求角度考虑，包括生活用水安全、经济用水安全和生态环境安全。城市水安全预警内容可从如下两个方面界定。

一　基于水安全条件的城市水安全预警内容

从城市水安全供给条件看，城市水安全预警内容包括水资源量变化预警、水质环境变化预警和干旱洪涝极端水灾害风险预警。

（一）城市水资源量安全预警

城市水资源量变化预警主要是为保证城市社会、经济、生态环境

---

① 陈绍金：《水安全系统评价、预警与调控研究》，中国水利水电出版社 2006 年版，第 1—227 页；黄莉新：《江苏省水资源承载能力评价》，《水科学进展》2007 年第 6 期。

可持续发展，对未来城市水资源可用水资源量的不利变化进行监测预警。这种预警重点关注的是在未来自然因素变化（如气候变化）、社会经济因素变化（如水污染排放量增加）和水工程技术条件因素（如水利开发能力）作用下，未来城市可供水量变化是否威胁城市社会、经济、环境可持续发展需求。在监测时重点关注的是城市可供水量的变化，同时结合未来城市发展水资源量需求进行预警。其视角是将城市可供水量的变化作为城市水安全的风险源，以城市水资源量需求作为参照值进行安全预警。

（二）城市水资源水质安全预警

城市水质安全预警主要是对照城市社会、经济、生态环境用水水质的要求，重点对城市用水水质环境的不利变化进行监测预警。这种预警重点关注的是在城市污水排放量增加和城市污水治理能力限制条件下，未来城市用水水质变化是否能够满足城市社会、经济、环境对水质的要求。在监测时重点关注的是城市水环境和供水水质的变化，同时结合未来城市发展对水质需求进行预警。其视角是将城市水环境和供水水质的变化作为城市水安全的风险源和监测对象，以城市水质需求作为参照值进行安全预警。

（三）干旱洪涝极端水灾害风险预警

干旱洪涝极端水灾害风险预警主要是为避免未来城市居民生命财产安全不受突发性的干旱、洪涝灾害威胁，对城市发生干旱、洪涝灾害的可能性及其抵御能力进行监测和预警。其工作重点是监测预警在未来域内外气候变化作用条件下，城市现有的防洪抗旱能力是否能够有效应对日趋频繁和严重的水旱灾害。在监测时，重点关注的是城市水旱灾害强度的变化，同时评估未来城市现实的抗旱能力。其视角是将城市水旱灾频度和强度变化作为城市水安全的风险源和监测对象，以城市水灾防御能力作为参照进行安全预警。

二　基于水安全需求的城市水安全预警内容

从城市水安全需求看，城市水安全预警内容包括城市生活用水安全预警、城市经济用水安全预警和城市生态用水安全预警。

（一）城市生活用水安全预警

城市生活用水安全预警，即从保证城市居民能够获得足量、清洁、低廉、持续稳定的基本生活用水角度，进行水安全预警。通过设置城市居民个体最低需水量的阈值，再根据城市未来生活用水供给条件及其变化可对城市生活需水安全进行预警。城市居民生活用水安全既有量的安全也有质的安全；既受城市生活可配置水量的影响，也与城市生活用水供给设施完善程度以及水价格有关。

（二）城市经济用水安全预警

城市经济用水安全预警，即从保证城市各类经济活动需水持续供给角度进行水安全预警。在核算城市各类经济用水规模、用水效率及其未来变化的基础上，为城市经济用水从量与质、结构方面建立明确城市用水安全阈值，对未来城市经济可利用水资源供给及其变动情况下的经济用水安全进行预警。

（三）城市生态用水安全预警

城市生态用水安全预警，即从维持城市生态环境持续良性发展所需水资源得到持续稳定供给的角度进行水安全预警。城市生态由城市水域内生态与城市水域外生态构成。良好的城市水域生态环境，要求水域内的水量和水质达到一定的规模和标准，不威胁水域内各类生物的生存和生态系统平衡。良好的城市水域外生态环境要求水域外生态系统需水得到有效保障。

城市生活需水安全、经济需水安全与环境需水安全视角的预警包含城市水量安全预警、水质安全预警即水灾害防控安全的内涵。前者是后者的目的，后者是前者的条件。供水水量和水质的变化是城市供水安全系统预警中需要考虑的最主要因素，本书从城市水安全内涵出发，重点探讨城市供水水量安全和水质安全预警问题。

第二节　城市水安全预警指标体系

水安全系统预警应该在水安全系统功能失衡或可能发生重大转折

之前，及时发出信息，起到预示警示作用。城市水安全系统功能失衡常常在系统某些指标的变化中先行暴露或反映出来，这类变量构成了水安全系统变化的指示器即城市水安全预警指标。城市水安全预警指标是保障城市水安全的关键性控制变量，是在水安全评价指标中那些直接、综合反映水安全形势或趋势的重要指标。这些指标将城市水安全水量水质条件与其社会经济发展需求压力相结合，可以直接指示城市水安全某方面的状况。确定城市水安全预警指标是对城市水安全预警的前提。

城市水安全预警系统既是一个复杂的系统，又是一个通过循环而不断获得改进和优化的系统，因此城市水安全预警指标的选择应遵循如下原则：①在构建城市水安全预警指标体系时应该具有足够的涵盖面和代表性；②为便于预警应尽可能选择定量指标，关键的定性指标也要进行定量转化；③以水安全系统科学分析为基础，使指标具有科学性；④充分考虑实际应用中指标数据的可获得性，使指标运用具有可操作性；⑤考虑指标的动态性，既要有静态指标也要有动态指标；⑥考虑指标的发展性，应根据现实变化及时调整指标内容，保证指标的开放性。基于上述原则，在充分考虑城市水安全系统特征基础性上，从城市水安全需求角度构建城市水安全预警指标如下：

一 城市生活用水安全预警指标

基于对城市居民日常生活用水需求安全的全面考虑，本书认为，城市居民生活用水安全至少包括如下几个维度：需水水量安全、需水水质安全、需水稳定性安全和经济可获得性安全。相关水安全预警关键指标如下：

从需水水量安全的角度看，城市生活用水安全主要受人均日常生活供水量与人均日常生活最低需水量两个变量影响。这是因为，当人均生活供水量小于人均日常生活最小需水量时，城市居民生活必然受到影响，进而或造成居民身心健康受损或引发社会动荡。因此将人均日常收入供水量作为监控指标，将居民人均日常生活最低需求量作为对照指标，通过比对可对城市生活用水从"量"的方面进行安全预警。而表示两者平衡状况的生活用水缺水率可作为生活用水安全"水量"安全方面的最终预警指标。根据未来城市生活用水缺水率大小可判断出城市生活用水水量安全的大小。

从需水水质安全角度看，城市生活用水是否安全最终由自来水家庭终端水质与居民生活用水水质标准量两个变量确定。居民日常生活对水质有着基本要求，并且随着社会的进步和居民生活水平的提高，对水质标准的要求也会更加严格。这里强调供水水质是指供水终端水质，是应为供水从制水单位到居民家庭管段输送也存在二次污染水质下降的问题。当自来水家庭终端水质超过居民生活饮用最低水质标准时，必然损害居民身体或心理健康，引发相应安全问题。因此可将城市家庭生活用水水质作为重要监控指标，将居民生活最低水质标准作为对照指标，通过比对可对城市生活用水从"质"的方面进行安全预警。而表示供水水质低于居民生活用水水质最低标准程度的变量作为该方面水安全的最终预警指标。

从需水稳定性安全角度看，城市生活用水是否安全主要由家庭生活用水间断时间与家庭生活用水最大可忍受间断时间两个变量确定。居民日常生活用水具有连续特征，这需要其供给具有连续稳定性。当居民生活用水因供水设施建设不足或发生事故时，断水达到一定时间，必然影响居民正常生活，严重时会引发社会恐慌，威胁社会稳定。因此，需要以断水时间为监控指标，以居民日常生活断水可忍受的最长时间作为对照指标，对城市生活用水连续性安全进行预警。而表示断水时间超过居民最低忍受时限程度的变量可作为该方面水安全最终的预警指标。

从需水经济可获得性安全角度看，城市生活用水安全与否主要受家庭生活用水供水价格与居民对水价的心理预期或最低心理承受能力影响。居民民对水价格有一定心理承受范围，当供水价格超过居民的心理预期，不仅直接影响居民正常用水量，尽管这有利于激励节水行为，但也直接增加居民生活成本或降低其他生活消费支出，影响其生活水平，易引发社会不满。因此，水资源价格需要将水价作为重要水安全监控指标，并将居民对水价格的心理预期作为对照指标，可对居民生活用水经济上的可获得性进行安全预警。而居民生活用水水价高于居民心理预期最低限度作为该方面城市水安全的最终预警指标。

二　城市经济用水安全预警指标

基于对城市经济活动需求安全的系统考虑，同城市居民生活用水安全类似，本书认为城市经济活动需水安全也至少包括需水水量安全、需水水质安全、经济可获得性安全等。相关水安全预警关键指标如下：

从水量的角度看，城市经济用水安全主要受城市经济活动总需水量与城市经济活动可供水量两变量影响。随着未来城市经济规模增大，水量需求量的增加超过经济可供水量时，必然会制约城市经济的进一步增长，同时还会引发经济用水挤占生活、生态用水等问题。因此，将城市经济总需水量作为监控指标，以经济最大可供水量为比照指标可对城市经济用水安全进行预警。而表示两者平衡状况的经济用水缺水率可作为该方面水安全的最终预警指标。

从水质的角度看，城市经济用水安全预警指标受城市经济用水最低水质标准与城市经济可供水最高标准两变量影响。不同类型经济活动对水质均有一定要求，当经济活动供水水质低于经济活动用水最低水质标准时，就会影响经济产出质量和经济效益。因此可选择经济供水水质作为监测指标，以城市经济各类产业用水最高水质标准要求作为对照指标，对城市经济用水水质安全进行预警。而表示经济活动供水水质低于经济用水水质最低标准程度的变量可作为该方面城市水安全的最终预警指标。

从经济可获得性角度看，城市经济用水安全最终受经济供水水价与企业可承受水价两个变量影响。水费是构成经济活动的重要成本要素之一，经济供水水价影响经济活动产品价格。经济供水水价高企或增长过快将会增加经济活动成本，一方面制约城市经济活力，另一方面造成物价普遍上涨，影响居民消费水平。当供水水价上涨到一定程度，企业利润水平降低超过一定程度时，就会造成城市企业倒闭或资本逃离；或引起居民消费价格指数（CPI）上涨，引发居民不满。因此需要将城市经济供水价格作为监管指标，以城市经济活动水价成本最大承受力作为对照值对城市经济用水、经济上可获得性进行安全预警。而城市经济用水水价高于经济活动对水价成本最大承受能力的程度指标作为该方面城市用水安全的最终预警指标。

三 城市生态用水安全预警指标

城市生态环境的改善需要一定质量的充足的水供给，否则将会导致城市生态环境恶化。为此，需要对城市生态需水进行安全预警。与城市生活用水、经济用水安全预警类似，需要充分考虑城市生态需水安全预警指标包括如下几个方面：

从需水水量安全的视角看，需要考虑的关键变量是城市环境可供水量与城市环境最低需水量。在城市可用水资源有限且日趋稀缺的今天，城市各类用水冲突激烈，生态用水往往被经济用水和生活用水挤占。当城市总可用水资源量中可供环境用水量低于环境最低需水量时，城市生态环境将恶化。因此可将城市生态需水量的满足程度，即城市可供环境用水量与城市环境最低需水量之比作为最终预警指标，进行生态需水安全预警。当该值小于 1 时，表明城市生态需水处于安全状态；当该值大于 1 时，表明城市生态需水处于不安全状态；而当该值等于 1 时，表示城市生态需水量处于安全临界状态，在此之前需要对城市生态水安全做出预警。

从需水水质安全的视角看，需要考虑的关键变量是城市环境供水水质与城市环境用水最低水质标准。城市生态用水特别是城市水域生态系统用水有一定的水质要求，当环境供水水质或水域污水超标排放造成水域水体水质低于这一要求时，水体生态将遭损害。因此需要城市生态供水水质与城市生态用水水质最低标准相结合，将生态用水水质低于生态需水水质最低标准要求程度的变量作为最终预警指标，对城市生态需水水质安全进行预警。预警时须对城市水域供水水质及水域水质进行实时监控，并对照特定水域生态需水水质要求进行安全预警预报。当城市供水水质或水域水质接近生态需水最低水质标准时，就要对城市生态需水水质安全进行预警。

综上所述，因城市水安全内涵的丰富性和外延宽泛性，不可能用单一指标对城市水安全进行预警，通常需要从水量、水质、水价等多维度采用多重指标对城市生活用水安全、经济用水安全、生态用水安全进行综合预警。这些指标包括检测性指标（如城市需水量和城市供水量）与最终预警指标（如缺水率）。

四　城市水安全预警阈值确定与级别的划分

城市水安全阈值是指标识城市水安全由安全状态到不安全状态转变的关键指标变量的临界值。水环境系统随时都在承受着各种压力和变化，在一定的压力阈值内系统具有自我维持和自我调节的功能，保持相对稳定的状态，但超过这个阈值，系统可能会发生质的变化，甚至导致系统崩溃。

（一）预警阈值和警度划分方法

城市水安全预警阈值的确定是水资源安全预警的关键环节。其确定方法主要有系统化方法、控制图法、突变论方法、专家确定法等。

1. 系统化方法

系统化方法主要是基于定性分析，根据各种并列的原则或标准，综合各种研究结果得出预警阈值和对警度进行划分，即给予对大量历史数据进行定性分析来确定水安全预警阈值和警戒级别的方法。[①] 系统化方法又包括根据多数、半数、均数等原则对预警指标阈值进行确定和警度划分。其中，多数和均数原则方法，是指在预警指标以往年份无警情记录的情况下，将以往历次预警指标值按大小排序后，将前2/3或1/2的数据区间作为安全无警区间，后1/3或1/2的数据区间作为不安全有警区间，进而确定预警阈值和划分预警级别。均数方法是以往历史预警指标数据的平均数，判断是否安全或区别有警无警。

2. 控制图法

控制图法确定预警阈值思想源于控制图报警系统原理。控制图中的预报系统由预报指标的异常点启动，而异常点的判断由小概率事件的发生确定。其基本原理是，假设预警指标值服从正态分布 $N(L, R^2)$，当系统处于正常或安全运行状态时，预警指标值应以较大概率99.137%落在可控的安全区间 $[L-3R, L+3R]$ 内，否则落在该区

① 吴延熊、郭仁鉴、周国模：《区域森林资源预警的警度划分》，《浙江农林大学学报》1999年第1期。

间外，即小概率事件发生，系统处于非正常状态，需要报警并加以修正。这里的 L 与 R 均为未知数，需要通过样本值估计。

3. 突变论方法

突变即指突然发生灾难性变化，建立预警系统主要就是为了防止此类灾难性变化的发生。突变论方法确定即是确定预警指标、对照指标的定量化的数学方法。该方法主要是在分析预警指标变化的内在规律的基础上，建立数学模型，并用几何学上的拓扑点，奇点或微分方程和稳定性数学原理来解决发生非连续突变的临界点即警戒阈值。突变论方法理论上具有严谨科学的特征，但对数学要求高，数学分析比较困难。

4. 专家确定法

主要是依靠各领域专家的经验和智慧，对水资源安全预警指标的警戒线进行判断。由于受到各方面的限制，各类预警系统确定警戒线的方法多为专家确定法。本书主要采用第三种方法，即通过征询大量相关专家的意见和方法，确定城市水安全预警阈值和安全级别。在下面就城市生活用水安全中水量安全、水质安全和水价安全阈值进行分析。本书主要采用专家法确定有关预警指标阈值并进行警度级别划分。

（二）城市水安全阈值与警度级别划分

1. 城市供水水量安全预警阈值和警戒级别划分

水量安全警戒阈值通常基于水量平衡的思想，采用缺水率（r）变量变化的临界值作为安全阈值。缺水率 r 通常表示水资源供给量与最低需求量之差占最低需求量的比重。其中，居民饮用水水量最低需求采用国家《城市居民生活用水量标准》（GB/T 50331—2002）相关数据。考虑各地实际生活用水需求，不同城市居民实际生活用水量标准存在差异，华东地区北京市居民最低生活用水量不少于 85 升/（人·日），而上海市居民最低日常生活用水量标准不低于 120 升/（人·日）。根据未来城市生活供水情况，结合城市居民最低生活用水标准，可预测核算得到居民生活需水量方面的缺水率。显然，当所计算缺水率为负值时，居民生活用水水量得不到有效保障，城市居民生活用水不安全；当缺水率为正值时，居民生活用水有保障，生活用水水量供给安全；而缺水率为零时是城市居民生活用水水量供给是否安全的关键阈值或临界值。进一步根据缺水率划分城市居民生活用水水量供给不安全级别。根据专家咨询意见，本书设定，当 $r \in (-\infty, -1)$ 时，为极不安全；当 $r \in [-1, -0.50]$ 时，为很不安全，当 $r \in (-0.50, -0.25]$ 时，为较不安全；当 $r \in (-0.25, 0)$ 时，为基本不安全；当 $r \in (0, 0.25)$ 时，为基本安全；当 $r \in [0, 0.25]$ 为基本安全；当该值 $r \in (0.25, 0.50]$ 时，为比较安全；当该值 $r \in [0.50, 1]$ 时，为很安全；当 $r \in [1, +\infty]$ 时，为极安全。

2. 城市供水水质安全预警阈值和警戒级别划分

城市水质安全阈值采用国家关于城市居民饮用水最新水质标准《中华人民共和国自来水水质国家标准》（GB 5749—2006），以低于或高于该标准实际饮用水水质状况区分不同的水质安全预警级别。由于水质标准有多项指标，每项指标不达标均对城市用水安全构成威胁，因此，城市水质安全阈值和警戒级别应该有一系列相关指标值。与1985年通过的标准不同，2006年新标准由原来的35项增加到106项。以这些指标项的水质标准为阈值，显然当未来预测实际指标值低于该标准值时，城市用水水质安全；否则水质不安全。经专家咨询和诸多研究成果，本书设定，当预测各项指标值高于标准值10倍以上时为极不安全级别；当预测值高于标准值5—10倍时为很不安全级别；当预测值高于标准值0—5倍时为较不安全级别；当指标值低于标准值0—5倍时为较为安全级别，当指标值低于标准值5倍以上时为十分安全级别。

3. 城市供水水价上涨阈值和警戒级别划分

长期以来，作为公共用品我国城市用水以低于成本价的价格甚至免费供应，这一方面鼓励用水浪费和低效利用，加剧了水资源的稀缺；另一方面有悖于价值规律，使城市供水行业处于不可持续状态。自2012年国务院发布《国务院关于实施最严格的水资源管理制度的意见》以来，我国加快了水价格改革的步伐，水价上调已成必然趋势。这虽有利于激励节约用水，促进城市水资源可持续利用，但是水价调整也要考虑城市用水户的承受能力。早在该意见出台以前，2009

年我国发改委和住建部就明确要求各地要慎重调整水价，充分考虑社会承受能力，尤其要做好低收入家庭保障工作，保障其生活水平不降低。[①] 为此，有必要在价格逐步上调过程中明确社会承受能力的预警阈值和警戒级别，防止未来因水价调整过快或幅度过大引起社会不满。据研究，根据国际经验，居民对水价可承受的能力为用水支出占居民家庭总收入的2%—5%[②]，而我国居民对水价的承受极限用水支出占家庭总收入的3%。[③] 由此，根据不同城市大多数居民的家庭收入状况及其最低用水状况确定城市供水价格阈值，并划定相应警戒值。比如某城市大多数居民月收入5000元，家庭生活最低用水标准平均为20元，则水价的警戒阈值为7.5元。高于该阈值的供水价格为不安全供水价格，越高越不安全。现实中各城市还可以通过用水支付意愿的调查确定供水水价阈值。

第三节　城市水安全预警模型

城市水安全预警是对未来一段时期内在自然环境与社会经济发展变化条件下城市水安全形势或趋势的一种预测或预估。其关键是对未来城市水安全预警指标值变化进行核算并根据对照指标对水安全形势的不利变化进行预判。因此，城市水安全预警关键是在构建相关指标体系的基础上，建立预测模型即水安全预警模型。当前学界关于水资源安全预警模型主要有自回归法、系统动力学（SD）预警方法、遗传神经算法和BP神经网络法。

一　水安全预警模型构建的一般步骤

第一，在对城市水安全理论分析、专家咨询和调研基础上建立城

---

① 参见发改委、住建部《关于做好城市供水价格管理工作有关问题的通知》（发改价格〔2009〕1789号），2009年7月6日。

② 参见刘娟《城市水价改革——"全成本＋用户承受能力"水价模式探讨》，《黑龙江水利科技》2012年第7期。

③ 陈一、张逢、张媛等：《重庆市西部缺水城镇水价改革与居民承受力指数研究》，《给水排水》2007年第7期。

市水安全预警评价指标体系，并采用科学的方法确定指标权重并选择关键指标。其中，指标权重确定方法可采用层次分析、德尔菲法（专家咨询法）、模糊集层次分析法等。在确定各项指标的基础上可将多位专家确定的权重的值较大而标准差较小的指标组成最终的流域水安全预警评价指标体系。[①]

第二，根据城市水安全预警评价指标体系的物理含义及其与城市经济、社会、资源与环境可持续性之间的相互作用，以及研究城市自然地理、社会经济条件，参照国际上水安全指标临界值的研究成果，研究区域政府颁布的水安全标准和目标、河流水系开发利用保护要求，以及城市各时期水安全预警指标的最大值、最小值和均值等，建立流域水安全预警阈值或等级标准。

第三，建立预警模型。以 BP 神经网络预警模型为例，就是对各子系统分别建立 BP 神经网络模型、滚动预测评价指标值。用 BP 神经网络模型进行滚动预测的基本思路，就是把当前时刻的评价指标值及其下个时刻的评价指标值分别作为网络的输入和输出样本，用 BP 算法训练网络达到收敛后，把样本作为网络输入，经网络的正向传播计算得到网络输出，再把刚得到的作为新的样本替换，再用 BP 算法训练网络达到收敛后，用新样本作为网络输入，经网络的正向传播计算再次得到网络输出，如此反复，即可滚动预测预警指标值。

第四，计算水安全系统各子系统指标的预测值，确定单指标水安全预警等级、子系统的水安全预警等级和综合水安全预警等级。为避免应用最大隶属度原则进行模糊模式识别所可能造成的失真，提高等级评判的精度，可以把级别特征值作为水安全预警等级值。

二　城市水安全预警模型

（一）城市水安全预警 SD 模型

供水系统是一个较复杂的系统，影响供水系统的因素相当多，故在建立需水量预测模型的过程中，要尽可能全面地考虑影响因素，单

---

① 吴开亚、金菊良、魏一鸣：《流域水安全预警评价的智能集成模型》，《水科学进展》2009 年第 4 期。

指标预测模型很难满足水量预测的精度。这要求系统全面考虑各项城市水安全影响因素。因此，运用系统思维以及定性与定量结合的系统动力学方法模型，将能够全面模拟分析供水系统的结果与功能的内在关系，并且模拟不同决策下它的发展动态，从而制定全面、详细、准确的预警机制。基于此，陈绍金较早地将系统动力学方法引入水安全预警研究。①

1. 系统动力学模型简介

系统动力学（SD）的基本特点在于它从复杂系统的基本结构出发，充分考虑到系统与环境、系统内部各因素间的关系，构造一种能够比较全面刻画复杂系统的复合动态模型，这种模型实际上是概念模型、结构模型和数学模型的集成。加之它是以计算机模拟实验为手段，主要从高层次大规模等方面描述和揭示事物发展的宏观趋势，因此也被誉为"战略与策略的实验室"。

系统动力学的关键在于研究系统时引进信息反馈与系统力学的概念与原理，把系统问题流体化，从而获得描述系统构造的一般方法，并且通过计算机强大的记忆能力和高速运算能力来实现对复杂系统的可重复实验。系统动力学的重点在于发现有关系统构造的信息，其中包括管理者和决策者的经验、知识和敏锐的洞察力及其他可以观察到的数据与信息。

2. 系统动力学 SD 建模步骤

系统动力学方法从因果关系链分析开始，现得到相应的关系流图，再从流图写出方程组，在计算机上对模型进行模拟实验，根据模拟的结果研究制定有关政策，以改进和发展现有系统。基本步骤如下：

（1）目的与问题分析。不同的目的将涉及不同的要素，研究的方法也会有所不同，最终模拟的结果也将不同。因此，在系统动力学建模中，首要的任务在于分析矛盾与问题，剖析要因，明确目的，划定系统的边界，确定有关变量及其性质。

---

① 陈绍金：《对水安全系统预警的探讨》，《人民长江》2004 年第 9 期。

（2）系统反馈结构分析。根据模拟的目的，收集有关的经验、知识和资料，确定有关的基本要素，分析系统整体与局部的反馈关系，划分系统的层次与结构。按照变量间的关系，回路中的反馈耦合关系，估计系统的主导回路与结构。

（3）绘制系统流图。在绘制流图前，首先要对反馈结构中基本要素的类型和性质加以区分，确定有关的流位变量、流率变量及其他变量，依照流图中所使用的各类记号绘制成适用的系统流图。

（4）程序设计。根据系统流图，建立数学的规范方程和描述定性与半定性的变量关系，在此基础上，进行 DYNAMO 计算机仿真语言的程序设计。

（5）模拟与政策分析。在模拟与分析的基础上，更深入地剖析系统的问题；寻求解决问题的方案并尽可能付诸实施，取得实践结果；获取更丰富的信息，发现新的矛盾和问题；修改模型，包括结构与参数的修改。

3. 城市水安全预警 SD 建模过程

利用 SD 方法进行水安全系统预警研究时需要对城市自然环境—社会经济—水资源复合系统进行分析，建立城市水安全复合系统 SD 预警模型，拟定政策方案，采用计算机进行政策仿真研究，通过对各种政策方案下仿真结果的分析和评价，得出对策意见并给出预警。

为了使预警模型能够在城市水安全宏观决策中起到应有的作用，建模应遵循下述原则：

（1）考虑到建模型的主要用途是为水资源水环境制约下的水安全提供决策，因此，模型变量包括决策中所要考虑的因素，这样，模型变量可分成两组，它们分别描述社会经济系统和水资源水环境系统。

（2）基于同样的考虑，模型应能定量地描述可能的经济发展方案和水环境目标对于流域或区域环境经济系统行为的影响，这就决定了该模型是一个政策方案仿真模型，其中，政策方案包括社会经济发展目标和水环境目标。

（3）所研究的范围流域或地域为单元，考虑到最终形成的决策方案必须由相应的主管部门来贯彻执行，模型结构应该保证所得决策方案的可操作性，再考虑社会经济发展历史资料的可获取性，应取一个自然流域内由若干行政管理单元形成的单元为基本地理单元。

（4）根据所选择的被描述变量之间因果关系将它们组合成经济子系统模型、水资源子系统模型和水环境子系统模型。其中，经济子系统模型主要由生产子模型构成，水资源子系统模型由工业用水量子模型构成，水环境子系统模型由水污染治理子模型组成。

（5）各个子模型的精度应该协调一致。因为各个子模型要组合在一起进行政策方案的仿真，因此片面追求某些子模型的高精度除了给建模工作增加不必要的困难以外，不会给提高仿真精度带来有实际价值的好处。

城市水安全预警 SD 仿真流程可用图 4-1 表示。

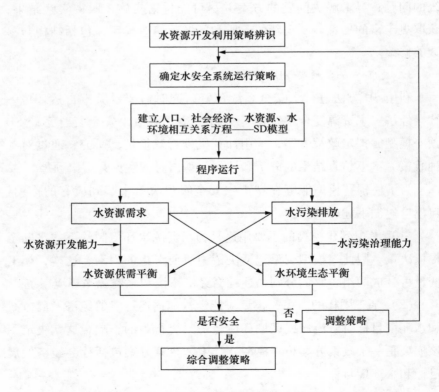

图 4-1 城市水安全预警 SD 仿真流程

（二）城市水安全 BP 神经网络算法

1. BP 人工神经网络模型简介

人工神经网络是一种模仿动物神经网络行为特征，进行分步式并行信息处理的算法数学模型。[①] 这种网络依靠系统的复杂程度，通过调整内部大量节点之间相互连接的关系，从而达到处理信息的目的。人工神经网络系统是一种模拟生物神经系统结构，是由大量处理单元组成的非线性自适应动态系统。它具有学习能力、记忆能力、计算能力以及智能处理功能，在不同程度和层次上模仿大脑的信息处理机理。神经网络具有非线性、非局域性、非定常性、非凸性等特点，其应用已渗透到模式识别、自动控制、图像处理、非线性优化、经济预测等很多领域。近年来，随着计算机技术的发展，神经网络可以利用电脑进行仿真。

人工神经网络首先要以一定的学习准则进行学习，然后才能工作。现以人工神经网络对手写"A""B"两个字母的识别为例进行说明，规定当"A"输入网络时，应该输出"1"，而当输入为"B"时，输出为"0"。所以网络学习的准则应该是：如果网络做出错误的判决，则通过网络的学习，应使网络减少下次犯同样错误的可能性。首先，给网络的各连接权值赋予（0，1）区间内的随机值，将"A"所对应的图像模式输入网络，网络将输入模式加权求和、与门限比较、再进行非线性运算，得到网络的输出。在此情况下，网络输出为"1"和"0"的概率各为50%，也就是说，是完全随机的。这时如果输出为"1"（结果正确），则使连接权值增大，以便使网络再次遇到"A"模式输入时，仍然能做出正确的判断。如果输出为"0"（即结果错误），则把网络连接权值朝着减小综合输入加权值的方向调整，其目的在于使网络下次再遇到"A"模式输入时，减小犯同样错误的可能性。如此操作调整，当给网络轮番输入若干个手写字母"A"

---

① Wang, S., Archer, N. P., "A neural network technique in modeling multiple criteria multiple person decision making", *Computers & Operations Research*, 1994, Vol. 21, No. 2, pp. 127 – 142.

"B"后，经过网络按以上学习方法进行若干次学习后，网络判断的正确率将大大提高。这说明网络对这两个模式的学习已经获得了成功，它已将这两个模式记忆在网络的各个连接权值上。当网络再次遇到其中任何一个模式时，能够做出迅速、准确的判断和识别。一般来说，网络中所含的神经元个数越多，则它能记忆、识别的模式也就越多。

可见，人工神经网络依靠过去的经验和专家的知识来学习，通过网络学习训练达到其输出与期望输出相符的结果，目前主要用来处理模糊的、非线性的、含有噪声的数据。人工神经网络具有初步的自适应与自组织能力。在学习或训练过程中改变突触权重值，以适应周围环境的要求。同一网络因学习方式和内容不同而可能具有不同的功能。人工神经网络是一个具有学习能力的系统，可以发展知识，以致超过设计者原有的知识水平。通常，它的学习训练方式可分为两种：一种是有监督或称有导师的学习，这时利用给定的样本标准进行分类或模仿；另一种是无监督学习或称无为导师学习，这时，只规定学习方式或某些规则，具体的学习内容随系统所处环境（输入信号情况）而异，系统可以自动发现环境特征和规律性，具有更近似人脑的功能。

BP神经网络是一种按误差逆传播算法训练的多层前馈网络①，是目前应用最广泛的神经网络模型之一。BP网络能学习和存储大量的输入—输出模式映射关系，而无须事前揭示描述这种映射关系的数学方程。它的学习规则是使用梯度下降法，通过反向传播来不断调整网络的权值和阈值，使网络的误差平方和最小。

反向传播算法（BP算法）的学习过程，由信息的正向传播和误差的反向传播两个过程组成。输入层各神经元负责接收来自外界的输入信息，并传递给中间层各神经元；中间层是内部信息处理层，负责信息化，根据信息变化能力的需求，中间层可以设计为单隐层或者多隐层结构；最后一个隐层传递到输出层各神经元的信息，经进一步处

---

① Hecht‐Nielsen, Robert, "Theory of backpropagation neural networks", *International Joint Conference on Neural Networks*, IEEE Xplore, 1989, Vol. 1, pp. 93–605.

理后，完成一次学习的正向传播处理过程，由输出层向外界输出信息处理结果。当实际输出与期望输出不符时，进入误差的反向传播阶段。误差通过输出层，按误差梯度下降的方式修正各层权值，向隐层、输入层逐层反传。周而复始的信息正向传播和误差反向传播过程，是各层权值不断调整的过程，也是神经网络学习训练的过程，此过程一直进行到网络输出的误差减少到可以接受的程度，或者预先设定的学习次数为止。

2. BP 人工神经网络供水预警模型构建基本思路

此模型中选用单一的传统预测模型为一次移动平均预测、线性回归预测、指数平滑预测，以此预测结果作为神经网络的输入，预警指数作为输出。其基本思路如图 4 - 2 所示。

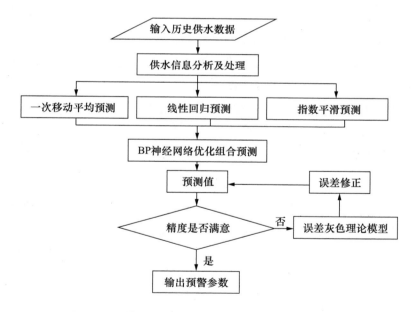

图 4 - 2　基于神经网络优化组合的水安全预警思路

本书采用三层 BP 人工神经网络进行组合预测。其中，输入层神经元个数 m 为不同的单个预测模型数，输出层为一个神经元是 B 预警指数。选择与预测量最近 n 个已知值作为样本，即把最近的 n 个已知值作为输出，采用不同的单个预测模型对这 n 个已知值分别进行预测。其预测值即为神经网络的输入。由此对神经网络进行训练。对于训练好的神经网络，当输入不同的单个模型预测值时，其输出即为用神经网络组合后的预测值。

BP 算法的学习过程是由正向传播和反向传播两个过程组成的，在正向传播过程中输入信息从输入层经隐含层逐层处理，并传向输出层。每一层神经元的状态只影响下一层神经元的状态，如果在输出层不能得到期望输出，则转入反向传播将误差信号沿原来的连接通路返回，把网络学习时输出层出现的与"教师信号"之间的误差，归结为连接层中各节点间连接权值及阈值的"过错"，通过把输出层节点的误差逐层向输入层逆向传播以对连接权值和阈值进行调整，使网络适应要求的映射。

BP 网络的输入层一般没有阈值和激活函数，即输入层神经元的输出等于输入层神经元的输入。BP 网络的学习过程按以下步骤进行：

（1）网络参数的初始化：赋予网络的权值 W_{ji} 和 V_{kj} 以及阈值 θ_j 和 r_k 为（-1，1）之间的随机函数。

（2）按序取一列模式作为网络的输入信号。

（3）隐含层各神经元输出的计算式为：

$$U_j = \sum w_{ji}x_j - \theta_i$$

$$H_j = f(U_j) \tag{4.1}$$

式中，传递函数 $f(U)$ 是反映下层输入对上层节点刺激脉冲强度的函数，一般取（0，1）内连续取值的 Sigmoid 函数：

$$f(x) = 1/(1 + e^{-x}) \tag{4.2}$$

（4）输出层各神经元输出的计算式为：

$$S_k = \sum V_{kj}H_j + r_k$$

$$O_k = f(S_k) \tag{4.3}$$

（5）计算输出层神经元的误差信号：

$$\delta_k = (T_k - O_k)O_k(1 - O_k) \tag{4.4}$$

式中，T_k 为期望值。

（6）按下述公式计算隐含层神经元的误差：

$$\delta_j = \sum \delta_k V_{kj} H_j (1 - H_j) \tag{4.5}$$

（7）修正输出层神经元的权值和阈值为：

$$V_{kj} = v_{kj} + \alpha \delta_k H_j$$

$$r_k = r_k + \beta \delta_k \tag{4.6}$$

（8）修正隐含层神经元的权值和阈值为：

$$w_{ji} = w_{ji} + \alpha \sigma_j x_i$$

$$\theta_j = \theta_j + \beta \sigma_j \tag{4.7}$$

式中，α、β 是网络调整参数，其值在（0，1）范围内随机选取。

（9）取下一个学习样本作为输入信号，如果输入样本，则计算全部样本的误差和 ε：

$$\varepsilon = \frac{\sum (O_k - T_k)^2}{n} \tag{4.8}$$

式中，n 为样本数。

（10）如果 ε 值小于指定的误差范围，则学习终止；否则更新学习次数，返回（2）进行再训练。

第四节　城市水安全预警机制

预警机制是指在安全事故发生之前预先发布警告的预警体系，是由能灵敏、准确地预测安全风险前兆并及时提供警示的机构、制度、网络、举措等构成的系统，其作用在于超前反馈、及时布置、防风险于未然。城市水安全预警机制主要是针对城市供水安全问题所制定的预警体系。针对城市供水中普遍存在的供水量不足、水质较差和供水设施运行事故频繁等问题，加强城市供水系统安全性管理和技术研究，构建城市供水水源、水质处理和管网运行的多级安全保障体系就显得十分重要。

具体来说，城市水安全预警机制就是基于城市水安全模拟预测的提前发现城市供水过程中可能出现的不安全问题及其成因，针对城市供水水量不足、水质较差和供水设施运行事故等相关安全问题建立起来的一系列管理和技术措施。这主要包括应对城市供水水量变化、供水水质变化、供水设备故障、社会经济因素变化对城市水安全的影响方面的措施。根据相关法律法规，结合具体城市水安全系统实际情况来编制一种合理的城市水安全预警机制具有重要现实意义。要想建立合理、有效的供水预警机制，首先应该做好需水量的预测，然后对供水工程的可供水量进行分析计算，继而才能实现对供水系统的安全预警，也就是说，水量预测是供水预警机制的重要组成部分，建立水量预测模型是建立供水预警机制的基础。

一 建立城市水务供水预警机制的必要性

（一）供水安全事关城市居民基本安全保障

城市在社会发展中具有重要地位，城市建设发展事关国家的安全，事关人民群众的最根本、最直接的生活利益。城市所特有的生产元素具有很强的流动性以及空间聚集性。因此，公共安全问题显得尤为突出，呈现出爆发性、衍生性、连锁交叉性，确保城市的公共安全显得尤为重要。城市公共安全是一项非常系统化、庞大化的工程，其所涉及的领域非常多，其中包括自然安全、经济安全以及社会安全，水、电等公共基础设施事关城市的生命线，属于城市公共安全的基础物质。

水是人类生存发展的基本物质条件，万事万物都离不开水资源。人类的生存和发展离不开水，分散供水以及集中供水是最为常见的供水方式，当前我国城乡一体化进程逐步加快，集中供水占据了供水方式的主导。对于国家来说，一切安全问题归根结底都是社会经济安全，水安全事关社会经济安全，只有供水安全才能保证水安全。确保城市供水安全意义深远，对充分保障城市社会经济协调发展的能力、有效地为城市的可持续发展提供了强有力的支撑、有效地抵抗外部的干扰，确保系统的稳定性，事关城市安全以及防灾减灾体系的构建，为城市的可持续发展，深入贯彻科学发展观、构建和谐社会提供强有力的支撑。

（二）城市供水系统安全隐患

城市供水主要存在以下几个问题：（1）水资源短缺。20世纪70

年代开始，我国开始闹"水荒"，水资源匮乏问题逐步加剧，逐渐在
全国蔓延，全国有7000多万人饮水困难，北方一些地方降水量不足，
严重制约着经济社会的发展。（2）水质问题。根据我国的水环境质量
相关规定，生活饮用水水质不得低于Ⅲ类，据不完全统计，我国重点
内陆水系或者河流地段，有超过30%的源水水质不达标。（3）用水
供需矛盾。伴随着我国国民经济的发展，城镇一体化加快，工业化水
平逐步提高，城市人口规模不断扩大。城市供水需求量不断攀升，城
市供水矛盾日益凸显。其中，数百个城市常年供水不足，严重缺水的
城市超过100个。

二　城市水安全预警运行机制

预警机制的构建是水资源安全预警的核心工作。城市水安全预警
的运行机制应包含明确警义、寻找警源、分析警兆、预报警度和排除
警患五个部分。

（一）明确警义

明确警义是水资源安全预警的起点。警义是指在水资源安全系统
变化过程中出现警情的含义，可以从警素和警度两个方面考察。警素
是指构成警情的指标，也就是在水安全系统变化过程中出现了什么异
常或者在水资源安全系统中已存在的或将存在的问题。对水资源安全
的警素进行分析时需要全面分析各子系统的发展状况及趋势，由于各
地区实际情况不同，故警素的选择因地而异。警度是指警情的严重程
度。要建立科学合理的预警指标体系，必须制定与指标体系相适应的
合理尺度来作为水资源安全程度的衡量尺度。一般将警度可分为良
好、安全、临界、不安全和危险五个等级。

（二）寻找警源

警源是警情出现的根源，是在水资源安全系统变化中已存在或潜
伏。既有水资源系统内部的问题，比如降水问题、用水问题、水污染
问题等，也有水资源系统内部的，比如公共权力的使用、道德意识
等。寻找警源是分析警兆的基础、排除警患的前提。警源是随着警素
的不同而变化的。

（三）分析警兆

分析警兆是预警的关键环节。警兆是指警素发生异常变化导致警情爆发之前出现的先兆。从警源到警情的发生必将经过一段过程，警情发生前必定有很多前期预兆，它能反映警素的变化状况，当警素异常变化并接近或超过安全警戒点时，它会提醒我们采取相应的措施，以防止警情发生。

（四）预报警度

预警的目的就是预报警度。警度预报一般有两种方法：一是建立关于警素的普通模型，先做出预测，再分警度；二是建立关于警素的警度模型，以直接预测警素的警度。其基本步骤包括：（1）数据采集，即通过系统调查与监测，尽可能多地收集有关城市水安全系统的历史、现状及发展趋势的资料和数据；（2）系统设计，即根据水资源安全问题的性质和系统目标的要求，做出多个水资源安全预警途径，标明各不同途径的优势和弊端以及各自适应的不同情况；（3）系统分析与预报，即通过建立系统功能与目标关系的分析模型，对照水资源安全预警目标和评价标准，确定预警级别并进行报告。

（五）排除警患

即选定和调整有关参数和水资源安全预警措施，选择最能达到系统目标的优化方案，将选出方案应用于实际，反复修改调整，直至能够安全排警。需要注意的是，在明确警义的前提下，才能寻找到警源，从而才能对警患产生的原因进行分析并且根据警度来采取相应的措施，从而达到消除、减少警患的目的。

三　城市水安全预警机制的基本构架与措施

（一）基本构架

首先，城市水安全预警的构建需要遵循国家相关的法律条文，这包括例如《中华人民共和国水法》《中华人民共和国水污染防治法》和《城市供水水质管理规定》，使城市水安全预警工作在充分的法律保障和强有力的制度框架下进行。

其次，预警系统应以现代水环境模拟理论技术、水安全系统模拟仿真技术以及现代信息采集和传输技术为基础。通过信息技术采集诸多数字化信息，其中包括地形地貌、水质情况以及生态环境、水资源分布情况等，实施动态全方位的监测，集中信息采集管理，建立起一套城市水量与水质基础信息平台和模拟仿真系统。

最后，落实城市供水安全管理技术措施，加强水质的处理以及管网的安全运行监管。供水预警机制涉及多方面的内容，例如，供水量的大小、供水水质情况、供水设备故障问题、经济社会的发展变化对供水安全的影响。城市水安全预警机制需要全面加强这些方面微观经济主体行为监督管理工作。

（二）基本措施

1. 我国相关法律法规相关条文

《地表水环境质量标准》（GB3838—2002）、《地下水质量标准》（GB/T14848—93）及《生活饮用水卫生标准》（GB5749—2006）对城市供水的水质要求，可对城市供水水质安全制定预警标准。城市水量安全不仅受当地水资源总量的影响，而且还与城市的社会经济发展、人均生活水平、供水设施建设、供水价格及天气状况等众多因素有关。水量的安全主要体现在水源地的水量状况和供给能力须满足用水需求。因此，城市供水水量安全两个指数主要为工程供水能力、枯水年来水量保证率和地下水开采率。故对供水水量的预警主要选择工程供水能力、枯水年来水量保证率及地下水开采率为监测指标。城市供水安全最终体现为城市用水的供需平衡，通常采用缺水率指标来表示。其计算公式为：

缺水率＝（日常实际可供水量－日常实际需水量）／日常实际需水量

根据缺水的不同程度，将城市供水安全预警级别分为若干等级。

2. 建立城市水安全预警模型

关于城市水安全预警模型的构建，学界已经做了大量的研究工作。已有的水质预警方法主要有指数评价法、分级评分法、层次分析法和综合评价法，模型的构成要素有评价指数计算式、水质指标体系（包括指标构成、指标危害系数或指标权重）、水质标准值和评价分级。通过建立模型，可以直观地、清晰地观察到水质各项指标的变化，从而使供水水质的预警更加准确。当前有关城市水安全预警模型主要包括灰色模型、BP 神经网络模型、霍华特指数平滑模型等。值得注意的是，任何一种模型都有其优点和不足之处，因此单一的预测方法已经过时。最好的办法是将几种预测方式进行组合，相互弥补，充分发挥各自的优势，经过科学的分析对组合方式进行完善，选取出最为科学合理的组合方式，为预警机制的构建奠定基础。近年来，组合预测方法已成为预测领域中的一个重要的研究方向，理论上说，组合预测方法的效果优于选用的任何一种预测方法。[①] 故选用几种预测方式的组合并分析对比，选取其中精度最高的方式作为供水的预测模型将能为预警机制的建立提供更好的基础支持。

3. 城市水安全预警管理综合决策信息平台

现代水安全预警机制的建设，离不开水务安全建设的支撑，而水务信息化建设是水务管理现代化、决策科学化的前提。现代水务安全复合系统是一个极其复杂的系统，其中，包含若干相辅相成的子系统，各子系统数据流之间有较为复杂的关系。当前，国内外对城市水务安全还没有形成一套完整的体系。城市水安全问题越来越复杂，单维度水安全预警模型难以对复杂的城市水安全风险进行精确预警，建立一套合理的城市水安全预警机制必须借助于现代化信息平台。系统智能的信息平台的搭建将及时有效地对城市水务安全进行有效预警，及时发现供水系统中存在的问题并进行预警，从而为供水预警机制的建立提供决策支持。

第五节　城市供水安全预警实例分析

气候变化通过影响降水决定着地表与地下水资源的丰富程度，由此构成城市供水安全的重要风险来源。当前日趋加剧的全球气候变暖正对城市供水安全产生深刻影响。本书选取我国西北干旱地区某流域

---

① 郭彦、金菊良、梁忠民：《基于集对分析的区域需水量组合预测模型》，《水利水电科技进展》2009 年第 5 期。

某市，采用缺水率指标对其供水安全进行预警实证分析。

冰川融水是我国西北干旱区内陆河流域河川径流重要补给形式，是维持当地生态功能，保障人民生活和经济发展的重要水资源来源。近几十年来随着全球气候变暖，我国西北干旱区山地冰川融化加剧，正深刻影响着我国干旱区内陆河流域水资源形势的变化。[①] 水资源系统具有自然与社会经济双重属性[②]，流域水资源形势必然受到自然与社会经济因素的双重影响。本书选取冰川融水补给为主的叶尔羌河流域为研究区，综合考虑未来气候变暖、冰川融化加剧与社会经济发展等自然与社会经济因素，从供需平衡的角度对流域未来 40 年水资源系统脆弱性进行定量评价，以利于当地政府部门更客观地认识未来几十年气候变化、冰川融化加剧背景下的水资源形势，制定更加科学的适应性政策。

一　研究地概况

案例城市所处流域深处我国西北内陆干旱区，水资源量相对丰富，总量约为 77.60 亿立方米。由于流域特殊的地理位置及干旱的温带大陆气候，该流域地表径流主要受山地降水与冰川融水补给，其中，冰川融水补给成为该流域主要的水源补给形式，约占多年平均径流量的 57.3%。但是，随着全球气候变暖，流域上游山区冰川面积呈退缩状态，直接威胁未来该流域城市水资源的可持续供给和用水安全。案例城市 2014 年总人口约 190 万，GDP 约为 75 万元，人均 GDP 为 3943 元，仅为全国平均水平的 1/3。特殊的地理位置与社会、经济状况及水资源形势，使加强该市在未来冰川融化加剧情景下供水安全预警具有重要现实意义。

二　研究思路与方法

（一）基本思路

城市供水安全预警是对自然环境变化、人类活动等因素扰动下水资源系统的数量、结构发生改变以及由此引发的城市水资源供需平衡

---

① 施雅风：《2050 年前气候变暖冰川萎缩对水资源影响情景预估》，《冰川冻土》2001年第 4 期。

② 林洪孝：《水资源管理理论与实践》，中国水利水电出版社 2003 年版，第 67—69页。

状况进行预测预警。因此，城市供水安全预警必然涉及多要素，是对水资源系统的综合预测，包括水资源的供给、需求及其平衡状况等内容。预警城市水安全常采用系统分析的方法，综合分析外界环境变化对水资源供需平衡的影响。由于水资源的需求由人类各项社会、经济活动产生，因此，水资源需求的评估要基于城市人口增长、经济生产等基本社会经济活动评估之上。

在对未来气候变暖情景下城市供水安全预警时，本书首先建立了研究区未来气候变暖、冰川融化加剧情景下城市水资源及人口、社会经济变动情景。以此为基础，分别对该城市水资源供给需求情形分别实施预测。最后，将水资源的供给与需求结合起来分析，即探讨它们之间的动态平衡关系。为方便起见，本书采用缺水率指标反映研究区未来 20 年水资源供需动态平衡关系，本书具体思路见图 4-3。

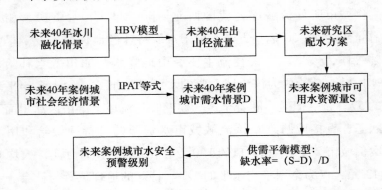

图 4-3　未来冰川融化加剧情景下供水安全预警思路

(二) 研究方法

1. 可用水资源量的计算

地表径流主要来源于大气降水，在干旱地区冰川融水是当地地表径流的重要补给形式。未来全球气候变暖及其影响下的冰川融化加剧必然引起地表径流及水资源的相应变化。为研究气候变化对水文情势和水资源的影响，须建立流域尺度的水文模型，这类模型可分为统计模型、分析模型和数值模型三类。三类模型中，第一类是用传统的统计学方法建立的模型，第三类模型是气候和水文变化关系的数值模拟模型。由于受到对气候—水文过程认识水平等因素的限制，数值模拟模型离实际应用还有相当的距离。当前基于水量及能量平衡原理，考虑流域物理过程的分析模型得到广泛应用。

在我国西北干旱区，各内陆河流域水文条件相对比较封闭，且上游降水和冰雪融水为流域主要径流来源，因此出山径流基本代表了流域的最大可用水资源量。为预测未来气候变暖、冰川融化加剧情境下叶尔羌河流域出山径流量，本书采用改进的 HBV 集总水文模型。[①] 改进后的 HBV 模型优势在于，在考虑未来气候变化冰川融化加剧对流域水文影响的基础上，进一步考虑了我国西北干旱区内陆河流域上游冰雪冻土带与高山植被产流对气温与降水的差异性影响，因而更加适于预测我国西北内陆河流域出山径流量的变化。配水方案则根据流域管理部门提供的河流域配水方案，并充分考虑了案例城市的人口与经济发展需求而确定。

2. 需水量计算

未来该市水资源需求量是未来特定时段的人口规模、经济规模、社会发展、生态保障水资源需要的函数。本书采用 IPAT 等式[②]确定未来水资源需求情景，即通过建立未来的人口增长率、经济增长速度、单位 GDP 耗水量等变量来建立需水情景。

IPAT 等式定义为：环境影响（I）是人口（P）、富裕（A，人均消费或生产）和技术（T，单位消费或生产的环境影响）的乘积。IPAT 模型意味着人类活动对环境的影响是人口规模、经济发展或人口消费水平和技术水平三个关键驱动力综合作用的结果。本研究以 IPAT 等式构建案例城市需水情景，定义 I 为需水量，P 为人口，A 为人均 GDP，T 为单位 GDP 的耗水量。其计算公式为：

$$I(需水量) = P(人口) \times A(人均\ GDP) \times T(单位\ GDP\ 耗水量)$$

$$(4.9)$$

---

① 康尔泗、程国栋、蓝永超等：《概念性水文模型在出山径流预报中的应用》，《地球科学进展》2002 年第 1 期。

② 徐中民：《可持续发展的衡量与水资源的承载力》，博士学位论文，中国科学院兰州冰川冻土研究所冻土工程重点实验室，1999 年，第 75—101 页。

其中，对未来 40 年人口预测采用荷兰生物数学家 Verhulst 人口阻滞模型，该模型充分考虑了外界环境因素、人口规模对人口自身增长的制约作用，因而更能客观地反映未来城市人口增长的规律。[①] 其计算公式如下：

$$x(t) = \frac{x_m}{1 + \left(\dfrac{x_m}{x_0} - 1\right)e^{-rt}} \tag{4.10}$$

式中，x_0、x_m 分别表示研究区人口预测基准年的人口基数与研究区人口最大承载量；r、t 分别表示人口较少时自然增长率与预测时间长度。本研究首先依据案例 1978—2013 年的人口数据人口模型参数，建立人口预测模型，然后预测出研究区未来 20 年的人口数量。

对于该市人均 GDP 的预测采用了时间序列回归模型，在消除物价变动因素的基础上，依据研究区 1978—2013 年的经济数据建立预测模型，然后对案例城市未来 20 年人均 GDP 进行了预测。这里采用 1978 年以来的人口、经济数据作为预测模型建立的基础数据，主要是考察了 1978 年改革开放以来及今后相当长一段时间我国人口、经济政策的连续性与社会经济发展的稳定性，建立的模型能更好地预测未来几十年的人口与经济情景。

一般来说，单位 GDP 耗水量在没有特别节水投入情况下，随着社会经济的发展和工农业经济效益的提高，单位 GDP 耗水量也会相应降低，而随着工农业经济效益的下降或社会经济衰退，单位 GDP 耗水量也会相应增加。同时，如果在节水技术科技投入大量增加的情况下也会降低单位 GDP 耗水量。未来单位 GDP 耗水量受经济效益及节水技术的提高等多种因素影响。但由于未来社会经济发展及节水技术投入的不确定性，因此很难确定未来单位 GDP 耗水量。考虑到近几十年研究该案例城市社会经济与节水技术发展的平稳性，为方便起见，未来其单位 GDP 耗水量变化采用过去十多年的经验值，即采用 2002—2013 年单位 GDP 耗水量递减率多年平均值，根据该市近 10 年

---

① 冯守平：《中国人口增长预测模型》，《安徽科技学院学报》2008 年第 6 期。

《国民经济与社会经济发展公报》与《水资源公报》，经计算为
－8.15％。

3. 数据来源

在应用 HBV 集总水文模型预测流域未来水资源量（出山径流量）
时，模型所需气候数据来源于 2008 年国家气候中心提供的未来不同
人类发展、排放情境下中国地区气候变化预估数据集。需水量预测中
所需人口与经济数据主要源自 2004—2013 年该市统计年鉴资料。为
消除物价变动因素的影响，经济数据中国民生产总值采用按不变价
（以 2000 年为基准价）进行了折算处理。

三　计算结果与分析

（一）案例城市可利用水资源情景分析

表 4－1 给出了未来 20 年各主要年份城市所在流域径流总量及上
游冰川融水径流量估计值。估值表明，未来 20 年该流域径流量与冰
川融水径流均呈快速递增趋势。与 2005 年相比，20 年后流域径流总
量与冰川径流分别增加了 7.82 亿立方米和 1.37 亿立方米，年均增加
分别为 0.391 亿立方米和 0.069 亿立方米。

表 4－1　　　　　　　所在河流域未来 40 年出山径流量　　　单位：亿立方米

年份	径流量 Q	冰川融水补给量		未考虑冰川融水增量径流量（Q'）
		冰川融水量	融水增量	
2005	75.37	48.46	0	75.37
2010	77.32	49.87	1.41	75.91
2015	79.28	51.53	3.07	76.21
2020	81.23	53.21	4.75	76.49
2025	83.19	54.90	6.44	76.74

在流域径流增量中，冰川融化加剧产生的融水径流增量的贡献率
可达 80％以上，表明未来 40 年该流域水资源形势变化主要受未来气
候变暖、冰川融化加剧影响。为进一步辨析未来气候变暖、冰川融化
加剧对该流域水资源形势的纯影响，以 2005 年为基准年，分别计算

了未来冰川 40 年的冰川融水增量以及未考虑冰川融化加剧情景下的流域径流总量（见表 4－1）。结果表明，若未来冰川融化速度不变，受其他补给形式增量影响，该流域径流增长缓慢，增量有限。

与流域水资源总量（径流量）增长趋势一致，未来 40 年研究案例城市社会经济可用水资源量也呈增长趋势（见表 4－2）。受气候变暖与流域可用水资源总量增加影响，根据流域水资源分配方案，21 世纪中期可用水资源量比初期增加 23.13 亿立方米。

表 4－2　　　　　　　　　未来 40 年案例城市可用水资源量　　　单位：亿立方米

年份		2005	2010	2015	2020	2025	2030	2040	2050
分水量	Q	37.70	39.76	42.61	45.58	42.82	51.79	56.31	61.01
	Q′	37.70	39	40.91	48.65	44.75	46.66	48.71	51.04

注：Q、Q′分别表示各县区在流域冰川融化加剧情景和保持不变情景下可用水资源量。

（二）案例城市需水情景分析

根据 IPAT 模型预估，未来 40 年研究案例城市在社会经济发展及节水技术水平提高等因素综合作用下，水资源需求量呈总体递减趋势（见表 4－3）。比如，至 2020 年前后，该市社会经济发展所需水资源量将减少至 81.72 亿立方米，与 2010 年相比将减少 1.74 亿立方米；2030 年前后需水量减少 17.63 亿立方米。得益于用水效率的提高，2020 年以后该市水资源需求量呈快速递减趋势，至 21 世纪中叶全流域需水量将不足世纪之初的 35%。21 世纪头 20 年该市水资源需求量仍维持在较高的水平。其主要原因可能是：当前流域用水效率不高、用水结构不合理，短期内在缺乏节水技术大量投入情形下用水效率难以迅速提高。

表 4－3　　　　　　未来 40 年研究案例城市水资源需求量　　　单位：亿立方米

年份	2010	2015	2020	2025	2030	2040	2050
需水量	83.46	82.30	81.72	76.49	65.83	45.22	29.45

（三）案例城市水资源供需平衡分析

综合考虑未来 40 年气候变暖、冰川融化加剧背景下研究区水资源供给与需求情景，可对研究案例城市进行安全预警。如表 4-4 所示，未来五年内，该市水资源处于供不应求的缺水状态，特别是在 2010—2025 年，缺水比较严重，处于供水不安全状态。2030—2040 年前后，该市可用水资源从略有不足逐渐转变为略有盈余，水资源供需基本平衡，供水处于基本安全状态。随后由于用水技术水平和用水效率的提高以及可供水的增加，该市可用水资源量在逐步增加，供水由基本平衡转为大量盈余，供水变得愈加安全。这表明，当前该城市仍处在不安全状态，这种状态将一直持续到 2025 年前后，需要强化供水安全风险防范，避免因缺水造成的用水冲突事件，影响居民正常的生产生活。由表 4-4 还可以发现，在假定未来冰川融化不变情形下，该市各情景年份水资源缺水率有一定程度的增大，或盈余量减少。这表明，未来全球气候变暖、冰川融化加剧，在一定程度上有利于缓解该市近期的水资源供需矛盾，减轻流域社会经济快速发展、需水增加对区内水资源造成的压力，降低该市供水安全风险。

表 4-4　　未来 40 年研究案例城市水资源供需平衡与安全状况

单位：亿立方米、%

县区		2010 年	2015 年	2020 年	2025 年	2030 年	2040 年	2050 年
缺水率	T'	-44.46 (-53.27)	-41.39 (-50.29)	-33.07 (-40.47)	-31.74 (-41.50)	-19.17 (-29.12)	3.49 (7.72)	21.59 (73.31)
	T	-43.70 (-52.36)	-39.69 (-48.23)	-36.14 (-44.22)	-33.67 (-44.02)	-14.04 (-21.33)	11.09 (24.52)	31.56 (107.16)
供需平衡状态		严重缺水	比较缺水	比较缺水	比较缺水	轻度缺水	基本充裕	极为充裕
供水安全状态		很不安全	较不安全	较不安全	较不安全	基本不安全	基本安全	极为安全

注：表中 T、T' 分别表示未来冰川融化加剧和冰川融化保持不变情景；负值表示缺水情形，正值表示水量供需盈余情形，括号内数值表示缺水率，单位为%。

四　讨论与结论

尽管我国西北干旱区主要内陆河流域径流大都或多或少受冰川融

水补给，但各流域上游冰川资源禀赋存在较大差异，冰川融水对流域地表径流贡献迥异，因此，未来气候变暖冰川融化加剧对各流域水资源形势的影响必然大相径庭。本书所选案例城市所在流域选取上游冰川面积大冰层厚，多大型冰川，冰川融水占径流比重大，因而受气候变化影响大为研究区，具有一定的代表性。

水资源脆弱性不仅反映在数量变化与供需矛盾上，还反映在水质变化方面。由于未来气候变化、冰川融化加剧情境下，西北干旱区水资源的问题更加凸显为数量上的供需矛盾，且未来流域水质变化难以预测，故研究仅选取反映水资源数量上供需矛盾的指标缺水率作为流域水资源脆弱性评价替代指标。

实证结果表明，案例流域受气候变暖、冰川融化加剧影响，未来40年水资源呈持续增加趋势，冰川融水增量对流域水资源增量贡献显著；考虑到未来流域社会经济快速发展对水资源的需求及节水技术水平，未来近10—15年特别是近10年该城市社会经济水资源需求量仍将居高不下；综合未来40年水资源供需情景，该市水资源形势将经历供不应求、供需基本平衡、供大于求的过程，供水安全将由不安全到基本安全，再到比较安全的状态转变。

第五章 城市水安全系统调控与保障机制

　　城市水安全系统是有目标的自适应能动系统，在该系统外部环境与系统自身状况发生变化时，可以根据目标对系统的输入进行协调控制，以确保系统按既定目标期望的动态轨迹运行。总体来看，影响城市水安全的因子包括城市及其所在地区气候状况、地质构造、地貌形态、水系结构、资源禀赋等比较稳定的自然环境因素；文化传统、价值观念、行为方式、人口资源结构等相对稳定的社会文化因素；经济结构、技术结构、资源利用方式等易变的经济技术因素。由于自然环境因素有其自身稳定的内在运行规律性，不易也不宜被打破和改变，因此，对城市水安全系统的调控主要是对改变人类自身行为即对其社会文化因子及经济技术因素进行调控。对水安全系统进行协调控制，主要的着眼点应是调控这些要素之间相互作用的方式、强度及形成的结构状态。

第一节 城市水安全调控目标与内容

　　城市水安全调控的目标是指通过影响城市水安全系统功能各因素之间关系，所要达到的最终目的。确定调控目标是城市水安全调控的首要前提。城市水安全最根本的目的在于维持城市可持续发展的大的目标下保障市民的基本生存发展需要，包括生活需水安全、经济活动需水安全、生态环境需水安全以及洪涝灾害防御安全。

一　城市水安全调控目标

（一）城市生态环境安全

维持城市可持续发展是城市安全调控的总体目标。该目标就是将水的开发利用限定在城市及其所在区域自然或生态系统可以支撑的范围之内，不能以消耗水资源和牺牲水环境为代价来换取短期利益，不应危害城市及其所在支撑地区和流域的水安全系统。人类主要是通过索取水资源和排放废物来影响城市及其所在地区或流域的水资源系统，因此，城市可持续性目标应包括如下内容：①城市水资源的利用强度应限制在其水资源环境最大承载能力范围之内，保证水循环与恢复的功能不受破坏，确保水资源的持续利用；②通过政治经济、社会文化、法律法规、科学技术等各种手段，从简单处理水污染转向减少或避免产生废弃物，进而实现水资源重复利用和废弃物再资源化；③保护城市及其所在区域水生生物多样化和人工生态系统的多样性，维持生态系统平衡。

（二）居民生活用水安全

居民生活用水是城市最基本用水，是城市居民对水资源的第一需求。保障城市居民生活用水需求是城市水安全系统调控的首要目标。城市居民生活用水安全目标包括如下几个方面。

1. 保证居民生活用水量供给充分

城市居民无论是基本生活饮用水还是其他日常生活用水都有最低要求或标准，低于这一标准居民的身体健康和基本生活就会受到影响。按照我国《城市居民生活用水标准》，人均日均生活用水最低标准为80—150升。城市供水应通过水源地和水利设施保证城市居民这一最低生活用水需求。

2. 保证居民生活用水水质安全

水质优劣可直接影响居民身体健康，城市供水应从取水、水处理和供水多个环节保证城市居民生活用水水质安全。城市供水水质应符合国家饮用水水质标准要求，饮用水中不得含有病原微生物、不得含有危害人体健康的化学物质、放射性物质等。

3. 保证生活用水水供给的连续性

由于城市居民生活用水具有相对连续性，城市居民生活供水不宜间断或间断时间不宜过长，否则会影响居民正常生活需求。因此，城市自来水供水企业，应当保持不间断供水。由于工程施工、设备维修等原因确需停止供水的，应当经城市供水行政主管部门批准并提前24小时通知用水单位和个人；因发生灾害或者紧急事故，不能提前通知的，因此，应当在抢修的同时通知用水单位和个人，尽快恢复正常供水。

4. 保证城市居民城市生活用水经济上的可获得性

生活用水是城市居民的基本人权，必须保证城市居民以可承受的价位获得日常生活用水。为此，相关政府部门必须结合居民经济承受能力管控好城市供水价格，严禁供水企业乱涨价和频繁抬价。

（三）经济活动用水安全

经济活动是人类最基本的实践活动，是人类其他一切社会活动的基础。经济活动为人类提供衣食住行等各种基本的生活资料和服务，为其他社会经济活动提供基本物质条件。水资源是经济活动基本的生产资料投入要素，各类经济活动均需要一定数量水资源的消耗。因此，城市水安全除了要保障居民的基本生活用水安全，而且要保障城市经济活动用水安全。同样，经济活动用水安全也有水量、水质、供水连续性和经济上可获得性要求。

（1）水量要求，即城市经济供水量应满足在现有用水技术水平下经济规模得以维持的需水要求，并考虑保持一定经济增长速度下需水量的变化。否则城市不仅经济正常发展将会受到影响，而且还会影响城市就业和社会稳定。

（2）水质要求，即城市经济供水水质应保证特定经济活动最低水质需求标准。经济供水水质直接影响经济产品或服务的质量，如农业灌溉供水与餐饮行业供水，如果水质不达标，农产品和食品质量就会受到影响，进而危害消费者的身体健康。因此，城市经济供水水质也需要得到重视。在我国已经制定了经济用水水质的标准，如《纺织染整工业回用水水质》（FZ/T 01107—2011）、《公共浴池水质标准》（CJ/T 325—2010）、《无公害食品畜禽产品加工用水水质标准》（NY5028—2008）等，为规范和保障城市经济活动用水水质提供了依据。

（3）供水连续性要求，即对采用集中供水的经济用水供水的稳定性，以保证在各类用水高峰期不影响经济生产的连续性。与农业灌溉用水不同，城市经济用水具有较强的连续性，若中断或中断时间较长，必然会给经济活动造成经济损失。

（4）经济可获得性，即经济活动供水水价应该在大多数生产经营者能够承受范围内。当水价过高，影响了企业的正常的利润水平，可能会削弱投资者的生产经营积极性，不利于促进城市经济发展。当前为了体现水资源的稀缺性激励节约用水以及平衡供水成本，城市供水上涨趋势明显，其对经济活动的影响需要深入研究。

（四）水灾害应急安全

城市是人类社会经济活动的中心，人口与经济规模庞大且高度密集，自然生态环境极度脆弱。这使得城市在面临干旱洪涝等水灾害时风险暴露度高，适应和抵御能力差。近些年受全球气候变暖驱动，极端降水事件更加频繁，强度加大，大大增加了干旱、洪涝灾害发生的可能性。在我国，长期以来，城市建设重防洪轻排涝，城市排涝工程特别是地下排涝工程欠账太多，导致近些年城市内涝严重，直接威胁着城市居民生命财产安全。因此城市水灾害应急安全包括如下三个方面。

（1）干旱缺水或严重水污染事件导致的短时水质性缺水应急安全，要求在极端干旱缺水年份或季节或严重水污染事件发生时，保障城市各类用水特别是生活用水得到持续供应。这需要加强备用水源水库建设和水储备工作。

（2）城市内涝灾害应急安全，即保证在特定降水强度下城市不至于严重积水，影响居民正常生产生活和出行要求。这要求保证提高城市排涝工程标准，加强城市排涝工程特别是地下排水管道建设。

（3）防洪工程安全，即城市防洪工程和应急措施能够保障在可预见的未来降水强度下形成的洪水流量不会引发决堤、垮坝、倒闸和河道漫溢等问题。加强极端降水天气预测预报、提高防洪标准及相应工程建设是未来城市防洪安全的关键。

二 协调控制的主要内容

对城市水安全系统进行协调控制，主要着眼点应是调控各关键要素之间相互作用的方式、强度及形成的结构状态。结合城市水安全系统的特点与调控目标，其协调控制的主要内容包括如下几个方面：

（一）调控城市社会经济规模和增长速度，降低水需求及水利工程建设压力

过多的人口和过高的经济增长速度是导致水安全系统出现问题的主要因素。在可供水资源量有限时，若人口与经济增长速度过快，而用水效率没有相应提高，必然导致需水量的快速增加。当需水总量增加超过水资源可持续供给量时，造成城市缺水和用水矛盾，必然威胁城市水安全。现阶段我国处于经济快速发展期和城市人口快速增长期，各城市需要根据自身水资源禀赋合理确定人口和经济增长规模，做好"以水定人、以水定产、以水定城"。

（二）调控城市各项用水效率，节约与集约利用有限的水资源

即采取经济、技术与管理手段，提高水资源的利用程度，提高其承载力。通过经济技术手段提高和加强用水行为的科学管理，可有效降低人均生活用水与单位经济产出耗水量，提高有限水资源供给可维持的人口与经济规模，或降低维持特定人口和经济规模的总需水量，从而降低城市水资源需求压力。我国纪念 2015 年"世界水日"和"中国水周"活动的宣传主题为"节约水资源，保障水安全"。在水资源日趋稀缺、城市供水压力日趋加大的背景下，从供水管理向需水管理转变，节约水资源、提高水资源利用效率，对于降低城市水安全风险具有根本性和重大现实意义。城市用水总量经过了快速增长期后进入了平缓发展阶段；城市人均综合用水指标虽然有了较大幅度的下降，但仍比部分发达国家平均水平高出一倍以上；单位用水量产生的 GDP 仅为发达国家的 1/20—1/6；供水损失率也较高；表明我国节约用水的潜力还很大，用水效率还有待提高。

（三）调控城市经济结构，推动产业结构升级，降低对水资源的依赖性

随着产业结构水平的提高，产业对水资源的依赖程度将有所下降，对水环境的不良影响也将减弱。城市各类产业对水资源需求即对水环境的影响存在较大差异。如钢铁、化工原料、合成材料等往往对水资源消耗大，污水废水排放量大；而信息及多数第三产业耗水相对

较小。城市应在集约节约用水的基础上，加快产业结构转型升级，降低水资源及水环境的压力。

（四）调控城市社会经济的空间结构，合理利用和保护城市水资源

应严禁在城市水源地及其上游建设各类排污性工程，适度降低其人口密度，以有效保护城市水源。应将城市排污性企业与居住区适度分离，以降低城市污水排放对城市居民生活环境的影响。严重排污企业应远离城区，以便对其他城市功能区产生不利影响。如污水处理厂应建在远离城市人口密集区的城市河流的下游。

（五）调控城市水利工程设施建设，提高城市供水、水处理和防洪排涝能力

城市各项水利工程建设是保障城市水安全的重要物质条件。适应城市社会经济发展需求，加强城市水利工程设施建设投资，实现城市水利工程全覆盖和各项工程的配套，不断提高各项水利设施建设标准，对老旧水利工程设施进行更新改造，应是水利城市水利工程设施调控的重点。当前，我国城市供水管不达标或老旧是我国城市供水二次污染和跑冒滴漏等浪费的重要原因。据统计，我国城市供水管网漏损率平均达15%，最高可达70%，而同期日本的仅为9.1%。

（六）强化城市水资源利用的开放度，增加城市实际可利用水资源量

当城市地域水资源确实难以满足城市发展需求时，应将视野扩展至城市地域之外，增大城市水安全系统开放程度，多种形式利用域外丰富的水资源。现阶段有两种基本形式：通过传统的跨流域或区域调水工程建设直接利用区域实体水，如我国的"引黄济青""引滦济津"等城市调水工程；通过实施虚拟水贸易战略间接利用丰水区水资源，通过开展与丰水区的经济合作，输入高耗水产品而专门生产和输入低耗水产品，可起到节约本地水资源的作用。

上述各个方面之间普遍存在着内在的相关性，每一个方面内部都包含着若干个要素的相互作用，各个要素对水安全系统的作用，有的能够量化，有的不能量化，但是，都对系统发展演化产生量的影响。

在水安全系统协调控制时，要将定性和定量结合起来，正确地调控上述六个方面的内容，尽可能达到水安全目标。

第二节　城市水安全综合协调控制结构分析

城市水安全系统具有大系统的基本特征：规模庞大、结构复杂（环节较多、层次较多或关系复杂）、目标多样、影响因素众多，且常带有随机性。因此，本书根据大系统原理，对城市水安全系统协调控制的基本结构进行分析。

一　城市水安全系统基本结构与流程

一般大系统的协调控制可以归纳为集中控制、分散控制、递阶控制三种基本的控制结构方案。[①] 城市水安全系统的协调控制结构也遵循这一原理。集中控制结构方案是指在水安全系统调控中控制集中、观测集中、控制信息流集中、功能权力集中和故障风险集中。这种控制方式当系统规模庞大而且复杂时，必然会因为传输数据的信道容量的限制造成信息反馈的不及时，进而造成信息的丢失；而且由于控制中心的处理能力，不能做出及时有效的控制决策。分散控制结构方案是指在水安全系统调控中控制分散、观测分散、横向信息流分散、功能权力分散、故障风险分散。这种控制方式存在不易协调、分析设计困难等问题。对于具有一定规模的系统，绝对分散化的控制方式必然导致各子系统各行其是。另外，由于不存在集中协调控制，其结果只能是局部控制效果可能不错，但整体控制效果却很差。递阶控制结构方案是指在水安全系统调控中的分级递阶式控制，分级递阶式观测，分级递阶式传递信息，宝塔式的树型控制结构，故障风险分散，控制的有效性高。递阶控制系统的各子系统按照控制作用的优先、从属或时间关系的先后在结构上呈现出一定的层次性特点。这种控制方案从

---

① 李人厚、邵福庆：《大系统的递阶与分散控制》，西安交通大学出版社1986年版，第137页。

不同的角度如子系统的关联特点、决策过程、受控对象的功能次序等可有不同概念意义上的形式，其中，多级递阶控制结构是最一般的递阶结构形式。由于递阶控制兼有集中控制和分散控制的优点，弥补了集中控制和分散控制的缺点①，所以，递阶控制结构方案获得了广泛的应用。鉴于城市水安全系统结构具有明显的多级递阶控制结构特点，本书将采用多级递阶控制结构方案分析城市水安全协调控制结构。

多级递阶控制结构具体是指大系统的各子系统及其控制器按递阶的方式分级排列而形成的层次结构。这种结构的特点是：①上、下级是隶属关系，上级对下级有协调权，故上级控制器又称协调器，它的决策直接影响下级控制器的动作。②信息在上下级间垂直方向传递，向下的信息（命令）有优先权。同级控制器并行工作，也可以有信息交换，但不是命令。③上级控制决策的功能水平高于下级，解决的问题涉及面更广、影响更大、时间更长、作用更重要且级别越往上，其决策周期越长，更关心系统的长期目标。④级别越往上，涉及的问题不确定性越多，越难做出确切的定量描述和决策。在城市水安全管控中，市政府具有最高决策权，对各市区水安全管理具有下达指令控制的权力，直接影响下级政府部门在本辖区的水安全决策和管理工作；城市水安全专职政府部门也具有上下分级递阶结构，上下级之间在水安全决策和管理上具有控制与被控制、协调与被协调关系。

城市水安全风险控制流程如图 5-1 所示。

二　协调控制

城市水安全系统各组成部分和要素之间相互作用关系复杂，共同影响和制约着城市水安全风险的性质和大小。因此，水安全系统的协调控制应该把调整要素间相互作用的方式、强度与整个系统的结构、功能协调结合起来，这样，才能获得满意的协调控制效果。水安全系统在外界环境与系统状况发生变化时，可以根据系统自身的目标对系统的输入进行协调控制，并作适应性变化。大系统协调控制原理、概念

---

① 刘小明：《基于分层递阶与多智能体理论的城市交通协调控制研究》，工作论文，中国科学院自动化研究所，2004 年。

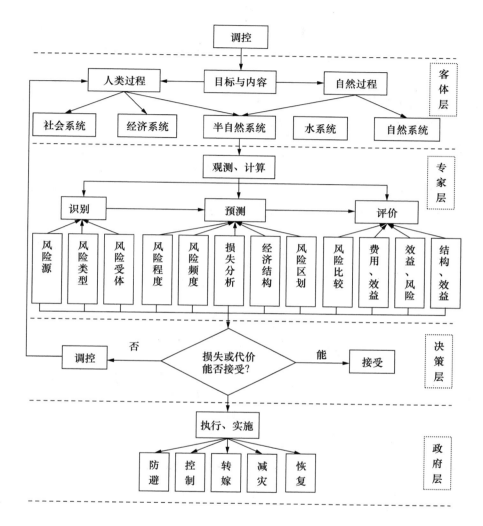

图 5 - 1　城市水安全风险调控流程

和方法可以拓展应用于研究水安全系统的协调控制问题。

　　水安全系统协调控制的任务是实现系统的内部"协调化"，即通过协调控制，使系统中的各子系统相互协调、相互配合、相互制约、相互促进，从而在实现各子系统的子目标、子任务基础上，实现水安全系统的总目标、总任务。采用递阶控制结构方案，水安全递阶系统的协调控制可分两步进行。①分解：将复杂的水安全系统分解为简单子系统，分别并行求解各子系统的局部最优化控制问题。各子系统相互关联可体现为模型关联或目标关联。②协调：通过模型协调或目标协调，在各子系统局部最优化的基础上，实现系统全局最优化。例如，采用关联平衡方法进行协调控制等。

多层控制结构就是将复杂决策问题分解为子系统决策问题的序列。每个子系统决策问题有一个解，就是该决策单元的输出，同时也是下一系统决策单元的输入。根据这个输入，再确定下一系统决策单元中的参数，从而确定下一系统决策单元的输出。如此一层一层下去，形成系统决策层的递阶结构，如图 5-2 所示。

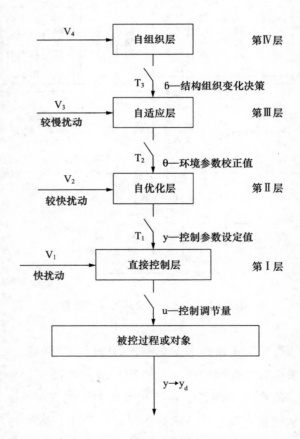

图 5-2　多层递阶控制决策结构

第 I 层是直接控制层，包括各种调节器和控制装置，具有一般控制系统的功能。它执行来自第 II 层的决策命令，直接对被控过程或对象发出控制作用 u，使过程的输出 y 在 T_1 期间内达到期望目标值 y_d，克服快扰动 V_1 的影响。

第 II 层是自优化层。在决定这一层的数学模型时，只考虑对性能指标影响最严重的较快扰动 V_2，但数学模型的参数仍由第 III 层供给的环境参数 θ 来确定。此层在 $T_2 \geq T_1$ 期间内，根据确定的数学模型计算出 y_d 值，供给第 I 层作为最优控制参数的设定值，实现动态最优化，克服较快扰动的影响。这一层因为能做出最优性能的决策，所以功能水平高于第 I 层。

第 III 层是自适应层，它能根据环境条件的变化，经过较长时间 T_2 积累资料，最终确定一组新的环境参数校正值 θ，供给最优化层，供修正其目标函数、约束条件和数学模型的参数用。这一层具有适应不确定的环境变化的能力，适应较慢扰动变化，保持系统最优运行状态，所以，功能水平更高。

如果还需要根据大系统的总任务、总目标考虑结构的功能来决定最优策略，以调整各层工作，克服慢扰动的影响，则增加第 IV 层，即自组织层。一般可根据大系统控制的功能和决策的性质确定决策层次。

第三节　水安全协调保障机制

城市水安全的保障机制是保证城市水安全一系列具体方法、措施和途径，通常体现在宏观决策、中观管理和微观技术三个不同层面。保障水安全的关键，在于按照可持续发展的原则，构建与我国社会主义市场经济相容的城市水资源可持续利用的体系，规范和约束社会活动主体的自我行为。

城市社会活动主体大体可包括各级城市政府、各类社会经济组织及广大社会公众三类。按照这种分类，水安全的保障机制应包括三个有机组成部分：一是以政府为对象的综合决策、组织与管理机制，这是水安全保障机制的核心；而对社会经济组织激励与约束机制和构建社会公众参与机制是水安全保障机制的基础。三大机制既有区别又有联系，相互构成了"一个核心、两个基础"的水安全保障机制体系。

一 政府决策与协调机制的构建

城市社会经济发展、水资源利用及水环境保护由所属行政管辖决定，城市水行政主管部门通常被赋予管理全市水利的权力，但实际执行过程中权力有限。目前城市还没有建立一个能够统管全市经济、社会、水资源、水环境综合发展的行政机构。而建立这样的综合决策与监督机构，是真正实现水安全目标的决策、组织与管理的必然要求。但是，考虑到建立综合或综合决策机构与扩大赋予水行政主管部门权力具有相当大的难度，在一定时期内决策体制仍具有多元性和多层次性的特征，保障水安全机制构建的决策权应暂时归属水行政主管部门与各级政府，由其共同商讨全市国民经济与社会发展中长期规划与年度计划，然后交由各级政府负责，纳入本行政区域内经济与社会发展决策体系内。综合决策机制的运行步骤是：①根据水安全目标的总体要求提出实施方案，并融入经济社会发展规划和年度计划内；②根据水安全系统评价及预警结果对保障进程进行监控；③对实施结果进行评价，提出对水安全的实施调整方案；④将调整方案融合于下一个年度或下一个周期的中长期规划，继续实施，循环不已。

综合决策机制的运行可简化如图5-3所示。图5-3中表示的政府综合决策机制运行框架有两个关键环节：一是根据水安全目标要求提出实施方案；二是对水安全系统评价及预警结果后调整方案。第一个关键环节的基础是要进行必要的科学研究，因为只有在综合性科学研究的基础上才能提出合理可行的实施方案；第二个关键环节的基础是对实施结果的考核评价，因为只有在考核评价的基础上才能提出合理可行的调整方案。这两个关键环节也是维护城市水安全的薄弱环节。为此，要联合城市经济、社会、水环境、水资源方面的科研机构与科研人员，组建"水安全研究与评估中心"，广泛开展实施方案的研究与评价，提出水安全的实施具体方案和调整方案，为水管理部门和各级政府的科学决策提供依据。

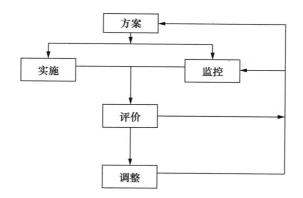

图 5 - 3　政府综合决策机制运行框架

由于城市水安全离不开各类涉水社会经济组织的协调，必须构建灵敏而高效的组织协调机制。从水安全的客观要求来看，组织协调机制应包括两个部分：一是对城市保障水安全行动的水务组织的协调；二是对水安全技术研究、开发、应用的组织协调。

在市场经济条件下，由于各类社会组织法人行为目标的独立性、预期性与政府行动目标的社会性、预期性的分离，为保证水安全目标的顺利实现，政府必须承担对全社会的管理功能，逐步建立以政府为主导，以各类法人为对象，以实施水安全的各类方案为目标，以考核评价体系作为参照的水安全协调保障机制。

（1）明确政府各管理部门对水安全的管理目标和责任，使城市水安全的目标年度化、分区化、部门化、分级化、定量化，并将其作为考核评价各级政府和管理部门工作政绩的重要依据。

（2）建立和完善保障水安全的法律体系，特别是加快制定和完善有关城市水环境保护、水资源开发利用的法规和实施细则，为保障水安全提供法律依据；同时强化执法环节，加大执法力度，逐步形成水安全的法律保障。

（3）加快制定城市水资源、土地资源、矿产资源及生物资源综合开发利用规划及体制规划，强化监督、管理部门的职能，增强城市水安全的综合管理力度。

（4）建立水安全优先项目库，加强对优先项目建设的管理，通过一批优先项目的建设和投入使用，逐步解决城市水安全保障实施中的薄弱环节。

（5）重视复合型人才培养及引用，逐步建立一支高素质的城市水安全监管队伍，解决管理人才匮乏问题。

二 社会经济组织激励与约束机制的构建

在市场经济条件下，具有独立民事责任和独立利益的公司、企业及各类法人的经济社会行为，对水安全保障机制的实施具有基础作用。发挥各类法人的这种基础性作用，必须运用法律、经济和行政手段，逐步构建以法人为对象的激励与约束机制。

（一）运用法律手段构建激励与约束机制

法律手段是规范和约束各类企业法人行为的有效保障。保障城市水安全，应自始至终贯彻落实"依法治水"的原则。运用法律手段构建激励与约束机制，除逐步建立和完善法律、法规体系外，还应尽快建立健全城市水安全法律监督与司法体系。将执法、司法和法律监督建设作为法律建设的重点，加大执法力度，通过执法效应唤起各类企业、公司及法人组织对水安全的重视，逐步形成遵纪守法的良好风气。通过法律手段降低企业行为的外部性，在社会组织层面保障水安全的顺利实施。

（二）运用经济手段构建激励与约束机制

在市场经济条件下，经济手段是构建激励机制与约束机制的基础。目前，经济手段激励与作用在水环境保护方面发挥的作用相对明显，而在水资源利用方面还十分薄弱。为此，应做好如下工作：（1）强化经济手段对水资源利用的激励与约束，其重点是建立和完善水资源有偿使用制度和水环境补偿制度；（2）在对水资源的管理方面，要突破以往侧重于"量"的管理观念，做到"质"与"量"统一管理；（3）考虑到水环境保护资金不足，建立水资源与水环境恢复补偿基金，主要用于对水资源使用和水环境破坏的补偿，以利于水安全的维护。

（三）运用行政手段构建激励与约束机制

在市场经济条件下，行政手段对保障水安全的激励与约束具有其他手段不可替代的作用，这主要是：（1）建立考核和评估城市水安全有效保障的程度和进度；根据考核、评估结果调整城市发展重点，同时对有关责任单位和责任人给予不同程度、不同方式的行政奖励与处罚；（2）建立有效的取水、供水、用水、排水、水处理等环节的监督检查制度，依法对城市取水、供水、用水、排水、水处理等环节进行定期检查，或借助现代信息技术手段对相关行为进行实时在线监测；（3）由各行业主管部门建立企业考核评价指标体系，考核评价企业保障水安全规定的程度及进程，依据评价考核结果对企业或企业负责人给予不同程度的行政激励与处罚。对于严重破坏水资源、污染水环境的企业，不但坚决执行"关、停、并、转"，而且对于情节严重的应追究当事人的刑事责任。

三　公众与社会团体参与机制的构建

保障城市水安全关系到每位市民的切身利益，需要城市社会公众广泛积极参与，为此应逐步构建社会公众的参与机制。这不仅意味着公众无论从思想上还是行动上都要有切实的转变，树立水安全意识，用实际行动爱水护水，形成节约用水的习惯。当前，城市公众水安全意识还不高，参与的渠道不畅，政府有必要利用各种方式推进社会公众对保障水安全的主动参与，构建公众参与的有效机制。

（一）强化城市水安全教育培训

由于受传统思想和生活方式的影响，我国公众的思想意识、行为方式还与水安全的要求相去甚远。因此，必须从教育入手，提高人们的科学文化素质，提高他们的思想道德水平和消费素养，以推动其参与保障水安全的积极性和主动性。具体来说，可以从以下几个方面推进：①从基础教育入手，在小学各年级和中学的语文、自然、地理课程教学过程中增加以水环境教育为中心的科学发展基础教育内容。②根据不同对象，开展水安全内容的技术培训。维护水安全不仅是认识问题，也是技术性问题。要根据不同对象，有计划地开展各种层次、各种类型的职业培训，以逐步提高劳动者对水安全保障的适应性技能。③领导干部开展水安全保障的决策培训。领导干部，尤其是决策者对水安全状况的了解和接受程度是保障水安全的关键。加强对各级领导干部的决策培训，使之了解城市水安全方面存在的"瓶颈"问题和一般问题，同时加大不同职能部门的领导共同探讨保障水安全的深度和广度，以不断提高各级领导干部水安全的决策水平。

（二）运用宣传手段构建

宣传是促使公众参与保障水安全行动的重要手段之一。宣传可以帮助社会公众增长可持续发展知识，了解水安全意图和目标，增强公众对保障水安全的责任感、使命感，逐步改变与水安全相冲突的消费模式和生活方式。因此，应特别重视运用宣传手段构建公众参与机制。其中，各类新闻媒体包括报纸、电视、微信应成为主阵地，其次应充分发挥城市机关、企事业单位的墙报、板报作用，将宣传深入到基层。

（三）组织专题教育活动

针对不同对象，围绕不同主题，组织不同形式的保障水安全专题社会活动，是教育和引导社会公众参与水安全行动的有效宣传方式。根据国内外的经验，应重点开展以下社会活动。①响应联合国和有关国际组织的号召，每年按期组织好"水日""地球日""环境日"的主题活动；同时借此机会联合公众共同分析本市面临的水安全问题。②要发挥展览馆、博物馆、文化馆等公益性文化设施的作用，定期开展以水安全为主题的展览。③有计划地组织中小学生开展以城市水安全为主题材的各种社会实践活动，将青少年作为宣传的优先对象。

（四）发挥各种社会团体作用

如工会组织可以积极引导单位职工对清洁生产、水环境保护的参与。妇联组织可引导妇女转变传统的消费模式，将保障水安全的观念、习惯和生活方式延伸到各个家庭。各类行业协会应强化对协会成员取水、用水和排水行为的引导、规范与约束，减少对水环境的影响。各类科学团体可围绕城市水安全问题不同角度、不同层次组织专题研讨，提高自身与公众对城市水安全的科学理性认知水平。积极组织引导各类环保公益性社会组织，加强对各类用水排水行为的监督作用，并为其建立畅通的信息反馈渠道。此外，为扩大公众和社会团体的广泛参与，还必须赋予其参与权力，建立完善参与制度。

四　政策与法律法规体系构建

在维护水安全的过程中，政策、法律、法规是最重要的工具和最有力的保障。世界各国政府和有关国际组织都采取了一些具体行动以推进水安全目标的实现，形成了若干具有实效的政策措施体系和一系列立法体系。

（一）政策保障

为保障水安全制定的各种政策大体可分为经济政策、社会政策、环境政策和水利用保护政策四类（见表5-1）。

表5-1　　　　　　　　　　**水安全保障政策体系**

政策类型	政策内容	政策含义
水利政策	洪水防御与利用政策	防洪减灾与开发利用雨洪水资源并重，从防御洪水向管理和利用洪水兼顾转变，实现人水和谐相处
	取水排污许可政策	遵守水循环规律，维持水生态可持续性，限定取水总量并实施取水许可制；限制排污总量并实施排污许可制，不危害水环境可持续性
	水利工程投资政策	多渠道建立融资，加强取水、输水、制水、排水、污水处理工程管线与设施建设和工程安全维护，发挥相关水利工程的正常效益
经济政策	水环境税费	基于使用者支付原则，征收水资源税费、排污税费，在使水环境成本内部化、纠正水环境问题上"市场失灵"
	水权交易政策	在实施取水和污水排放许可制的基础上，允许水权和排污权在节水和减排前提下进行交易，以激励节水和减排，促进水权和排污权优化配置
	财政补助的改进	对新节水和污水处理技术研发、采用行为进行财政补助，改进的形式主要有财政补贴、低利率贷款、加速折旧等
	功能性产业政策	加强城市水务行业各项基础设施建设以及维持市场自由竞争推动水务行业及节水、低排产业发展

续表

政策类型	政策内容	政策含义
社会政策	人口政策	实施计划生育政策和城市人口合理流入政策，控制城市常住人口数量，大力发展教育事业和合理用水技术培训，全面提高相关人口素质
	科技政策	加大政府和企业投入，开展产学研合作，提高城市水安全相关技术和管理水平，助力城市节水减排和水灾害防治
	消费政策	实施适度消费的模式，改善消费结构，扩大服务性消费，以便减少对水资源的直接或间接消耗，以及对污水的直接或间接排放
环境政策	化肥农药环境税政策	对农药和化肥使用征收环境税，抑制由于过量使用农药化肥对土地及水资源产生的面源污染
	垃圾资源化激励政策	包含于产品的购买价格中，当该产品消费后垃圾得到适当处置或再循环利用（如回收）时，该项收费会返还给购买者
	ISO 14000 水环境管理政策	促进生产循环的整体管理、能源的多样化和提高质量相结合，改进原材料与产品的质量以增加产品的生命周期，减少废物对环境的损害

（二）法律法规保障

只有通过法律才能有效地处理发展中各种复杂的社会经济和生态关系，才能保障综合开发、合理利用和切实保护水环境水资源的目标、任务、计划的顺利实现。我国已初步建立了比较完备的、符合国情的水资源、水环境保护法律、法规和规章体系。这些法律、法规、规章在一定程度上使保障水安全有法可依，但是，由于许多的法律条文及规定在应用时显得十分模糊，造成无法可依、有法难依、有法不依的现象屡见不鲜。此外，要使经济增长由粗放型向集约型转变，其根本问题是要解决好水资源的合理配置和有效利用，解决好"外部不经济性"导致的水资源的严重浪费和对水环境的污染问题。这仅依靠政府来加以直接干涉、限制是难以实现的。而通过制度制定和推行有效的水环境与水资源保护法律、法规将为其提供强有力的制度保障。

（三）管理技术保障

为适应水安全的需要，城市水安全调控，除继续采用并进一步改进现行有效的水管理手段及相应的管理技术之外，还要着力研究、试用和推广旨在规范企业和有关社会团体、社会成员的影响水安全行为的全过程管理，以节约水资源、预防和控制水污染及生态破坏为主要目的管理技术等，为实现水安全目标提供强有力的管理保证和技术支持。

1. 建立面向水安全管理的监测体系

水安全监测能力和水平直接影响着水安全管理的技术水平。为此，应尽快建立服务于水安全管理的水文水资源预报体系、生态环境监测体系、水环境质量预报系统，为水安全管理提供高质量的监测数据和技术支持。根据可行性与先进性兼顾等原则，制定和完善水安全监测技术规范和水安全监测标准方法体系。加强水质标准样品的研制，保证监测质量控制的需要，建立和完善监测质量控制和质量保证制度。根据分级管理和分类指导原则，合理配置各级监测站以及水资源管理部门和工业部门等各级水安全监测机构的职能。完善城市水安全监测网络体系，重点加强反映城市水环境质量状况的监测网站建设，逐步建立生态环境监测网络。完善和扩建城市水资源自动监测系统、水环境应急监测系统、城市污染源监测网。

2. 建立现代化的水安全信息系统

实现全过程的水安全管控，比传统的局限于供水管理和水污染物排放末端控制更依赖于信息的采集、加工和综合处理，更具有全息性。为了保证城市水安全管理的有效性，必须强化信息技术和其他高新技术在水安全管理中的应用。各地应尽快制定水安全信息的分类标准、编码标准、收集技术规范、存储技术规范、处理技术规范、交换技术规范和信息系统开发技术规范等。建立水污染排放总量控制、排污收费制度和水环境污染预防与控制所必需的水污染源数据库及其信息管理系统；建立城市水情和水环境自动测报网络，及时预报干旱和洪水态势；同时要保证数据的更新与可靠性，建立跨地区的全流域的水安全信息中心。要逐步建立城市水安全预报和水安全事故预警系统，以提高城市水安全管理的透明度和公众参与水平。筛选水安全影响评价、水污染物排放总量控制、排污收费、洪水干旱预报等多方面的水安全管理应用软件，根据新形势下水安全管理的需要和相关软件之间的内在联系，进一步加以改进和创新，使之在协调的基础上逐步实现标准化和商品化。重点建设城市水安全监测信息网络，积极鼓励水安全信息资源上网和信息共享。实现水安全信息网络互联，促进水安全信息对社会公众的开放。充分利用3S集成技术以及多媒体、桌面电视会议和信息高速公路技术等新技术，以GIS为核心，用RS技术采集数据，并结合GPS的精确定位能力来动态更新水安全信息，提高水安全管理和决策的科学水平。尽快开展水安全信息公告制度的试点工作。在水安全监理工作和部分城市试点的基础上，逐步建立国家和地方的水安全信息公告制度以及水安全执法的申诉制度，以提高公众对水安全的监督水平。人才培养是实现水安全信息系统现代化的必备条件，加快培养一批既熟悉水安全管理业务又擅长信息技术的专业队伍，作为水安全信息系统建设的主力军。

3. 推行城市ISO 14000水环境管理体系

仅依靠环境法规的强制力，只能在一定程度上迫使企业减少水环境污染和水资源破坏，并不能激发企业自觉进行水环境保护的积极性和主动性，而且法律对个人和非企业组织的约束力就更为有限，加上执法人员和经费的限制，难以对全社会的水环境实施严格有效的监督管理，致使一些法律往往流于形式，在实际上不能有效地付诸实施。ISO 14000是国际标准化组织环境管理技术委员会制定的环境管理系列标准。它是指导并规范企业等社会组织建立水环境管理系统，进而对组织的水环境管理体系进行公正的、客观的评价，引导组织建立自我约束机制和科学管理的管理行为标准。

ISO 14000集中体现了生产（及生活）全过程的环境控制思想，目的是建立一个规范化的从原材料（供应、存储、运输）—生产（工艺、设备、操作、管理）—产品（包装、运输、出售）—流通（使用过程、回收、消解）全过程的强化环境管理体系，可以最大限度地减少企业等组织的生产对水环境的负面影响，最有效地节约水资源与能源，最大限度地获得经济收益。应该注意的是，"水环境管理标准"与仅仅规定水环境的质量要求和水污染物的排放限制的"水环境技术标准"并不相同。后者本身并没有给出如何达到这些标准要求的方法和途径；前者是推荐性标准和过程性标准。国家向企业推荐水环境管理标准，而企业在水环境法规和社会相关方的压力及市场竞争的压力特别是"绿色贸易壁垒"的压力下自愿采用，以"清洁产品""绿色产品"去竞争市场。

第四节　城市水安全综合协调控制与实证研究

鉴于城市水安全及其管理系统的综合性和系统性，本节将基于上述研究，运用当前国际社会普遍接受的集成水资源管理（IWRM）理论与方法，对我国西部某城市水安全综合协调管理进行分析，以期为我国城市水安全综合提供一般的理论、方法与经验借鉴。

一　IWRM 的基本理念与实施框架

（一）IWRM 概念辨析

当前人类社会特别是城市面临的安全问题日趋复杂多样且相互交叉，具有很强的综合性和系统性。显然，当前城市水安全危机的解决已经超出了单一部门正常的能力职责范围，传统自上而下的命令控制型、多部门的分割管理方式难以发挥效力。因而，为应对城市水资源问题引发的各种安全挑战，实现城市的可持续发展，需要具有系统思维，调动和协调各种力量和资源要素，综合运用多种手段，协调和管控城市水安全。

集成水资源管理是一种基于整体理念和系统思维应对水资源挑战和优化水资源对可持续发展贡献的一个灵活的工具，同时也是变革传统水资源管理模式、提高现有水资源管理水平、实现可持续水资源利用的重要手段。[1] 全球水伙伴（Global Water Partnership，GWP）将集

---

① Global Water Partnership Technological Advisory Committee，"Catalyzing Change：A Handbook for Developing Integrated Water Resources Management and Water Efficiency Strategies"，Stockholm，GWP Secretariat，2005，pp. 1 – 5.

成水资源管理定义为：在不损害重要生态系统的可持续性的条件下，以公平的方式促进水、土地及相关资源的协调开发和管理，以使经济和社会福利最大化的过程。① 集成水资源管理的核心思想是"集成"或"协调"，这主要包括如下两方面的内容：①自然系统内部的"集成"，即土地与水、水量与水质、地表水与地下水、蓝水与绿水管理的集成，以及对上下游利益团体的集成；②人类系统内要素的"集成"：跨部门的集成，即水资源政策需要与国家其他环境、经济政策相联系；规划和决策中所有利益团体的集成等。具体地看，集成水资源管理强调的"集成"内涵包括：

（1）管理目标的集成。人类福利最大化目标总目标下的社会、经济、环境目标的集成。集成水资源管理与传统水管理不同之处是更强调满足人的基本生存发展需求，强调将水资源开发利用的社会、经济与环境效益的相统一，这与城市水安全管理目标具有一致性。

（2）管理客体的集成。集成水资源管理不是仅对水资源本身的管理，更强调将水资源放在更大的自然、社会环境的背景下，与土地、社会经济等相关要素统一管理。在城市水安全系统管理中，不仅要管城市水源及其取用水过程，还要管相关土地利用、各类水利工程管线、各类生产生活用水行为等。

（3）管理的主体集成。集成水资源管理强调政府各部门、各类企业、各种社团、广大公众多种管理主体力量的调动，及其各种力量的协调配合，协同发挥作用。城市水安全系统协调控制，同样离不开城市多种社会力量发挥和协同。

（4）管理手段的集成。水资源管理不仅要求充分发挥政府的监管手段的作用，还要求综合应用经济、工程、技术、宣传教育等多种手段，实现水资源管理的多重目标和协调多重利益关系。这意味着城市水安全管理目标也不可能单纯依靠政府手段实现。

（二）IWRM 的实施原则

IWRM 不是一个教条式的框架，而是一种有关水资源开发利用与

① Global Water Partnership Technological Advisory Committee, "Integrated Water Resources Management", Stockholm, GWP Secretariat, 2000, pp. 7 – 8.

管理的灵活通用的方法，IWRM 没有通用的"蓝图"，但存在一般的原则。IWRM 以都柏林原则为基础，其具体内容如下：

（1）整体论的原则。淡水资源是一种有限的脆弱的资源，且为维持生命、人类发展及环境功能所必需，因而有效的管理需要一种整体论的方法，即需要对社会经济系统与自然生态系统统筹考虑，将整个集水区或含水层内的土地利用与水利用联系起来。

（2）广泛参与的原则。水资源管理涉及每个人、不同利益团体的根本利益，因而水资源管理需要广泛参与，以协调他们之间的利益关系。广泛的参与方法（包括不同层面的用水户、规划者与政策制定者）可提高决策者及公众对水资源重要性的认识并达成广泛共识，从而使决策更恰当（能获得更大支持与承诺，更易于实施）。

（3）保障妇女利益及管理地位的原则。妇女在水资源的供给、管理和保护中发挥着核心作用，因而在水资源的开发管理中应明确和保障其特定需求，并通过培训、装备使其能以自己的方式充分参与到水资源管理的各个层面。

（4）将水资源作为经济物品进行管理，提高水资源利用效率的原则。日益稀缺的水资源对竞争的使用者都具有经济价值，因而应被视为一种经济物品，这要求在保证人类对水资源基本需求的前提下，通过政策、法规、经济等手段合理配置、高效利用水资源，发挥其最大整体（社会、经济、环境）效用。

（三）IWRM 的实施框架

IWRM 不仅是处理水资源挑战、优化水资源对可持续发展贡献的一个灵活的工具，同时也是对传统水资源管理方式进行变革，提高现有水资源管理水平与效率的重要指导框架。

1. IWRM 行动框架

IWRM 的方法需要对现有的水资源管理在实施环境、机构作用、管理手段方面进行积极变革或采取行动，即要求在社会不同层面的政策、社会、经济和开发管理水资源的行政机构、供水服务机构进行变革或采取措施。全球水伙伴为各国改善现有水资源管理模式准备了一个行动框架，提出了具体的改革领域，如图 5-4 所示。

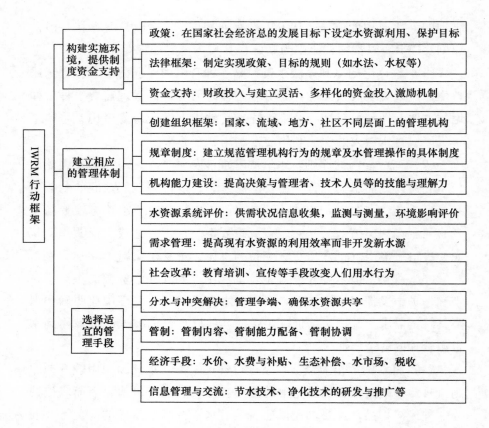

图 5-4 IWRM 行动框架

（1）构建实施环境，提供制度资金支持。实施环境通常由国家、省份或地方政策与明确实施规则的法律法规构成，同时还包括促进广泛参与的讨论平台或机构及其信息和能力建设，建立一个灵活、多样的资金支持机制。适当的实施环境可确保所有利益相关团体的权力和资产，保护公共财产（环境保护）；同时保证利益团体在水资源管理中发挥各自的作用。需要注意的是在制度制定时需要公众与利益相关团体的共同参与（非政府组织、社区组织及其他社会群体）并建立决策监督机制。实施环境改革的关键领域主要包括：制定水资源目标即为水资源利用保护设置目标；建立水资源法及其管理法律框架，即为实现政策目标制定应当遵从的规则；建立财政和激励机构，即为满足水需求配置财政、资金资源。

（2）建立相应的管理体制。适宜的水资源管理体制是各层面IWRM政策制定与实施的关键。水资源管理体制不仅仅是建立正式的管理机构，从系统的角度讲，还包括建立规范与协调管理机构关系的正式的规章制度。各管理机构间不恰当的责任划分、不充分的协调机制、管理权限的缺失或重叠、权力与责任搭配不当及缺乏实施能力，都将给IWRM的实施造成障碍。需要注意的是，管理体制的建立需要充分考虑区域内现有的地理条件、国家的政治结构、各种资源形式、社区组织存量及其能力情况；建立机构间的协调机制不是简单地合并机构，责任分工依然必要，关键是如何建立起机构间的协作关系。发挥管理体制作用需要改革的领域主要包括：建立完善的组织框架，即建立从国家到地方、从流域到社区、从政府到民间的社会组织机构，并建立相应的规章制度；机构的能力建设，即开发人力资源，更新水资源决策者、管理者、所有部门专业技术人员的技能和理解力等。

（3）选择适宜的管理手段。管理手段是IWRM中实现管理目标的具体方法或方案。其主要内容包括：水资源评价，以理解水资源与需求；规划，以整合发展方案、资源利用和人类作用；需求管理，以更有效地用水；社会改革，以鼓励建设一个面向水资源的文明社会；冲突解决，即管理争端，以确保水资源的共享；规章制度与监管，即制定分配和用水的规整规则，包括水质、水服务提供、土地利用和水资源保护等；经济措施，运用价值与价格实现效率与公平，信息交流，即为更好地管理水资源而改善知识。值得注意的是，这些工具的需要基于当地认可的政策、可利用的资源、社会经济条件、人们的社会价值选择而灵活选取。

2. IWRM动态框架

IWRM不是一次性的方法，而是一个不断适应需求与情景变化的动态发展的过程、一个动态管理的框架，是一个包括从问题与全局目标的确定到战略性行动规划的制定，由行动规划实施再到监测与评价若干环节的循环发展的过程，如图5-5所示。

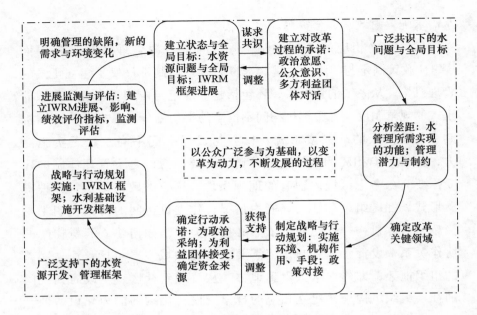

图 5－5　IWRM 动态管理框架

IWRM 动态框架环节的基本含义如下：

（1）建立状态与全局目标。国际经验表明，大多数改进水资源管理并走向更为集成和可持续的水资源管理方法的国家都是首先从解决与区域总体发展目标有关的急迫的水资源问题开始的。这种"基于问题"的方法有助于获得公众广泛的支持。然后勾勒出走向解决水资源问题并实现总体目标的集成的水资源管理框架。简言之，IWRM 框架的制定和实施采用实用主义方法十分关键。

（2）建立对改革进程的承诺。由于 IWRM 推行和实施对现行做法构成了挑战，因而需要在决策者、管理者、实施者、其他利益相关者间达成对必要改革的广泛共识。努力达成共识必须从一开始就要融入到整个过程并在每个阶段得到检测和强化。这里政治意愿，即问题与目标的确定得到上级政府的认同并纳入政治议事日程是后续工作的先决条件；通过提高公众意识，推动相关利益团体间的对话，进而建立广泛的承诺也必须置于各项行动的优先位置。

步骤（1）和步骤（2）形成一个小反馈环，意味着当前需要解决的水资源问题及实现目标的优先选择需要得到政治认同、利益相关者意识的提高及开展积极对话，最后确定。

（3）分析差距。改革需要从历史给定的初始条件出发。为使集成地解决问题、可持续管理和更好的决策变为现实，需要就解决当前急迫的水资源问题所需的水资源管理功能，对当前 IWRM 框架在政策、法规、体制状况、能力建设、总体目标方面的差距进行分析。这需要做两个方面的关键性工作：确定实现目标所需的水资源开发与管理功能；明确实现所需管理功能的潜力与制约因素。分析差距为战略规划的制定明确关键领域。

（4）制定战略与行动规划。在明确了当前 IWRM 水资源管理框架的差距，根据解决急迫水资源问题的需要，对当前的水资源管理政策、法规、资金支持框架进行改革，提高体制能力，强化水资源管理手段，从而建立新的战略与行动规划，并与其他的国家政策进行对接。战略与行动规划为水资源管理与开发框架的实施拟定了路线。

（5）确定行动承诺。集成水资源管理规划通常意味着采取的行动超出了单一部门的职责范围，因而需要对现有政府机构实施改革并建立部门间的协作关系。故此得到最高政治层面上的采纳并被利益相关者充分接受，对于规划的实施将十分关键。

步骤（4）和步骤（5）形成另一个小的反馈环。表明战略特别是行动规划的制定需要经过广泛的政策咨询与利益相关者的参与。最终的行动计划需要得到最高政治层面上的认可及主要利益相关者的参与并提供必要的资金支持。

（6）战略与行动规划实施。IWRM 的实施可从 IWRM 框架的任何一个环节开始——实施环境的建设、管理体制构架、具体管理工具的运用。同时 IWRM 也包括水利基础设施开发框架，如供水设施建设与管理，以改善区域福利。

（7）进展监测与评估。一个成功执行的计划，需要通过定义指标、建立标准、设置机制来进行监督和评估。通过监测与评估，可检查执行过程是否朝着设定的目标前进，评估短期和长期影响，根据影响评估确定行动是否真的对战略目标有贡献。同时也为下一步

IWRM 目标的调整与手段的改进提供关键信息。通常监督与评估也需要利益相关者团体的参与，并反馈到决策与管理过程中。通过利益相关者的参与，使其信赖评估过程并深知评价结果，便于更好地调配支持资源。

对于面临进行全面改革的水资源管理战略制定者和实施者来说，采用 IWRM 并不是要求抛弃现有的一切重新开始，而是对现有制度和规划过程进行改造或是在此基础上建设，获得更为集成的方法。

二 案例城市面临的水安全问题

研究案例位于我国西北地区河西走廊中段，由于该区属于典型的温带大陆性气候，年均降水稀少蒸发旺盛，城市各类用水主要依赖于流经的地表水及部分地下水。2015 年年底，全市人口约 121 万，国内生产总值约 376 亿元，人均 GDP 仅为 3.1 万元，远低于人均 5 万元的全国平均水平。由于经济相对落后，气候异常干旱，对该市来讲，水资源系统正面临着发展经济和保护脆弱的生态环境的双重压力，但与此同时也面临着严重的水危机即水安全问题。

（1）水资源紧缺日益严重，供需矛盾突出。该城市属于典型的温带大陆性气候，降水稀少，蒸发旺盛，主要依靠过境地表水。据统计，当前该市人均水资源量为 1250 立方米，仅为全国人均水平的一半，依照国际标准，属中度缺水地区。今后随着该市人口经济规模的扩大及人们生活水平的提高，需水量进一步增加，水资源更加紧缺。

（2）水资源利用效率低，与水资源形式不匹配。当前该市面临着水利设施陈旧老化、水利用系数不高、各类用水方式粗放等问题。统计资料表明，当前该市万元工业增加值耗水为 58 立方米/年，工业用水重复利用率仅为 70%，远低于全国 2013 年的平均水平的 85.7%。用水效率低下，工业用水重复利用率低，加剧了该地水资源稀缺状况。

（3）水污染潜在威胁大，生态系统状况堪忧。该市工业特别是重工业发展快，工业废水排放量大，达标排放率仍较低。直到 2010 年甘州区工业废水达标排放率仍低于 78%，远低于同期全国平均水平的 92%。因此，未来该市在经济发展压力下，水资源污染潜在威胁不容忽视。

总之,该市水资源状况与发展目标存在严重冲突。稀缺的水资源、高污染风险、低效水资源利用、经济用水挤占环境用水多重水资源问题,对该市社会经济可持续发展构成严重威胁。因此,有必要通过集成的水资源管理手段,系统防范和解决该市水资源安全威胁。

三　案例城市水安全综合协调现状评价

(一)研究技术路线

基于 IWRM 框架建立城市水安全协调管理评价指标体系及其评价标准,在对该市水资源安全管理结构要素有关文献资料研究、问卷调查和水管人员访谈的基础上,通过赋值法来定量评价当前该市水安全系统协调控制状况,提出有关改进的政策建议。具体包括三个步骤:

首先,在对 IWRM 基本理念、原则深入分析研究的基础上,对全球水伙伴提出的 IWRM 的动态管理框架及其改革行动框架的关键性要素进行辨识,提出城市水安全系统协调控制评价指标与标准。

其次,以案例城市水安全协调管控有关文件资料的研究及社会调查手段为基础,辨析案例城市现有水安全协调管控关键要素现状。

最后,用基于上述对 IWRM 理论的城市水安全系统协调控制评价指标与标准对案例城市现有水安全系统协调控制现状进行评价,分析评价案例城市现有水安全系统协调控制问题,并提出相应改进建议。具体研究技术路线如图 5-6 所示。

(二)评价指标体系

基于 IWRM 基本理念和原则,可对 IWRM 实施框架与改革框架进行解耦,可分别建立城市水安全系统协调控制实施与改革进程评价及其标准(见表 5-2 和表 5-3),借以评价分析城市水安全系统协调控制状况,进而提出其迈向更为高效的城市水安全系统协调控制措施。

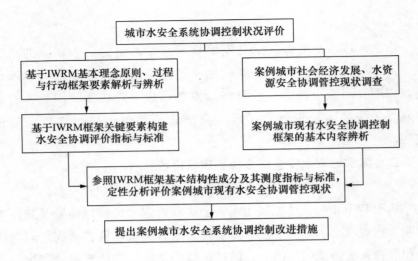

图 5-6　城市水安全系统协调控制评价研究技术路线

表 5-2　　　　　　　城市水安全系统协调控制实施评价指标体系

指标类型	关键因素	指标	指标描述或评价标准
实施环境	城市发展政策	水资源政策	与城市总体及其他部门政策协调；有利于社会、经济、环境多目标实现
		其他经济政策	考虑和体现城市水资源及其问题的特点与含义
	法律框架	水权制度	稳定性；可交易；监管制度完备
		国家水法律	突出公共利益保证市民基本水需求与环境用水
		地方水法规	明确区域水安全管理与水服务机构的权力和责任
	资金与激励结构	资金支持策略	实施定期的动态的全部投资需求的评估；资金来源明确
		水服务定价	反映全部成本与水资源稀缺性；考虑社会承受力
		水费收缴	分户收缴，应收尽收；保证用于提供、改善水服务与公共设施
体制作用	组织框架	管理机构	机构体系完善且权责明确；建立社区公众及利益团体参与平台
		运行机制	建立同级部门间的协调机制；建立相对独立的民主监督机制
		管理制度	完善的规范机构运行的工作制度

续表

指标类型	关键因素	指标	指标描述或评价标准
体制作用	机构能力建设	履职能力	管理机构有充分的人力、资金、设备资源配备
		机构授权	水管部门集中水安全事务集中管理权；赋予公众自我管理的权利
		能力更新	反映水安全变化的能力更新计划与行动
		能力激励	为个人或机构改善其实践及方法提供激励
管理手段	水安全问题评价	供需评价	定期收集、分析、评价水资源信息；定期水资源供给需求信息
		环境影响评估	对环境影响的评价；对社会经济影响的评价
		风险评估	确定风险类型；确定风险的大小；确定风险的社会可接受性
		评价信息反馈	评价结果纳入决策与规划过程；评价结果向社会公布
	需求管理	用水效率	为提高用水效率提供激励机制（宣传、水定价、补贴、税收等）
		水循环及再利用	为水资源的循环再利用提供激励机制
		输水效率	为提高输水效率提供保障机制
	社会变革	社会参与	保障公众与弱势群体（妇女与穷人）参与
		学校课程教育	将水资源问题及其管理纳入学校课程教育
		社会宣传	利用各种媒介；组织大型的宣传活动；水资源管理信息公布
	冲突解决	管理方法的培训	对管理人员实施冲入管理方法的培训
		采用法律程序	在冲突自愿解决机制失败后采取法律程序
	监管手段	管制内容	包括对城市水安全系统的全过程监管
		能力配备	监管有相应的法规、体制、能力支持
		监管者	持独立性，不受短期的政治压力及受管制对象干扰
	经济手段	水定价	促进可持续的水服务；促进用水效率；社会可接受性
		污染与环境收费	反映水污染的环境成本；回收污水处理成本
		对弱势群体补贴	补贴进行公共监管；补贴公开透明性且目标明确

续表

指标类型	关键因素	指标	指标描述或评价标准
管理手段	经济手段	水市场	建立完善的水市场及其制度规范和监管；允许个人污染户在排污辖区内交易拍卖排污配额
		征税	对农业非点源水污染征税；对居民生活用水排污征税
	信息管理与交流	信息共享机制	在政府机构与非政府组织及公众间建立水安全信息共享机制
		信息管理系统	建立有关水安全信息数据库；建立集总城市自然与社会经济信息的数据库和管理系统
		对外信息交流	与外界与水有关的组织网络及运动建立信息交流关系

表 5 – 3　　　　　　　　　IWRM 动态过程框架评价指标体系

步骤	关键要素	测度指标	指标描述与衡量标准
水安全系统协调控制战略的制定	明确城市面临的水安全问题	水安全问题调查	战略制备前对城市水安全问题进行全面调查
		确定所有水安全问题	明确当前城市面临的所有水安全问题
		确定关键水安全问题	明确当前影响城市发展最关键的水安全问题
	明确城市发展目标并确定水安全协调战略方向	当前区域发展目标	全面了解区域发展的社会、经济、环境目标
		确定水资源战略目标	确定当前与今后城市水安全协调管控战略目标
		战略发展目标的协调	将城市水安全协控纳入城市发展战略总目标
	形成城市水安全协控的共同愿景	政府认可与支持	各级政府对城市水安全目标认可与支持
		公众及利益团体支持	相关部门间利益的协调，公众参与意识的提高
		战略制备资金支持	稳定的地方财政支持计划
	分析差距、明确战略关键领域	明确所需的水安全协同控制功能	资源管理功能；水服务及基础设施建设与管理功能；建立资金支持机制的功能
		当前的潜力与差距	制度、体制、管理手段、人力资源等方面的不足
		明确战略制备关键领域	制度、体制、管理手段等方面改革的关键领域
	制定城市水安全系统协调控制战略与行动方案	水安全协控体系设计	应以问题解决为目标，体现 IWRM 基本理念
		水服务与设施框架设计	平衡公私部门的参与；充足的资金保障
		与城市发展政策对接	与城市及其所在区域其他发展政策对接

续表

步骤	关键要素	测度指标	指标描述与衡量标准
水安全系统协调控制战略的实施	明确战略实施的主体及责任	水安全协控领导小组	能协调各部门利益、动员支持、监控执行过程
		各级政府作用	促进参与或仲裁；协调管理，配备资金，提供水服务
		公众及社区管理机构	参与管理、监督、执行管理措施
	建立各相关部门间的协调与交流机制	协调机制	建立城市最高协调控制机制
		民主监督机制	建立有公众参与的民主监督机制
		信息反馈机制	建立自下而上的信息反馈机制
	确保各级政府及公众的广泛支持	政治采纳	上级政府及水资源主管部门采纳
		群众支持	公众广泛支持
		管理人员积极执行	水管人员积极执行相关政策
	保证战略实施的充足的资金投入	管理机构运转资金	保证水资源管理机构正常运转的资金
		基础设施建设资金	保证基础设施建设所需资金（资金保证率）
	实施能力建设与制度与资金支持	管理技能培训	对管理组织专业技能、管理参与过程的能力培训
		能力建设激励	制度和资金激励机制，足够的薪水和晋升的机会
水安全系统协调控制实施的监测评价与反馈	监测与评价环节	监测与评价环节	在 IWRM 实施过程中设置评价环节
	设置评价指标体系与标准	进展评价指标	建立 IWRM 进展评价指标体系
		影响及绩效评价指标	建立影响及其绩效评价指标体系
		设置评价标准	设定 IWRM 阶段性目标作为评价的标准
	利益团体公众纳入评价主体	相关利益团体参与	有水资源及其管理相关部门的参与
		普通用水户代表参与	有普通用水户的参与
	评价监测结果反馈	反馈至决策与管理过程	将结果反馈至决策与管理机构
		反馈至社会公众与企业	将评价结果及时向社会公布

（三）评价方法

依据第三节建立的 IWRM 框架评价指标体系，在对甘州区现有水安全系统协调控制有关文件资料分析研究，以及对甘州区水资源管理现状问卷调查和访谈的基础上对现有水资源管理框架进行评价。采用的重要方法是，参照 IWRM 评价标准对案例城市现有水资源管理状况进行赋值：当研究区水安全系统协调控制中没有实施指标所述行动时，赋值为 0；对照标准，若研究区实施效果差时，赋值为 1—2；实施效果一般时，赋值为 3；若实施情况较好，赋值为 4；若完全符合评价标准且取得理想效果，则赋值为 5；最后计算各关键要素或步骤平均加权综合评价值。

以水定价为例，若研究区是水资源无偿使用，则赋值为 0。以水价促进可持续的水服务为标准，若水价过低，不能补偿基本水利设施的更新与维护成本（低于全部供水成本的 50%），则赋值为 1；若水价基本能补偿设施的更新与维护成本，则赋值为 2；若能补偿全部供水成本（包括供水单位的员工工资报酬）则赋值为 3；若水价高于供水成本存在适当的利润，则赋值为 4；若水价足够高（约等于成本 + 平均利润），能吸引更多的私人投资，则赋值为 5；但当水价过高，超过居民承受能力，引起社会不满则赋值为 0。

四 评价结果与分析

（一）案例城市水安全综合协调控制行动的缺陷分析

1. 在水安全系统协调控制实施环境建设方面

该城市水安全系统协调控制面临的问题主要存在于建立资金与激励结构（综合评价得分为 2）、城市发展政策环境中其他社会经济政策与水资源政策的协调性（评价得分为 1.5）、法律环境中的水权制度（评价得分为 2）等方面。具体表现为：①政府控制水资源及其服务定价权，现有水价核定严重滞后于供水成本的变化，水价既不能反映完全供水成本，也不能反映水资源稀缺程度的变化。当前供水执行的是早期核定的成本水价，且没有完全到位，当前城市供水成本远远高于现行水价。近期，城市居民与工业用水通过举行听证会，按照现有供水成本作了一定程度上的调整，但仍没完全到位。②在当前水费偏低、供水单位严重亏损的情况下，水费主要用于水利员工工资，而非工程建设、维护之需，直接影响到水利工程的建设与维护。以 2013

年计，水费非工程建设维护支出占水费收入的81.62%，工程性支出不到20%。与此同时，该市政府及水务局仍没有制定和出台完善的辖区内的贫困户用水补贴或水费减免政策。③城市发展经济政策没有充分考虑该市水资源的基本特征，缺乏与水资源政策的协调性。"十二五"规划中确定重点发展的四大支柱行业（电力、有色冶金、轻工食品、生物化）具有高耗水、高污染性。这与该市水资源稀缺、潜在水污染安全风险防控不协调。

2. 在发挥管理体制作用方面

案例城市水安全综合协调控制面临的主要问题存在于管理的组织机构框架（综合评价得分为2.6）及机构管理能力建设中管理资金、设备配备（评价得分为2）等方面，具体表现为：①缺乏普通用水户及基层水管机构自下而上的利益诉求和信息反馈机制，城市水安全管理机构缺乏有效的外部民主监督机制。当前案例城市水安全系统协调控制还主要是自上而下的命令控制性管理为主导，不同级别管理机构间的信息主要是自上而下的命令和信息的传达。下级组织和用水户主要是被动地接受和执行水务局行政指令，如配水计划、收取水费等，缺乏普通用水户自下而上的利益诉求和信息反馈机制。水务管理的监管还主要由水利部门内部人员负责，水务局的水行政监察队负责有关监督工作。②作为公众参与形式水事听证会中普通用水户代表比重过低，也没有保证弱势群体（贫困户、妇女）参与的机制，公众缺乏真正的参与。调查及有关资料表明，该城市水事听证会中普通用水户（含居民代表与企业代表）不及参加人员的1/2，而政府部门相关人员占多数。

3. 在协调控制手段运用方面

案例城市面临的主要问题存在于社会变革手段（综合评价得分为1.6）、经济手段（综合评价得分为1.7）、信息管理与交流（综合评价得分为2.2）、水资源评估（综合评价得分为2.4）、需求管理（综合评价得分为2.6）方面。具体表现为：①水资源规划与决策过程中广泛的公众参与是建立共同愿景，改变公众用水行为和态度，建立重视水的文明社会的重要途径。但当前案例城市普通用水户没有参与到水资源规划与决策规划中。中小学课程教育是影响未成年人行为最有效的方法，将水资源意识及可持续的水管理教育纳入中小学课程是建立面向水资源文明社会的长效机制。但当前案例城市中小学课程也没有有关水资源及其管理的内容。②供水水价严重偏低，供水单位水费收入不足，水利工程更新缺乏必要的资金投入，供水服务难以维持。较低的水价难以形成对用户节约用水有效激励。污水处理收费标准偏低，也无法补偿污水处理成本。问卷调查表明，污水处理厂污水处理成本高达 1.83 元/吨，而根据最新调整，污水处理费执行标准居民排放污水征收标准为 0.95 元/吨，非居民排放污水为 1.40 元/立方米。③案例城市还没有建立起完善的水交易市场，也没有建立排污许可证交易制度。④在信息交流与管理方面，水安全及其管理信息主要通过案例城市水务网公开和分享，由于受到通信条件的限制，难以与公众特别是普通农户共享。⑤水安全监测与系统资金、设备、人力配备不足影响水资源信息收集的质量与时效性，进而影响了水安全评价的效果。经过多年的努力，已初步形成了一定规模的地表地下水监测网，但仍存在着观测设备、观测手段落后，普遍采用观测人员定期现场观测、记录为主，观测精度不高，观测次数难以保证，影响了水安全监测资料质量，不能及时准确反映区域内径流水位、水量与水质等情况，无法满足水利信息化管理的要求。⑥水资源风险评估方面，缺乏对研究区对相关风险社会适应能力、可接受性的评估，不利于制定正确的风险应对政策。⑦在水资源效率管理方面，节水的经济激励措施存在水价形成机制不活，水费偏低无法有效激励用水户节约用水的积极性；提高水资源循环利用主要通过采用强制手段和管制措施，缺乏经济刺激和技术指导。

可见，当前案例城市水安全系统协调控制存在的主要核心问题如下：水安全系统协调控制完善的资金支持不足，城市社会经济发展政策与水资源环境状况及其政策协调不够；体制内部各主体缺乏有效的协调与信息交流和监管机制；公众有效参与不足，参与平台单一；管理主体的能力建设不足和滞后；管理措施方面，缺乏从根本上改变公众节水意识和习惯的社会机制，定价、市场等节水经济激励机制还没有真正建立起来等。

（二）案例城市水安全综合协调控制改进过程缺陷分析

1. 在水安全系统协调控制战略制备环节

当前案例城市面临的主要问题存在于建立对改革过程的承诺（综合得分仅为 2.6）、明确实现目标的差距（综合评价得分为 3）、水服务与基础设施建设框架设计中平衡公私部门的参与机制（评价得分为 1）等方面。具体表现为：①在水安全系统协调控制战略制备和改革前缺乏与下级地方政府的协商和向公众的广泛宣传教育，地方政府及公众对于水安全系统协调控制战略制定与改革的关注度与实施积极性不高。②在分析现有水安全系统协调控制策略与实现水安全战略目标的差距方面，缺乏对资金、人力、设备等投入不足的分析，使战略计划的制订在一定程度上脱离区域现实情况而无法顺利实施。③在水服务及水利基础设施建设方面，政府虽然鼓励建立包括社会投资的多种投资渠道，但缺乏相应的法律制度保障与规范；案例城市水资源服务及基础设施建设投资结构仍以政府财政投资为主，投资结构比较单一。

2. 在水资源管理战略实施环节

当前案例城市面临的重要问题存在于各级管理机构的协调与交流（综合得分仅为 1.6）、战略实施的资金保障（综合得分为 2.5）等方面。具体表现为：①当前案例城市水安全系统协调控制没有建立正式的外部民主监督机制和自下而上的水资源管理机构的信息交流机制，使协调控制人员的相关行为缺乏有效的监督与规范，基层的管理机构及用水户的利益诉求无法得到正常表达。②当前案例城市供水水价偏低，供水与水管单位水费收入不足，使得案例城市水管部门水管机构运行经费与水利基础设施资金缺乏。案例城市水务局与水管所日常管理所需资金不足，水利职工工资得不到有效保障。

3. 在水安全系统协调控制战略实施的监测与评价环节

案例城市实践情况表现较差。调查表明，案例城市水安全战略实施监测与定期评价几乎没有落实（综合得分仅为 1.6）。在监测与评价环节设计方面也存在明显的不足，主要表现为：在指标体系与标准设置方面，仅建立了水安全监管绩效评价指标体系，没有实施进展评价指标体系；在评价主体设置方面，没有纳入相关利益团体和公众；缺乏将评价结果反馈至决策与管理部门，以及向社会公众公布环节的设计。

总体上看，参照 IWRM 标准范式，当前案例城市水安全综合协调控制改进过程存在的主要缺陷为：缺乏对水安全战略与行动规划实施的有效的监测与评价；战略制定中争取地方与基层政府及公众支持的力度不够；对战略实施所需环境（特别是资金环境）建设缺乏全面的分析，以及建立适当的私人投资环境；战略实施中，各级监管机构与公众之间缺乏有效的协调与交流。

五 改进措施

基于上述对案例城市现有水安全系统协调控制存在的问题的评价分析，提出如下改进的政策建议。

（一）案例城市水资源管理行动框架改进建议

第一，强化城市发展政策尤其是产业发展政策的制定与案例城市水安全政策的协调，使城市经济发展与城市水资源安全形势相匹配。当前案例城市经济发展政策突出经济效益，对案例城市水资源安全形势状况考虑不足。从长远看，应加快产业优化升级，发展耗水量少、污染低的产业；从近期看，应加快工业节水技术改造，提高水利用率。

第二，强化水权制度改革，通过核定用水量并发放水权证，稳定生活用水与其他非农行业企业的水权，可进一步落实总量控制定额管理政策，提高用水效率。也为完善案例城市水资源交易市场、提高水利用效率提供了重要条件。因而建议进一步明确居民生活用水、各工业企业用水水权，发放水权证；同时鼓励节约用水基础上的生活用水工业用水的水权交易，并规范完善水市场。

第三，建立基于供水成本，反映水资源稀缺程度的水价形成机制，促进水利事业的可持续发展与节约用水。水资源作为城市经济基本的生产投入要素，其价格改革涉及用水户的切身利益，涉及城市社会经济的稳定。因而水价改革和调整应该考虑用水户的承受能力，在对群众宣传教育的基础上分步实施；同时考虑弱势群体的基本用水需求，对贫困农户实施用水补贴，或减免政策。此外还应强化对供水单位供水成本约束，形成合理的价格。

第四，强化水费支出监管，保证使有限水费收入主要用于改善水利服务和公共设施维护上。按照国家有关规定，将水费纳入经营性收费管理范围，取消财政统筹，设立水利建设专用账户，做到专款专用，确保水费主要用于水利工程更新改造、维修养护、管理设施配备、节水技术推广、人员经费的发放等方面，为改善水服务和基础设施提供必要的资金保障。

第五，完善和深化城市水安全参与式协调控制体制改革。如深化用水者协会组织机构改革，提高普通用水户及弱势群体代表在协会中的比重，使协会能真正反映普通水户和弱势群体的利益诉求和意见，发挥集思广益的作用；建立由公众及社会团体广泛参与的水安全系统协调控制的外部民主监督机制，以规范、监督相关工作人员的行为。

第六，强化对水安全系统协调控制机构的能力建设，如在当前水管单位水费收入不足的情况下，将水管专业人员特别是基层管理人员的工资报酬、培训、设施配备与维护支出纳入政府财政计划。制订反映水安全系统协调控制机构能力需求变化的定期评估和能力更新计划，使得水安全综合协调控制体制机制能够适应新的水资源形势及其需求变化。

第七，水资源评价，案例城市政府与水务部门应给予水资源测量与监测工作足够的重视，为其配备足够的资金、人力和先进的技术设备，以便及时准确地获取水资源信息。当前应主要加强水资源监测的信息化建设，提高监测水平和信息传输时效性。

第八，对于水安全工程项目环境影响的评估应强化后期监管工作。如成立专门的监管机构或发挥公众监督作用，对重大水利建设项目建设过程、运行的环境影响实施监管，保证项目后期建设运行符合环境保护要求。

第九，在需求管理方面，应通过价格体制改革适当提高水价、改进用水测量手段，进一步促进农民节约用水；通过集资或承包经营的方式，明确灌区斗渠以下渠系工程管理的主体和投资来源，提高渠系维修养护，提高输水效率。

第十，将城市水安全教育纳入中小学课程，使水安全问题与基础教育计划相结合，让更多的年轻人了解水安全知识，从而建立改变人们低效用水行为、保护水环境、防范水安全风险的长效机制。

第十一，在核算现有污水处理成本的基础上，适当提高污水排放收费标准。维护污水处理企业正常运转，激励排污企业减少和控制污水排放，提高工业企业水资源的循环利用率。

第十二，在明确生活用水及其他工业企业水权的基础上建立和完善案例城市水权市场，鼓励节约用水基础上水资源流向更高价值的用途，使稀缺的水资源发挥最大整体（含经济、社会、环境）效用。

第十三，拓展水安全信息公布与共享渠道。如通过发放宣传手册、制作电视专题节目、手机 APP 等手段，使更多的普通群众方便地获得水资源信息，提高水安全防范意识。

基于上述分析，建立案例城市改进的水安全综合协调控制实施框架，如图 5 - 7 所示。

（二）案例城市水安全综合协调控制过程框架改进建议

第一，改革现有水安全系统协调控制决策机制，使水安全系统协调控制战略制定与重大决策建立在广泛的政府部门与群众支持基础之上。在水安全战略制定及重大改革决策前应坚持民主协商原则，进行深入政策宣传教育，广泛征求各级政府部门及水管单位、公众的意见，达成对水安全战略目标的广泛共识，并建立共同愿景，使战略的制定和实施得到各级部门及公众的充分理解和积极支持。

第二，水安全系统协调控制战略制定时应对案例城市现有水安全系统协调控制体系的不足进行全面审查，包括现有体制上的缺陷、制度上的缺失、资金环境、水管人员的管理能力滞后性等问题。使水安全协调战略与行动方案的制定更具针对性、目的性，并符合现有城市水资源、社会经济条件。

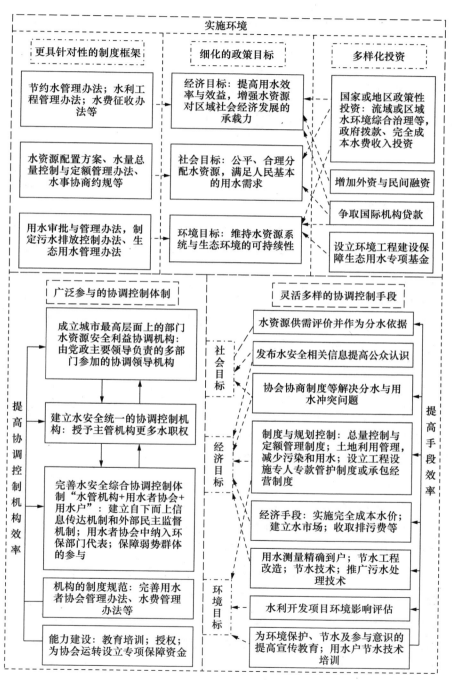

图 5 - 7　案例城市水安全综合协调控制实施框架

第三，完善水安全水利设施投资的法律法规环境，鼓励私人部门和社区投资于水服务水利基础设施建设。由于受地方发展水平限制，案例城市地方财力不足，单一国家与地方政府财政投资很难满足水服务及基础设施建设全部需求，调动民间资本投资于水安全水利基础设施建设可以成为政府财政投资的有效补充。

第四，剥离水行政主管部门水服务与水管理职能，强化水务部门水安全监管功能，对其水服务功能进行企业化改制。当前案例城市水行政水资源主管部门不仅负责水安全系统协调控制的组织、实施与监管，而且还负责水利工程养护和管理工作，加重了水行政主管部门负担，影响其水安全监管效率的提高。

第五，为公众提供多种水安全系统协调控制参与平台与参与机制。当前案例城市公众参与水资源管理的形式比较单一，主要是水户协会、举行水价听证会，且普通公众参与的程度不高。如建立重大水事会议的听证制度、公众参与监督的民主监督机制，可更好地发挥公众的参与作用。

基于上述分析，建立案例城市改进的水安全综合协调控制改进过程，如图 5-8 所示。

理解案例城市水安全综合协调控制框架需要注意如下几个问题：

第一，独立的政策目标需要相对独立的政策手段。城市水安全综合协调控制涉及社会安全、经济安全和环境安全三大目标。三个方面的目标相对独立，任何一个目标的实现都不能顺带实现其他目标，需要分别设计相应的政策措施、手段，配备相应的资金。要想避免随机性结果，就必须将有限的措施手段集中到具体的目标上。对水安全系统协调控制的目标越明确清晰，实现目标的可能性就越大。所以，对目标必须细化、具体。

第二，单纯的政府指令性管制手段并不能为超目标的实现提供激励，必须与经济激励、宣传教育等手段相配合。运用总量控制定额管理、土地利用规划、强制性减排等政府直接控制手段，仅能实现用水与排污总量不超过既定规模的目标，要使用水户进一步减少用水量及排污量，提高用水效率，必须运用水价、水费、建立水市场、宣传教育提高节水意识等间接性手段。

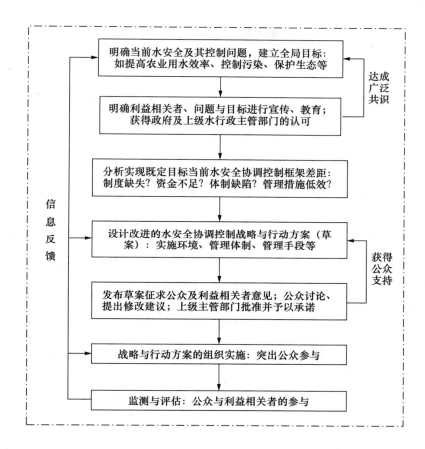

图5-8　案例城市水安全综合协调控制改进过程框架

　　第三，IWRM 是一个灵活的动态发展的开放框架，随着管理实践中对问题认识水平的提高、水资源系统与外界环境条件以及人们需求的变化，水资源管理的政策、手段也要随之改变。

第六章　城市水安全经济激励机制

在现代科技日益发达与人口、经济规模快速膨胀的时代背景下，人类面临的城市水安全风险主要来自人类自身不合理的社会经济行为，即存在负外部环境效应。如温室气体的大量排放导致全球气候变暖和气象气候条件异常，进而加剧了地表水资源供给的不确定性，增加了城市水安全风险；城市人口与经济规模的无序快速增加，导致城市水资源的需水废水的排放量增大，给水资源和水环境造成巨大压力，成为当前城市水安全风险最重要的来源，而水浪费与低效率的用水行为则进一步加剧了这种水安全风险。因此，城市水安全风险的防控最根本在于对人类涉水社会经济行为的调控，如约束取水和污水排放行为、激励节水和减排行为等。在市场经济条件下，对行为主体行为的调控机制，大体可分为诱导性激励和强制性激励两类。[①] 诱导性激励实质是利益驱动，即通过经济手段调节行为主体之间的利益关系，激发相关行为主体的正向内心理念使其自觉地调整自己的经济行为，具有自发性、逐利性特征。政府通过诱导性激励可引导企业和个体自觉地采取环保行为，节约用水和减少污水排放。强制性激励是指政府通过监管手段，采用法规、制度与行政手段强制企业和个人改变自己的涉水行为，实现节水减排目标，具有追逐社会效益的强制性和激变性的特征。在市场经济条件下，为实现城市水安全，微观经济主体行为调控的两种手段应相辅相成，均不可或缺。前者是政府激励企业与个体采取环保行为的根本动力机制，后者是政府实现环境目标的有效保障。由于经济手段具有促进企业自发采用节水减排行为和节约

---

① 宝艳园、徐荣盘：《循环经济激励机制的哲学思考》，《南都学坛》2006 年第 1 期。

政府行政成本的作用，与市场更具亲和力，因此，在市场经济条件下成为实现水资源可持续利用和防控水安全风险优先选择的激励机制。①本章将运用环境经济激励理论就城市水安全风险防控经济激励机制与方法进行系统分析。

第一节　城市水安全经济激励机制理论

一　环境行为经济激励理论基础

环境行为是指人类在社会经济活动中对自然环境发生影响的行为，人类环境行为对环境产生的不良影响是环境问题产生的根源。城市水安全问题从根本上也主要是由人类的不合理用水和排水造成的。城市水安全经济激励机制分析的理论基础是环境公共物品理论、环境行为外部性理论、生态价值理论以及公平与效率理论。

（一）环境公共物品理论

公共物品是相对于私人物品而言，为公众所共同使用或消费的物品，一般具有非竞争性和非排他性属性。② 非竞争性是指某人对公共物品的消费并不会影响别人同时消费该产品及其从中获得效用；而非排他性是指某人在消费一种公共物品时，不能排除其他人同样消费这一物品，或者排除的成本很高。非排他性是公共物品最本质与核心的属性。根据公共物品竞争和排他性的程度，可进一步将其分为纯公共物品和准公共物品，前者是指具有完全非排他性和非竞争性的公共物品，后者是指因其相对稀缺性而产生的有限非竞争性公共物品。

纯公共物品与准公共物品具有相对性和可相互转化性，当某类纯公共物品使用者数量增加到一定程度而相对稀缺时就会产生竞争性，

① 蔡守秋：《论当代环境资源法中的经济手段》，《法学评论》2001 年第 6 期。
② Douglass, B., "The Common Good and the Public Interest", *Political Theory*, Vol. 8, No. 1, 1980, pp. 103 – 117.

如特定时空下的有限水资源，当少量人使用而互不影响时可被称为纯公共物品，随着人口规模和经济规模增大及使用者增多使有限水资源因相对稀缺而具有竞争性，其使用需要公平合理分配。同样，当公共物品产权赋予特定经济主体或经特定经济主体开发加工成新产品时，其使用具有排他性，如水资源通过制度建设被分配给特定经济主体或水务公司将水资源加工成自来水时，水资源的使用对其他未获得取水许可或购买自来水经济主体就具有排他性，此时水资源或水产品已经不是严格意义上的公共产品，而是公用事业产品即自然垄断产品，消费者需要有偿使用。

环境公共物品理论认为，自然生态环境及其所提供的资源与生态服务具有显著的公共物品属性，即因其在产权上难以界定或界定成本很高而具有非排他性，且因其对人类生存法的基础性而应为全体社会成员公平享用。[1] 在产权共有或界定不清的情况下，人人皆有可能自由公平享用自然环境资源或服务。但是，在对准环境公共物品的开发利用时，若每个环境主体追求自身利益最大化而不考虑享用的公正性和资源环境的有限性，最终结果会不可避免地导致自然资源枯竭与环境恶化，危及每个人的生存发展，即出现环境"公地悲剧"。环境"公地悲剧"意味着，政府需要从提供公共服务的角度，通过对环境主体相关行为进行有效约束或激励，以期实现资源环境的公平、高效、可持续利用，避免"公地悲剧"的发展。

显然，环境"公地悲剧"无法通过市场价格机制手段来解决，即无法通过价格机制调节和控制环境公共物品的使用量不超过其可持续供给的极限。这是因为尽管可以明确资源环境公共物品的使用者，但在没有清晰的权属划分情况下，没有明确的市场经济主体可以决定环境公共物品供给量和控制使用量，即环境公共物品的市场供给者缺失，市场结构不完整。即使环境公共物品市场结构完整，市场机制对解决环境"公地悲剧"仍存在失灵的可能。这是因为，环境主体包括

---

① 张会萍：《环境公共物品理论与环境税》，《中国财经信息资料》（西部论坛）2002年第12期。

拥有者和消费者具有有限理性，即受环境认知能力的局限和环境系统的复杂性影响，人们很难确定环境物品可持续供给和使用的极限；即使找到了这一极限临界值，受生存发展压力与惯性的影响，还有可能超极限开发利用资源环境，使其遭到不可逆破坏。

环境"公地悲剧"的解决需要从其发生的根源上寻找答案。通过上述分析，不难发现环境"公地悲剧"发生的根源在于以下几个方面：（1）环境物品的自然物质属性，具有有限性即有其可持续利用的极限，当经济主体对其利用超过了这一极限环境系统就会崩溃。（2）环境物品的社会经济属性，权属的公共属性或权属不清，这导致人人均可免费无限制地取用环境物品，当使用者增加或每个使用者索取量不断增加时，"公地悲剧"就难以避免。（3）环境使用者人性的局限，包括经济主体对自我利益的追求具有无限制最大化的倾向，以及人对环境认知的有限性，即经济主体很难对环境可持续利用的极限有清晰的认识，也很少关心这一可持续利用的极限。因此，环境作为公共物品，规避其"公地悲剧"的关键是：首先，作为公众利益的代表政府在明确资源环境可持续开发利用极限的基础上，将其开发利用的总量严格控制在这一可持续利用的范围之内；其次，公平合理划分和明确环境公共物品的权属，在此基础上通过行政、税收和市场交易激励手段控制经济主体个体对环境物品的使用量实现环境物品的可持续利用。

（二）环境行为外部性理论

外部性是经济学的一个重要概念，是指经济主体的经济活动对他人和社会造成的非市场化的影响，即社会成员包括企业和个人从事经济活动时其成本与后果不完全由该行为人承担。外部性分为正外部性（或正外部效应）和负外部性（或负外部效应）。正外部性是某个经济主体的活动使他人或社会受益，而受益者无须花费代价给该经济主体以某种回报；负外部性是某经济主体的活动使他人或社会受损，而该经济主体却没有为此承担成本。

环境行为外部性理论认为，经济主体在生产或消费过程中给环境及其享有者造成的外部性，主要反映在两个方面：一是资源环境开发利用行为造成生态环境破坏所形成的负外部成本或外部不经济效应；二是生态环境保护所产生的正外部效益或外部经济效应。显然，由于这些成本或效益没有在生产或经营活动中得到很好的体现，从而导致了破坏生态环境的行为没有得到应有的惩罚而被制止，保护生态环境行为因产生的生态效益被他人无偿享用而得不到鼓励。因此，经济行为的环境外部性被认为是产生环境问题的根源。① 现分别对经济活动中环境污染行为外部性与环境保护行为外部性进行具体分析。

环境污染是指人类活动产生的污染物或污染因素排入环境，超过了环境容量和环境的自净能力，使环境的构成和状态发生了改变，环境质量恶化，影响和破坏了人们正常的生产和生活条件。环境污染具有很强的负外部性。它表现为私人成本与社会成本、私人收益与社会收益的不一致。所谓私人成本就是生产（或）消费一件物品，生产者（或消费者）自己所必须承担的费用。在没有外部性时，私人成本就是生产或消费一件物品所引起的全部成本。当存在负外部性时，由于某一厂商的环境污染，导致另一厂商为了维持原有产量，必须增加一定的成本支出（如安装治污设施），这就是外部边际成本。私人边际成本与外部边际成本之和就是社会边际成本。② 由于负外部性的存在，使完全竞争厂商按利润最大化原则确定的产量与按社会福利最大化原则确定的产量严重偏离。这种偏离就是资源过度利用、污染物过度排放、有污染的产品过度生产的低效率产出。

环境保护既包括环境治理也包括环境服务。前者如河道的疏浚，后者如环境技术的供给。环境保护是一种为社会提供集体利益的公共物品和劳务，它往往被集体加以消费。这种物品和劳务一旦被生产出来，没有任何一个人可以被排除在享受它带来的利益之外。因此，它是正外部性很强的公共产品。在进行环境保护这一公益事业时，如要求每一个人自愿支付环保费用，有些人可能为此支出付钱，而有些人却不愿意，但后一部分人仍然可以同样从环境保护中得到好处，这样

① 沈满洪：《论环境经济手段》，《经济研究》1997 年第 10 期。
② 杨瑞龙：《外部效应与产权安排》，《经济学家》1995 年第 5 期。

就产生了"搭便车"问题，即经济主体不愿主动为公共产品付费，总想让别人提供公共产品，然而自己免费享用。由于"搭便车"问题的存在，使得纯粹个人主义机制不能实现社会资源的帕累托最适度配置，使环境保护这种公共产品的生产严重不足，有时甚至会出现供给为零的局面。

可见，环境行为的外部性本质上体现着经济主体环境利益的不公平，更是加剧环境问题重要根源或环境恶化的内在机制。基于上述分析，解决环境行为外部性问题的关键是在资源环境权属的基础上，采取一定的经济手段使环境成本和收益内部化，即将经济活动产生的负外部环境成本由经济活动主体自身承担，并作为经济活动内在成本加以考虑，或使经济活动产生的正外部效益受益者向该经济活动主体支付相应报酬。

（三）生态价值理论

生态价值是指生态客体能够满足生态主体需要的功能和效用，生态价值理论是将西方的效用价值论和马克思的劳动价值论相结合的理论。[①] 这里的生态资源不仅指有形的物质性的资源实体，还包括生态环境所提供的无形的生态服务功能。在流域水环境中生态价值表现为有形的满足人类生存需求的水资源使用价值和无形的满足人类生态需求和对环境舒适性需求的服务功能价值。人们对自然资源的需求程度以及自然资源客观数量的有限性和利用的不可持续性共同决定了其所具有的价值。众所周知，人类的生产和生活都离不开水资源，地球上的淡水资源是有限的，这种有限性必然导致人类对水资源的需求存在矛盾和竞争。随着生活水平的提高和生产力的不断发展，人们对水资源的需求程度不断加深；相反，工农业废水和生活污水排放量的日益增加已经远远超出了水体的自净能力，水污染状况越来越恶劣，可用水资源的存量已无法满足人类生产生活的需要，从而导致水资源越来越稀缺。水资源的有限性和稀缺性使其具备了成为有

---

① 胡安水：《生态价值论视野下的循环经济》，《山东理工大学学报》（社会科学版）2006年第4期。

价值经济物品的一切条件。在这种背景下，有必要建立生态资源有偿使用制度，水资源的使用者即受益者必须对水资源的保护者或水生态环境的建设者支付一定的费用，既让受益者意识到水资源的生态价值，又使对资源环境做出贡献者得到回报，有利于调动人们对水资源及水生态环境的保护积极性，从而保证水资源利用的可持续性。

（四）公平与效率理论

所谓公平是指社会成员之间利益和权利分配的合理化，或利益和权利的平等，包括机会平等和收入分配平等。所谓效率，则是指在特定时间内投入与产出或成本与收益之间的比率关系。水资源是人类生存必需的物质资源，享有足量优质的水资源供给是社会成员的基本人权，因此，必须保证人们对水资源与水环境的公平使用。在水资源日趋稀缺的今天，要使自然赋存有限的水资源支撑更大的人口与经济规模以及人们生活水平的改善，通过经济等手段激励用水效率和效益的提高是必然选择。公平与效率水资源利用则是社会文明进步的重要标志和当前社会经济可持续发展的必然要求。

流域上下游城市之间以及城市内部不同用水主体之间受地理空间位置所限以及自身开发利用水资源的能力局限，客观上不同城市及经济主体间存在着无法公平地享有水资源和水环境的问题。一是流域上游城市以及强势资本或富人可以过度开发利用水资源以及过度向自然环境排放废水，导致水质下降和水资源稀缺，而下游城市或弱势群体不得不承受由此带来的后果，包括高额的水价与额外购置净水设备。二是为了保护水资源，为保障下游地区城市的用水质量，往往会严格限制上游地区城市经济发展，从而导致上下游城市之间的发展差距，对上游城市不公平。水权益公平理论要求，通过相关经济激励机制、水生态补偿机制来化解发展过程中用水不公问题。通过受益者对受损者和生态保护者给予的经济补偿，缩小不同区域城市间的发展差距，让流域上下游城市之间都能公平共享流域水资源带来的经济效益和生态效益，促进流域区域内社会、经济与生态环境的均衡、协调、持续发展。

二　环境经济激励手段

（一）环境经济激励手段概念与特征

针对环境物品公共属性引发的环境"公地悲剧"与经济活动环境行为的外部性造成的环境恶化与环境不公，环境经济学家提出了一系列政策手段，其中，环境经济激励手段就是重要的制度安排之一。在传统的环境管理过程中，环境问题的解决较多的是采用政府管制的手段，即政府依靠法律与行政的权威性的实施使环境破坏者要么服从，要么面临仲裁和行政程序的惩罚，因而具有经济主体环保行为的外部强制性和内部动力的非自愿性，因而具有较高的行政执行成本，并容易导致经济主体对惩罚的机会主义规避行为。与之不同，经济激励性手段主要是通过相应的制度安排使经济主体对备选方案（如安装排污设施以减少污染或缴费以继续排污）的成本—收益估计和选择，得到一个比没有采用手段时更令人满意的环境状况。因此，环境经济激励手段可以定义为，从影响成本效益入手，引导经济当事人进行选择，以便最终有利于环境的一种手段。[①] 环境经济激励手段能使经济主体以他们认为最有利的方式对某种刺激做出反应，因而具有外部约束的非强制性和经济主体活动的自发性。环境经济激励手段具有如下几个方面的特征。

1. 环境经济手段是与成本—收益比较相联系的

一方面，它表现在政府对环境管理的政策手段要作成本—收益比较。要选择在环境效益相同时的政策手段成本的最小化，或者说要选择在政策手段成本既定时的环境效益的最大化。

另一方面，它表现在使有关经济主体能够根据政府确定的经济手段进行权衡比较，选择能够使自己获益最大的方案。也就是说，环境经济手段使得有关经济主体拥有可选择性。

2. 环境经济手段的使用有利于环境的改善

经济手段的作用在于它影响经济主体的有关环境的决策和行为。

---

① 联合国经济合作与发展组织：《环境经济手段应用指南》，中国环境科学出版社1994年版。

这种影响表现在，使人们所做的决定能够导致比没有这些手段时更加理想的环境状态。也就是说，环境经济手段不是一般的经济手段或财政手段，一般的经济手段或财政手段只强调经济利益的最大化，相对较少考虑环境效果，而环境经济手段的目的在于以"经济"的手段获取良好的环境效果。

3. 环境经济手段不一定与收费计划相联系

一些财政手段（如管制中的收费）不是经济手段，而某一些非财政手段（如排污权交易手段）则是经济手段。环境政策中的排污权交易手段就是旨在以最小的成本达到一定的环境质量标准。因此，它属于环境经济手段。

4. 环境经济手段对经济主体具有刺激性而不具有强制性

经济手段对经济主体的刺激性，可以直接改变经济主体的行为。环境经济手段本身就是与直接管制手段相对应的能使当事人以他们自认为更有利的方式对待特定的刺激做出反应。也就是说，经济主体基于经济利益的考虑，至少可以在两个不同的方案之间进行选择。直接管制手段通常包括一些财政或金融方面的内容。在某些情况下，管制伴随着收费，这些收费并不是旨在改变行为，而是在于惩处，因此这不属于经济手段。

总之，环境经济手段能使经济主体以他们认为最有利的方式对某种刺激做出反应，它是向污染者自发的和非强制的行为提供经济刺激的手段。因此，环境经济手段可简要地表述为，政府环境管理当局从影响成本—收益入手，引导经济当事人进行选择，激发其环境友好行为以便最终有利于环境保护和改善的一种手段。

（二）环境经济激励手段类型与比较

根据是侧重政府干预还是侧重城市机制来解决环境问题的不同，经济激励手段大体可分为：庇古手段与科斯手段①，以及两类手段的结合与延伸。庇古手段与科斯手段是两类最基本的手段，两者既有目标上的共性也有实施手段和效果上的差异。

---

① 沈满洪：《论环境经济手段》，《经济研究》1997 年第 10 期。

1. 三类经济手段的基本内涵

（1）庇古手段是指福利经济学界庇古在著作《福利经济学》中所表述的环境政策措施。庇古认为，由于环境问题的重要经济根源是外部效应，那么为了消除这种外部效应就应该对产生负外部效应的单位收费或征税，对产生正外部效应的单位给予补贴。[①] 事实上，庇古手段假定政府代表公众拥有环境产权并负有保护环境、提供环境公共物品的责任，因而侧重采用政府干预的经济手段来管理环境、解决环境问题。庇古经济激励手段主要包括对资源环境使用或污染征收环境税收（收费），对环境受害者或环境公共品提供者进行补贴等。

（2）科斯手段是指著名的"科斯定理"所表明的内容，即只要能把外部效应的影响作为一种财产权明确下来，而且谈判的费用不多，那么外部效应的问题可以通过当事人之间的公平协商和自愿交易而达到内部化。[②] 显然，科斯手段是在明晰环境产权并公平地赋予各个经济主体的基础上，通过经济主体之间自愿协商或市场交易来激励环保行为和遏制环境污染，因而更倚重市场机制来解决环境问题。科斯环境激励手段主要包括经济主体之间的平等协商如环境污染赔偿、环境产权的交易如排污许可证交易。

（3）随着庇古手段与科斯手段在生态环境管理实践应用中的深入，出现了将庇古手段中的"补贴"与科斯手段中"协商"综合运用的经济激励手段即生态服务付费。简单地讲，生态服务付费，就是生态服务的受益者向生态服务提供者提供一定的经济补偿，以平衡其环境保护成本、牺牲经济发展的机会成本以及由此产生正环境效益的回报，以激发环境保护行为的经济激励手段。[③] 综合国内外研究和实践经验，生态服务付费具有如下基本内涵：①付费行为和生态环境服务之间必须存在某种客观的因果关系，且所支付的费用是出于对环境机会成本的现实考量；②必须保证付费方和生态环境服务的提供方

---

① 亚瑟·赛斯尔·庇古：《福利经济学》，上海财经大学出版社 2009 年版。

② 科斯：《社会成本问题》，载《财产权利与制度变迁》，上海三联书店 1994 年版。

③ 同上。

的知情权，付费是自愿行为；③付费的条件是可以被监测的，这种付费行为还需要受到合同的约束；④付费双方具有确定性，特定生态服务其提供者与受益者是确定的，双方不具备市场机制下的可选择性。可见，生态服务付费以明确界定经济主体环境产权为前提，是建立生态服务提供者与受益者之间的自愿交易行为，因而具有科斯手段的特征。与此同时，生态服务付费本质上是生态服务受益者享有者对生态服务提供者环境保护行为带来正外部效应的经济回报，以弥补其为此承受的相关成本，因而具有科斯手段中经济补贴或补偿的行为。值得说明的是，生态环境补偿机制不具有市场竞争机制的特征，补贴双方无可选择性，补贴额度是建立在双方协商基础上的。

2. 两类手段共同之处

庇古手段与科斯手段的共同之处是，它们都是为了使环境问题的外部效应实现内部化，都允许经济当事人为了实现环境目标通过成本收益的比较选择一种最佳方案。比如庇古手段可以使污染者在"继续污染、缴纳排污费"与"采取治污措施、减少污染产出"两者之间进行比较；而科斯手段可以使污染者在"停止污染"与"继续污染，向受污染者购买污染权或进行赔偿"这两者之间进行比较。两种手段均给予损害环境的经济主体根据各自的技术创新能力来选择外部成本支付还是进行积极的技术创新，减少环境损害，使每个经济主体都具有了更大的选择空间和更大的灵活性，而不是简单地、机械地、僵硬地执行政府环境管理部门的决定。

3. 两种手段利弊比较

庇古手段与科斯手段尽管均是为了实现经济活动环境外部效应的内部化，从而激励高效、可持续、公平地开发利用，但两者实施途径和效果方面存在显著差异，主要表现在如下几个方面：

（1）庇古手段较多地依靠政府干预，而科斯手段则更多地依靠市场机制。但如果依靠政府干预，出现企业向政府"寻租"，那么科斯手段优于庇古手段。因为，按照科斯手段，政府仅是市场秩序的维护者不必直接介入市场。可见，在"市场失灵"情况下庇古手段较为有效，而在"政府失灵"情况下则科斯手段更加有效。

（2）庇古手段需要政府来实施收费或补贴，政府的管理成本较大；而科斯手段需要政府来界定并保护产权，在相关经济活动主体数量较多的情况下，交易费用较大，不易实施。按照科斯定理，在产权明确界定的情况下，无须政府干预即可以通过自愿协商的方法来解决外部性问题。但问题的关键是现实中很难对环境资源产权进行界定和保护。

（3）庇古手段的实施，除了使社会获得环境收益外，政府还可以获得经济收益（庇古税）。科斯手段的实施如果许可证是赠予式的无偿分配，那么政府只能是社会经济主体获得环境收益；如果许可证是拍卖式的分配的，那么政府也可以获得一笔拍卖收益。这导致更多的情况下政府偏好于庇古手段，而公众与企业偏好于科斯手段。

（4）庇古手段需要更高的技术水平要求，而科斯手段对技术水平的要求相对较低。因为庇古税标准的确定要受到技术条件的限制。如果技术过硬、标准科学，那么，庇古手段可以获得良好的效果。而科斯手段的运作，只要根据市场的价格信号来确定即可，即使排污许可证的初次价格的确定不合理，那也可以通过以后多次的市场交易得到纠正。

总之，庇古手段与科斯手段在解决经济主体环境行为外部性问题时各有利弊。庇古手段给了政府调控经济主体行为更大的权力和自由，并可获得客观的资源环境财政税收，用于环境治理；但面临着管理成本大、环境治理信息获取困难等问题。而科斯手段政府管理成本低，市场自由度大；但面临着政府需要明确界定和合理分配资源、环境产权，对经济体制市场化程度要求高，需要克服高交易成本等诸多问题。

（三）环境行为经济激励手段的选择机制

庇古手段和科斯手段各有利弊。那么在环境管理中，如何选择两种环境经济手段呢？我国学者沈满红认为，如果在其他条件不变的情况下，特别是环境收益相同的情况下，环境经济手段的最优选择取决于庇古手段中边际管理成本与科斯手段中边际交易费用的大小比较。[①]
在理性经济人假设下，当庇古手段中政府边际管理成本小于科斯手段
中边际交易费用时，选择庇古手段；反之，当庇古手段边际管理成本
大于科斯手段边际交易成本时，则选择科斯手段。这里说的边际管理
成本是指运用庇古手段管理环境时增加一个污染企业所带来的政府管
理总成本的增量。政府管理成本包括政府环保工作机构的运作成本
（用于庇古手段部分）、环境监测成本和环境税费（或补贴）的征收
成本等。这里假定污染企业的排污量都是相同的，而且不考虑交易费
用和"寻租"行为等效率损失。这里的边际交易费用是指运用科斯手
段管理环境时增加一个污染企业所带来的企业与企业之间交易费用的
增量。采用排污许可证交易的情况下，交易费用包括搜寻交易对象的
信息成本、交易者之间的谈判与订约的成本等。采用自愿协商方式
时，交易费用包括污染者与被污染者之间了解对方信息（如排污量的
多少、污染危害的程度等）的成本与相互进行协调的谈判成本等。这
里不考虑政府的管理成本，即政府确定和分配资源环境产权的成本。
图 6 – 1 表示边际管理成本与边际交易费用随污染企业数量的增加而
变化的情况。

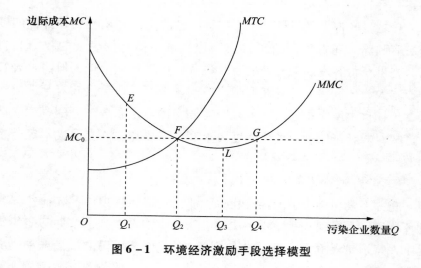

图 6 – 1 环境经济激励手段选择模型

① 参见沈满红《论环境经济手段》，《经济研究》1997 年第 10 期。

图 6 - 1 中，横轴代表污染企业的数量，纵轴代表边际成本。MMC 表示庇古手段中的边际管理成本曲线，MTC 表示科斯手段中的边际交易费用曲线。其中，MMC 曲线之所以先向右下方倾斜然后逐渐上升，是因为政府的环保部门相当于"固定要素"，构成管理固定成本；具体的实施费用相当于"可变要素"，构成环境管理的"可变成本"。因此，如果只有少量污染者与受害者，政府的环境管理的边际成本必然非常大；随着污染企业人数的增加，维持环保部门运行的"固定要素"的"固定成本"分摊到各个企业中去的逐渐减少，而单个排污者庇古税的征收费用标准是一样的，因此边际管理成本曲线是向右下方倾斜的。但是，如果环境问题十分严重，污染企业数量非常大的情况下，管理难度加大，光靠环保部门也许无济于事，还要依靠政府的其他部门（如公、检、法等）的共同配合，这时的边际管理成本又会急剧上升。因此，MMC 曲线随着污染企业数量的增加而持续下降，然后再逐渐上升，呈"U"字形。就科斯手段中交易费用看，由于忽略了政府环保部门"固定要素"固定成本的存在，且随着排污者和受害者数量的增加，交易费用和交易困难均在增加，因此，由于交易费用不仅随污染企业数量的增加而呈直线增加，而且因交易困难的增加而加速增加。这在数学上可表述为交易费用随交易关于排污企业水量的一阶导数大于零。因此，图 6 - 1 中 MTC 曲线随污染企业数量的增加而急剧上升。

用图 6 - 1 可以说明两类环境经济手段的选择区间。MTC 曲线与 MMC 曲线相交于 F 点，由 F 点所决定的边际成本为 MC_0，污染企业的数量为 Q_2。也就是说，当污染企业数为 Q_2 时，选择庇古手段和科斯手段都是可以的。因此，可以把 Q_2 称作庇古手段与科斯手段的临界污染企业数。但是，当偏离 F 点时，情况就会发生变化。当 $Q < Q_2$ 时，由于边际交易费用小于边际管理成本，即 MTC < MMC，政府作为理性经济人当然选择科斯手段。进一步分析可以看到，在当事人很少时，比如，当 $Q < Q_1$ 时，采用排污权交易方式反而会更费成本，此时，交易市场是不完全的，这时的最佳选择也许是自愿协商。当 $Q_1 < Q < Q_2$ 时，则可以采用排污许可证交易方式。在我国，随着市场经济

主体增加和市场机制的不断完善，在确定环境污染总量和产权合理配置基础上，科斯手段特别是市场交易将得到越来越多的应用。

三 水安全风险防控中的经济激励手段

水资源与环境是基础性自然资源环境，具有一般资源环境所具有的公共产品属性和开发利用与保护的外部性。因此在保护和合理开发利用水资源与防控城市水安全风险中，上述庇古环境经济激励手段与科斯经济激励手段同样适用。庇古水安全风险防控经济激励手段包括水资源税（费）、水污染税（费）、水补贴（补偿）；科斯水安全风险防控经济激励手段包括水污染赔偿协商与污水排放权交易。

（一）庇古经济激励手段

按照庇古福利经济学的观点，导致市场配置环境资源失效的原因是经济当事人的私人成本与社会成本不相一致，从而私人的最优导致社会的非最优，进而导致资源的过度索取和浪费。因此，纠正外部性的方案是政府通过征税或者补贴来矫正经济当事人的私人成本。只要政府采取措施使得私人成本和私人利益与相应的社会成本和社会利益相等，则资源配置就可以达到帕累托最优状态。这种纠正外在性的方法也称为"庇古税"方案。

1. 水资源税（费）

水资源税是资源税的一种。资源税是以开采的资源为征税的对象的税种，早期被归结为调整资源级差收入和调节资源财产分配不均的财产税。在当前资源日趋稀缺与可持续利用要求的时代背景下，资源税更关注于资源利用的外部性治理以及调节经济活动外部性带来的资源开发利用的社会不公平；即通过征税提高资源的价格，以减少资源的使用量，起到减少外部性的作用。[①] 可见，当前资源税更具庇古税的特征，通过资源税的征收可以起到较少特定经济主体资源利用的外部性。作为资源税的一种，水资源税主要是指国家为了保护水资源，实现水资源利益的公平分配和宏观调控，根据水资源开发使用的使用

---

① 王萌：《试析资源税与环境税的关系》，《财会月刊》2010 年第 6 期。

量等指标，对一切水资源的开发利用的个人和单位征收的税。① 水资源税征收有利于激励经济主体减少与合理或节水使用水资源，促进水资源的公平、高效、可持续开发利用。

在实际征税中，尽管水资源税常以资源费的形式纳入水费的征收中，但水资源税和水资源费与水费有着严格的概念区分。在我国水费是个外延较广概念，不仅包括水资源税（费）还包括体现供水企业供水经营成本的自来水费以及体现污水处理及其外部成本的排污费，属于弥补供水企业与污水处理企业经营成本的经营性收费。而水资源费是为了用于水资源开发、保护与管理等活动，由政府水主管部门依法征收的行政性收费，常被看作是对行政服务的劳动价值补偿。在学界无论国内还是国外水资源费与水资源税的界限认识仍比较模糊。但在法理上两者则存在显著的区别。首先，税是国家通过立法无偿固定取得的一部分收入，因而具有强制性；而收费则是对政府提供的行政服务的补偿不具强制性。其次，税具有普遍性特征，而费仅对接受政府提供相关服务的个体和企业进行征收。再次，税收具有稳定性，未经法律许可不得随意征收或减免；而收费则可由政府部门根据实际情况灵活调整。最后，税收统一由国家水务部门征收，税收收入由国家预算统一安排使用，主要用于社会公共需要支出，而费主要由国家或地方政府相关行政部门征收，税收收入具有专款专用的性质。可见，水资源税比水资源费更具稳定性、强制性、统一性，克服水费无故拖欠、拒缴，多头管理等问题，更有利于激励用水减少和节约用水，成为当前我国水资源相关税费改革的方向。

2. 水污染税（费）

水污染税属于环境税的一种。按照 OECD 给出的定义，所谓的环境税是指为了达到特定的环境目标而引入的税收，或者虽然最初的引入并非是基于环境原因，但对环境目标有着一定的影响，可以为了环境原因而增加、修改或减少的税收。环境税是把经济活动主体造成环境污染和生态破坏的外部成本，内化到生产成本和市场价格中去，再

---

① 刘淑娜：《水资源税立法研究》，工作论文，河北大学，2011 年，第3—4 页。

通过市场机制来分配环境资源的一种经济手段。按照庇古的福利经济学理论，政府通过征收环境税的办法可使企业环境行为外部效应内部化，从而达到遏制企业环境污染行为的作用。因此，当某一企业排放污水对水资源产生污染形成社会负外部效应时应该对它征税，该税收应恰好等于企业所造成的损害即边际损害成本。水污染税是对那些造成水体因某种物质的介入，而导致其化学、物理、生物或者放射性等方面特性的改变，从而影响水的有效利用，危害人体健康或者破坏生态环境，造成水质恶化的行为而征收的，保护水资源环境为目的的税种。可简单表述为：国家为实现水资源环境的生态环保目标而对一切污染、破坏水环境资源的单位和个人，按其对水环境资源的污染及破坏程度进行征收的一种税收。

在没有征税的情况下，排污企业的生产决策按照企业边际收益等于企业边际成本的原则来确定，即未能充分考虑企业对环境的污染及其带来的外部成本，因此原则组织的生产在实现企业利益最大化时，导致水体过度污染。通过征税，水体污染的边际损害成本实际上由企业以税收的方式支付，使得企业生产私人边际成本提高直至与社会边际成本相等。企业生产边际成本提高，导致每个企业减少生产规模，污水排放量也会减少，与此同时，企业为减少污染导致的污染税的支付，也会自觉减少污水的排放。可见，通过征税可以实现排污数量减少的目的，实现个人效益与社会效益的统一。

与水资源税与水资源费不同一样，水污染税也不同于水污染费。水污染税具有固定性、无偿性和强制性特征，只要是符合环境税法规定范围内的纳税人都必须无偿地缴纳其应缴税额。水污染税对水污染行为具有更大的调控力度和有稳定的资金来源，有利于达到水环境保护目标和良好的效果。而水污染费是指政府专职水务部门向排污者收取的污水处置服务费，属于行政收费，具有不稳定性、弱强制性、有偿性，且专门用于污水处置设施建设与运行，并不能激励排污者自觉减排和有效控制污水排放总量。

在我国仍没有独立开征水污染税。长期以来，在我国环境收税制度中对水污染征收的是水污染费，且至今仍未在全国范围内开征。水污染费的征收范围受征收主体的限制，并没有包括所有水污染行为，如某些地方的居民生活污水的排放等。排污费的征收并不能及时入库，资金利用效率低缓，现行的排污费按月征收或按季征收，实行收支两条线管理，在实际缴费过程中，各级环保部门都设立了过渡账户，造成收入不能及时缴库。另外，排污费征收成本过高，可以用在治理水污染现象的费用严重不足。排污费的诸多弊端预示着水污染费改水污染税的必要性。

3. 水补贴（补偿）

水补贴（补偿）是指政府或其他收益的经济主体对自觉的水环境保护或节水行为给予一定额度的经济补偿，或对水环境恶化的受害者给予一定额度的赔偿。其实质是将对水资源与水环境保护行为产生外部效益内部化，或因保护行为牺牲发展权带来的经济损失，以进一步激励相关经济主体保护水资源与水环境；或者是使经济主体因水环境恶化承受的额外经济损失或成本得到弥补。现实中，水补贴或补偿大体分为三种情况。

（1）补贴水环境与水资源的保护者，包括水系源头保护限制经济发展行为、植树造林涵养水源行为、污染水体的净化行为等。由于此类水资源与环境保护行为的公共性很强，完全按照市场机制不可能满足市场所需要的数量。通过补贴，可以使那些对水环境生态建设有贡献的企业产生更强的水资源与环境保护的积极性，从而产生更多的正外部效应。

（2）补贴水环境污染者与水资源过度使用者，即对污水减排和水资源节约行为进行补贴。由于受某些经济技术条件限制，一些地区或经济主体过度依赖有限的水资源和水污染，如果没有外部资金等手段支持，就在不降低原有发展水平和收入水平下减少水资源开发与污水排放，从而改善水环境。此时的补贴手段主要是政府补足导致水体污染单位的社会边际成本与企业边际成本的差额，使企业在减少污染产生量资源利用的同时仍然可以得到原来的收益。

（3）补贴水环境恶化的受害者。①水环境破坏过程中的受害者，如取用受污染水体进行养殖的渔业单位；②在治理污染过程中的受害者，如为治理环境停开的一些排污较严重的企业。对于这些受害者，政府给予的补贴应等于企业边际成本与社会边际成本的差额。需要预防受害者削弱甚至放弃采用防污措施的动力，尤其当被污染者采取的防污成本低于污染者采取治污措施的成本时，经济效率就会受损。

上述三种水补贴或补偿着眼点和效果不同，前两者侧重水环境问题的源头治理，有利于环境问题的根本治理，而后者严格意义上是一种事后赔偿，侧重于末端治理范畴。

（二）科斯经济激励手段

科斯手段是侧重于运用市场机制来解决环境问题的经济手段。其内容可以表述为：只要能把外部效应的影响作为一种产权明确下来，在交易成本为零时，外部效应问题可以通过当事人之间的自愿交易而达到内部化。科斯手段包括自愿协商、排污权交易等。

1. 自愿协商手段

在水资源管理问题上，自愿协商包括两种情况：

（1）受污染者不具有对受污染水体的财产权，而污染者有污染权。那么受污染者就应该同污染者协商需要多少钱才能使之放弃污染。当受污染者愿意支付在自身承受范围内的成本，且这一价钱高于污染者愿意接受的任何值，结果对交易双方都是有利可图的。

（2）受污染者拥有受污染水体的产权而污染者没有产权。同理，污染者将支付给受污染者一些成本使自己进行允许范围内的污染行为，受污染者在企业边际收益大于边际成本的条件下，将同意污染部分水体。

由此可见，通过自愿协商手段来控制水体污染对双方都是有利益的，只要产权确定，同样可以达到最优污染水平，而不需要政府管制。但是，也不能忽视这种手段的局限性：①应用自愿协商手段的重要前提是产权明晰，然而水资源的产权在实际生活中往往很难界定；②应用自愿协商手段往往忽略了代际公平。此外，还需要良好的市场经济体制作为依托。

2. 排污权交易手段

著名经济学家戴尔斯在科斯定理的基础上提出排污权交易的理

论，他认为，要解决环境污染问题，单依靠政府干预或市场调节都不能起到很好的效果，只有将两者结合才能有效解决外部性。排污权交易手段应用在水资源管理上，可以这样来阐述，政府可以在专家的协助下，将水污染分成一些标准单位，然后在市场上公开标价出售一定数量的污染权，每一份污染权允许其购买者向水体排放一个单位的污染物；政府不仅允许污染者购买这种权力，也允许受污染者、环保组织、政府本身等购买污染权，并通过市场进行交易。

实施排污权交易手段的前提是污染指标出售的总量不能超过水环境容量的限制，绝不能由政府任意发放和出售。污染权初次交易发生在政府部门和各经济主体之间，污染者可以通过该种权利的购买，在技术水平不变的情况下，为维持原来的生产水平向水体排放一定的污染物；受污染者和环保组织可以通过购买污染权，促使水污染排放总量降低；投资者希望通过购买污染权以期望从它的现实价格和将来价格的差价中谋取利润。

从排污权的市场交易来看，存在多种需求关系。①排污企业之间的交易：有的企业随着生产规模扩大，需要更多的污染权；有的企业通过技术创新，对污水的治理成本低于排污权的价格，将选择自行治理。这样的双方进行交易能使彼此都有所收益。②污染企业和受污染者、环保组织的交易：后者通过出资竞购排污权，使得环境标准比政府的环境标准高，迫使污染企业减少污水排放。③污染企业与投资者之间的交易：由于水资源的稀缺性，投资者可以从排污权的买卖中谋取差额利润。④政府与各经济主体之间的交易：随着政府财力的不断增强以及环境质量要求的日益提高，政府可以通过回购一定的排污权，从而减少污染物排放总量，重新制定环境标准。

应用排污权交易手段，政府有效利用其对水环境的产权，使市场机制在水资源的配置和外部性的内部化问题上发挥良好的作用。与其他经济手段相比较，它具有明显的优越性：有利于充分利用市场机制的调节作用，有很好的管理灵活性；有利于促进企业进行技术革新，实现水资源的优化配置；有利于政府对水环境污染总量进行控制并及时做出调整，调动公众的环保积极性。但是，为使排污交易手段切实起到作用，政府必须加强对排污权交易市场的管理能力，对排污企业的排污水平做好监督工作。

第二节 城市供水安全经济激励机制

城市水资源安全主要是指城市供水安全。根据城市水安全供需平衡理论，城市供水安全一方面受制于供给侧的自然界可持续水资源量以及城市开发水资源的经济技术能力，另一方面受制于需求侧的城市社会经济发展对水资源的需求量及其开发利用效率。当城市社会经济规模过度膨胀且用水效率低下使得城市需水超过城市可持续供给量时，城市社会经济发展将面临水资源安全风险。因此，鉴于当前城市可供水量日趋稀缺的客观事实，城市水资源安全风险防控的关键是对城市社会经济需水量的调节及用水效率的激励。本节将重点探讨水资源开发利用经济激励机制，包括水价经济激励机制、水市场经济激励机制。

一 水价机制

（一）水价机制对缓解水资源危机的作用

价格机制作为经济杠杆，使水资源利用中的外部性问题内生化、激励人们产生良好的节水习惯、优化水资源的配置以提高水资源利用效率等方面具有良好调控作用，对缓解城市面临的水资源危机意义重大。具体来说，包括如下几个方面：

1. 水价与节水

节水的方式主要有工程措施和非工程措施两种。节水的工程措施主要体现在使用先进的节水技术设备上。由于长期以来的资金短缺，大规模使用先进节水设备来节水的可行性不大。节水的非工程措施则主要包括：调节供需矛盾的宏观调控手段；促进节约用水的政策法规；科学先进的管理手段。所有这些措施最终都必须体现在提高水资源的利用效率上，而水价作为重要的经济手段，贯穿于以上各种节水的非工程措施中。国内外关于水价弹性的理论研究，很好地证明了水价具有调节水商品供求状况的作用，即只要水价达到一定的水平，提高水价能够激励减少用水。① 国内外水价实践也已经证明，只要水价与水资源开发利用成本和社会经济发展相适应，水价能够较好地发挥价格的经济杠杆作用，制约浪费水资源的行为，诱导不合理的水资源消费习惯的改变，从而促进节约用水。②

2. 水价与水资源优化配置

我国长期的计划经济体制导致政府机制过度使用，而政府失灵的客观存在，使政府机制导致大量经济资源配置的效率损失。③ 水资源作为社会经济发展重要的经济资源，在市场经济的大环境下，通过市场机制（价格机制）进行配置。按照帕累托最优准则确定水商品生产规模和价格，是实现水资源优化配置的科学途径。水价促进水资源的优化配置，主要通过价格的经济杠杆作用来实现。④ 水价的高低直接影响用水企业或其他经济单位的生产成本。当水价较高，企业用水成本达到生产成本的一定比例时，必然对企业的生产利润产生影响，当用水成本很高以至于用水企业进行生产无利可图时，企业必须采取节水措施甚至转产，从而促进水资源向用水效率较高的企业转移；相反，当水价较低，用水成本不被企业重视，必然导致低效率用水和水资源浪费现象的发生。因此，制定合理的价格机制是水资源优化配置的有效途径。

3. 水价与水资源可持续利用

水资源的可持续开发利用是指在满足社会经济发展目标的前提下，水资源与其赋存和利用环境的协调发展。主要包括水资源的代际均衡转移、水资源开发利用效率提高、水环境保护以及对水资源消耗

---

① Moncur, James E. T. , "Urban Water Pricing and Drought Management", *Water Resources Research*, Vol. 33, No. 3, 1987, pp. 393–398.

② 李明、刘应宗：《城市居民节水经济学分析与阶梯水价探讨》，《价格理论与实践》2005 年第 12 期。

③ 乔万敏、冯继康：《萨缪尔森"政府失灵"理论的内涵与启示》，《鲁东大学学报》（哲学社会科学版）1997 年第 2 期。

④ 赵小平：《建立合理的水价形成机制　促进水资源的优化配置》，《价格理论与实践》2003 年第 9 期。

进行合理补偿。而提高水资源开发利用效率、实施水环境的保护以及对水资源消耗进行合理补偿等目标，都与水价密切相关。水价作为水商品的交换价格，其形成机制的合理性和对水资源的可持续利用具有重要的影响。① 随着人们认识水平的不断提高，水资源是稀缺资源，水资源的消耗速率必须与其环境承载能力相协调的观点日益深入人心。以可持续发展为指导的水资源开发利用观的一个重要体现，就是水价形成机制和水价运行机制的科学性和合理性。水资源可持续利用不仅是社会经济可持续发展的客观要求，也是社会经济可持续发展的重要组成部分。而水价能否体现水资源的多重属性，能否体现价格的经济杠杆作用，对提高水资源作为战略资源和稀缺资源的认识、对改变水资源开发利用模式、对建立资源利用和使用的成本核算观念和资源消耗补偿观念，以及对诱导水资源消费观念和消费方式的转变都具有重要的作用。所有这些正是水资源实现可持续利用的基础条件。

（二）水价机制讨论

长期以来，我国城市用水被当成一项社会福利免费或无偿提供和使用，造成水资源的巨大浪费和不可持续地开发利用。改革开放后，在当前市场经济条件下，我国水资源实行供水收费制度，但供水价格也未能充分体现日趋稀缺水资源应有的价值。理论上说，城市供水水价应该实行全成本定价，具体包括原水价格即水资源费（税）率，体现水资源取用者对水资源拥有者国家让渡水资源使用权支付的水租金，以补偿国家管理水资源和消除水资源取用产生环境与社会负外部性使其达到永续利用的成本；经营水价，体现供水者供水管道运输、净水处理、资产折旧、经营者利税等方面的全部成本。

鉴于上述水资源的产权性质与水资源稀缺性与基础性，在具体的供水定价中应遵循如下三个基本原则：

1. 环境效益原则

即水价应该体现水资源的稀缺性和水资源开发利用的环境和社会

---

① 张雪花、王银平、张宏伟等：《谈水价在城市水资源可持续利用中的作用》，《节水灌溉》2007 年第 3 期；贾春宁、顾培亮、鲁德福等：《论合理的水价与水资源的可持续利用》，《中国地质大学学报》（社会科学版）2005 年第 1 期。

影响。自然界的水资源具有有限性和相对稀缺性以及基础性，任何量的水资源开发利用都会减少自然水体的量，不同程度地影响水体及其周边生态环境，继而影响其他居民的生活生产，产生一定的负外部效应。而国家水资源环境的保护、修复、勘测、开发、管理等投入具有很强的公益性和正外部效应。按照庇古理论，无论是取水的负外部性和水环境保护的正外部性，均需要取水者给予支付成本或给予回报，以激励水资源节约取用和水环境保护行为的可持续性。在水价构成中，应以国家或政府部门收取合理的水资源费（税）的形式体现这一原则。通过合理的水资源费（税）的形式，一方面可以体现国家对水资源的所有权，另一方面也便于代表公众利益的国家或政府部门实现对水资源的保护和可持续开发利用的宏观调控，以实现公众利益。由于我国目前的水价制度中，水资源费作为行政事业性收费，仅仅反映的是政府部门水资源的保护和管理成本，未能充分考虑水资源的稀缺性和开发利用的环境成本与社会成本，也未能反映国家水资源使用权出让的租金属性，使得水价明显偏低，不利于水资源的有效配置和永续利用。今后在我国水资源费改税过程中，应充分加以考虑，建立充分反映水资源稀缺性、开发利用的外部性、国家所有及其保护管理成本的动态税率核算和调整机制。

2. 社会效益原则

即水价应该体现社会公平性和保障社会弱势群体的基本用水权益。水资源是人类生产必需的投入要素和生活必需的生存资料，获得足量和优质的水资源是每个人的基本权益。在城市供水市场化改革后，水价不再免费和低价使用，这虽然有利于激励水资源节约和高效利用以及供水成本的回收和供水企业的可持续经营，但同时也给城市居民特别是低收入群体带来生活成本上升的压力，影响其生活水平的提高。因此水价应该充分考虑城市居民的收入水平和支付能力。根据国际经验，水费不应超过居民家庭收入的4%，否则就会对城市居民生活产生影响，引发社会不满。在我国水资源费（税）标准确定和调整中应该充分考虑到这一点。当然，在制定水资源费（税）标准时不是要以城市居民最低收入作为参考，而应以平均收入或以大多数居民的收入最低值为参考，同时对水费总额超过其收入4%的居民进行补贴，增进用水公平。与此同时，为了遏制高收入群体过量用水和低效用水，可采用阶梯水价制，即在确定的生活与生产用水量基础上，基本用水水量采用较高价格，高出基本用水量时每高出一个档次量实行更高档次的水价。

3. 经济效益原则

水价应该体现其经济价值，有利于激励水资源的高效利用并保障供水运营的可持续性。水资源是日趋稀缺的经济资源且水资源的供给和运营产生需要支付高额成本。与此同时，水资源利用特别是生产经营性用水，可产生经济收益。因此，在当前市场经济条件下，水价中经营性水价应该能够保障供水企业回收全部供水成本并获得一定额度的投资利润，以保证企业能够可持续运营并吸引社会资本的持续投入；同时根据不同用水性质制定差别化水价。对于居民基本生活用水，应该以较低价格供应，对于经营性用水应以较高水价供应，以体现水资源的经济价值，以激励用水者提高用水效率与效益。考虑到城市供水的自然垄断性，为防止供水企业为获取高额利润依据虚假供水成本定价，一方面需加强政府对供水企业的财务的核查和监管，另一方面可通过区域比较法，采用同类区域不同城市供水平均成本作为供水企业成本定价的参考和监管依据，以管控供水企业定价和激励企业提高经营水平。

（三）水资源税标准设计

在水费构成中，经营性供水成本水费基本收费标准容易确定且技术成熟，但水资源费（税）标准目前还没陈述的核定方法。本书重点探讨能够体现水资源稀缺和国家水资源权租金，以及水资源开发利用与保护管理外部性的水资源费（税）的标准设计方法。当前还未开征水资源税，但面对我国日趋严峻的水资源供需矛盾和保护形势，由于水资源税的正式性、强制性、权威性，可以充分体现国家对水资源的所有权，充分发挥税收的经济杠杆作用，进一步激励节约用水和水资源的高效配置，水资源费改税已成为必然。

1. 水资源税标准设计的理论与法理依据

天然水资源是自然公共产品，为代表全体社会成员的国家所有。作为一种自然财富，其使用可产生一定的经济收益，因此其所有权可以产生地租。国家向水资源的使用者征收一定的费用，既体现了水资源的价值，也体现了国家对水资源的所有权。水资源税是国家对有价值的水资源所有权的经济体现。作为一种资源地租，水资源地租（税）可分为绝对地租和相对地租（税）。前者是国家依靠水资源所有权获得的收益，所有使用者不管有无收益均应该向国家缴纳水资源地租（税）；后者指优质水资源取用收益与劣等水取用收益之差额，是使用优质水的取用者需要向国家额外缴纳水资源地租，可由不同税率进行调节。

水资源征税有其明确的法律基础。我国宪法明确规定："矿藏、水流、深林、草原等自然资源都属于国家所有，即全民所有……"水资源属于国家所有，水资源的开发利用者因水资源的开发利用而受益，因此，必须向所有者支付补偿，即向国家缴纳水资源税。这构成了水资源税征收的法律基础。

2. 水资源税标准设计原则

由于水资源不可替代性、相对稀缺性等特征，其计税标准设计应与其他资源税不同。在设计水资源征税标准时，应充分考虑如下几个方面。

（1）应充分考虑水资源的稀缺程度以及其地域差异。水资源稀缺程度越高，水资源的绝对地租即征税标准就越高，以反映水资源的稀缺性，以及开发利用可能带来的环境和社会外部成本。在我国西北地区水资源异常稀缺，生态环境受人类水资源开发利用以及流域下游社会经济活动对上游的水资源的开发利用影响大而敏感，因而国家征收的水资源税需要充分考虑此类影响，征收较高税额以弥补此类影响带来的相应损失，同时可激励节约用水和提高水效率。

（2）要充分考虑水资源条件。这里的水资源条件主要指水质的优劣和开发的难易程度，水资源水质高和开发条件优，水资源开发利用可带来与其他地方相比更高的经济收益，因此需要缴纳较高标准的水资源税额，以反映水资源的级差地租收益。但是，水资源取用前提开发是由国家或地方政府进行，那么在水资源自身开发条件差的地区需要征收较高标准的税额，以反映国家或地方政府水资源保护、勘测、开发、管理的成本。

（3）充分考虑地下水与地表水的差异。地下水更新周期长，开采后易造成地下水位下降，环境影响大，因此需要采用较高税额，以反映其环境成本。最后应充分考虑区域经济发展水平和行业差别。经济发展水平高的地区和收益率高的行业水资源税承受能力大，宜征收较高的水资源税。如工业、洗浴等行业用水效益远高于农业，应征收较高的税额。

（4）考虑用水性质，用水为必需性基本用水时如日常生活用水以及用水为重要水时如农业用水，考虑到刚性需求和基础性特性且节水空间不大，为避免对用水者生产生活造成不利影响，不宜征较高标准的税额；相反，对于如洗浴等非刚性需水，在水资源日趋稀缺的情景下，为遏制其需水量，宜征收高标准税额。

3. 水资源税核算方法

根据上述分析，水资源税至少由以下四部分构成：①水资源使用权的购买价格，该价格是国家所有权借以实现的经济形式，表现为天然水资源的价格；②水资源前期基础工作投入的补偿；③水资源现行宏观管理费用的补偿等；④水源涵养和保护费用及环境外部成本的补偿。为全面测算水资源税征收的基础——水资源税标准，需开展供水的天然水资源价格及前期宏观水资源管理费用计算，具体可采用如下方法。

（1）天然水资源价格计算方法。

①支付意愿法。以亚洲亚发银行和世界银行建议的经验法估算消费者的水费支付意愿或愿付价格，设其为 P_{yy}，然后计算供水系统的边际成本 C，则天然水资源价格的间接估算值 P_T 为：

$$P_T = P_{yy} - C \tag{6.1}$$

②影子价格法。[①] 资源的最优配置可以转化为一个线性规划问题，

---

① 袁汝华、朱九龙、陶晓燕等：《影子价格法在水资源价值理论测算中的应用》，《自然资源学报》2002 年第 6 期。

该线性规划的对偶解就是该资源的影子价格，即所求的资源价值，线性规划理论下资源的优化配置模型为：

$$\begin{cases} \max(Z) = Cf(x) \\ \text{s. t. } g_m(x) \leqslant b_m \quad (m = 1, 2, 3, \cdots, n) \text{且 } x \geqslant 0 \end{cases} \tag{6.2}$$

式中，x 为资源量，C 为常数；Z 为利用资源量 x 产生的社会净效益；$g_m(x) \leqslant b_m$ 为第 m 种资源的约束条件；b_m 为资源 m 的可利用量。

（2）水资源前期投入与宏观管理费用补偿计算方法。① 从弥补或补偿水资源管理成本费用的角度，水资源税征收标准中应包含水资源前期投入与宏观管理的相关费用补偿。基于投入的水资源税标准计算是以所需要弥补或补偿的成本费用为依据。根据我国 2008 年发布的《水资源费征收使用管理办法》，需要考虑三种类别的投入来计算水资源费标准：水资源前期基础工作费用、水资源管理费用和水源保护工程建设费用。

①单位水资源量前期基础工作费用的计算方法。设第 t 年投入的需要水资源税弥补的前期基础工作费用（包括水文监测、水资源勘测、规划、评价、水量监测等）为 C_t，基础工作费用的核算年数为 T，社会折现率或资本的机会成本为 i_t，则累计投入的前期基础工作费用 C_q 为：

$$C_q = \sum_{t=1}^{T} C_t (1 + i_t)^{T-t+1} \tag{6.3}$$

设区域 t 年征收水资源税的水资源量为 W_t，则单位水资源量每年需补偿的费用为：

$$P_q = C_q \bigg/ \sum_{t=1}^{T} W_t \tag{6.4}$$

式中，基础费用的核算期 T 一般可根据当地水资源和社会经济情况确定。

②单位水资源量现行管理费用计算方法。设区域需要水资源费弥补的年水资源管理费用（水资源的实时监控、各种水资源管理机构的

---

① 沈大军：《水资源费征收的理论依据及定价方法》，《水利学报》2006 年第 1 期。

开支等）之和为 C_g，区域或流域城市多年平均征收水资源费的水资源量为 W，则单位水资源量现行管理费用 P_g 为：

$$P_g = C_g/W \qquad\qquad (6.5)$$

③单位水资源量水源工程建设成本费用计算方法。假设需要水资源税弥补的每年用于区域水资源开发、利用和保护的水源工程建设的成本费用为 C_j，区域多年平均征收水资源税的水资源量为 W，则单位水资源量水源工程建设开支 P_j 为：

$$P_j = C_j/W \qquad\qquad (6.6)$$

（3）水源保护涵养费与外部成本补偿费核算方法。假设区域每年用于水源保护和涵养以及因取水造成的生态破坏的修复的总成本为 C_k，区域多年平均征收水资源税的水资源总量为 W，则单位水资源量需要征收的水源保护涵养和生态修复水资源税额 P_k 为：

$$P_k = C_k/W \qquad\qquad (6.7)$$

根据上述各分量的计算，以成本费为基础水资源税征收标准 P_c 为：

$$P_c = P_a + P_g + P_j + P_k \qquad\qquad (6.8)$$

即区域单位水资源量征税标准为单位天然水资源量价格、前期工作基础费、水资源宏观管理、水源保护涵养与生态修复四种成本之和。

二 水权交易激励机制

（一）基本概念辨析

在我国，所谓水权，是指水资源的所有权和使用权。根据我国《水法》规定，水资源所有权属于国家。本书所指的"水权交易"中"水权"是指国家凭借水资源的所有权向单位和人有偿让渡的水资源使用权，而"水权交易"是指"在合理界定和分配水资源使用权基础上，通过市场机制实现水资源使用权在地区间、流域间、流域上下游、行业间、用水户间流转的行为"，主要包括区域间水权交易、取水权交易、灌溉水权交易。① 在城市供水安全系统中，发挥激励节水

---

① 中华人民共和国水利部：《水权交易管理暂行办法（2016 年）》（水政法〔2016〕156 号），2016 年 4 月 19 日公布。

和用水效率的主要是取水权交易。本书即是在这个意义上探讨水权交易这一增进水安全的经济手段。

取水权是指取水人依法取得取水许可并缴纳相应水资源费（税）后获得的直接从江河、湖泊、地下取用水资源的权利。而取水权交易是指"获得取水权的单位或者个人（包括除城镇公共供水企业外的工业、农业、服务业取水权人），通过调整产品和产业结构、改革工艺、节水等措施节约水资源的，在取水许可有效期和取水限额内向符合条件的其他单位或者个人有偿转让相应取水权的水权交易"。① 可见，取水权交易存在两个前提条件：交易双方均有明确的水资源使用权且水权转让方已经获得了一定的数额的取水许可，这为取水权交易提供了产权和法律基础；可交易的取水权必须是转让方经过高效率使用节约的水资源，以保证水权交易激励节水和高效利用目标的实现。

根据现有的相关法规制度，可从如下几个方面全面认识我国现有的取水权交易制度：交易的主体是依法获得取水权的单位和个人；交易的标的物为通过调整产品和产业结构、改革工艺、节水等措施节约的取水权；其期限为水资源使用许可的有效期和取水限额；其价格则是由双方当事人自愿协商或市场竞争获得；在程序上，应当经原审批机关批准，双方签订取水权交易协议或合同，并到原审批机关办理取水权变更手续，更换使用权许可证。

（二）取水权交易优化模型构建

2012 年年初，国务院出台了《关于实行最严格水资源管理制度的意见》，为我国水资源开发利用规模和利用效率划出了控制红线，即到 2030 年全国用水总量控制在 7000 亿立方米以内，万元工业增加值用水量降低到 40 立方米以下，农田灌溉水有效利用系数提高到 0.6以上。这实际上为城市内不同用水主体之间特别是工业用水主体之间水权交易提出了两大约束条件：一是城市内部不同用水主体取水权明确而有限，即在严格控制城市用水总量背景下，通过严格的水权划

---

① 中华人民共和国水利部：《水权交易管理暂行办法（2016 年）》（水政法〔2016〕156 号），2016 年 4 月 19 日公布。

分，各用水主体的取水权是明确而有限的；二是各交易主体可用于交易的水权量是受明确限制的，即水权转让方出让的取水权必须是在达到国家或地方政府规定的用水效率标准后节约下来的取水权。上述两个条件为城市水权交易模型的构建提供了基本的限定。

基于上述限定，参照文献赵培培等的研究成果①，本书尝试构建最严格水资源管理制度下的社会经济效益最大化目标约束下城市取水权交易模型。其基本思路如下：

第一，对城市内各用水户年度计划用水量进行预测，若总计划用水量超出城市用水总量控制红线约束，需要采取节水措施适度压缩用水规模。

第二，根据城市各用水户用水效率、节水潜力、未来发展需求等，计算城市内可交易用水权，采用重复利用率等作为节水指标，计算出用水户通过一定节水措施后节约的水权，在保障各用水户基本用水情况下计算出其可交易水权。

第三，以城市的经济社会效益最大为目标函数，并考虑城市用水总量控制红线及优先级等约束条件，实现城市用水户用水权交易方案优选。

第四，基于用水权交易的优选结果，计算可交易取水权，并明确不同单元水权交易的主客体和优先次序等。

1. 城市可交易水权的核算方法

在初始水权分配后，并不是所有的水权都可以用来交易，只有在满足一定的交易准则下才能转化为可交易水权。城市水资源在经过初始分配后进入用水户层面，可通过行业用水效率控制红线激励节水，促进水权流转，从而达到交易的效果。但需在用水权交易时，遵循如下原则：①不突破城市用水总量控制红线；②不突破城市用水效率控制红线；③保障城市用水户基本用水，用于交易的水权应为满足各行业基本需求后通过节水措施节余的水权，如必须预留能满足基本生活

---

① 赵培培、窦明、洪梅等：《最严格水资源管理制度下的流域水权二次交易模型》，《中国农村水利水电》2016 年第 1 期。

用水需求和生态需求的水权；④可获取原则，可交易水权必须可获取并在预定期限和经济条件下能够保证交易实现。基于这些原则条件，可以构建城市可交易水权核算的数学模型如下：

$$\begin{cases} \sum_{j=1}^{m}(Q_{jy} - x_{sj}) \leqslant W \\ \sum_{j=1}^{m} Q_{ja} \leqslant W \\ |Q_{ja} - (Q_{jy} - x_{sj})| \leqslant Q_{jr} \\ W_{jt} \geqslant W_{jh} \\ Q_{ar} \geqslant Q_{art} \end{cases} \qquad (6.9)$$

式中，m 为城市用水户总数；j 为第 j 个用水户；Q_{jy}、x_{sj} 分别为第 j 个用水户节水前的需水量、节水潜力；W 为城市用水总量控制红线；Q_{ja} 为第 j 个用水户的计划用水量；W_{jt}、W_{jh} 为第 j 个用水户的用水效率、其所在行业的用水效率控制红线；Q_{ar} 为该城市行政预留水权；Q_{art} 为城市可交易行政预留水权。

其中，x_{sj} 的计算公式为：

$$x_{sj} = Q_{jy}(T_{j1} - T_{j2}) \qquad (6.10)$$

式中，T_{j1}、T_{j2} 分别为第 j 个用水户采取节水措施后和节水前的节水指标。

Q_{jr} 的计算公式为：

$$\begin{cases} Q_{jr} = Q_{ja} - Q_{j基本} \\ Q_{j基本} = Q_{ja}(1 - P_j) \end{cases} \qquad (6.11)$$

式中，$Q_{j基本}$ 为第 j 个用水户满足其自身基本用水需求水权；Q_{jr} 为第 j 个用水户剩余水权；P_j 为用水保证率。

由此，得出第 j 个用户的可交易用水权表达式为：

$$\begin{cases} Q_{jt} = Q_{ja} - (Q_{jy} - x_{sj}) + Q_{art} \\ Q_{js} = \min\{Q_{jt}, Q_{jr}\} \end{cases} \qquad (6.12)$$

式中，Q_{jt} 表示第 j 个用水户通过节水潜力计算得到的可交易水权；Q_{js} 表示第 j 个用水户根据实际剩余水权情况得到的用水户最终可交易用水权。

根据计算结果，如果 Q_{jt}、Q_{js} 是负值，表示该用水户在当前的需水量和节水潜力下，其计划用水量不足以满足其需水量，需要购买一定水权；如果是正值，则表示在当前的计划用水和节水潜力下，除满足其自身需水外仍有富余水权，可用于交易。

2. 城市水权交易优化模型

（1）目标函数。在总取水量和用水效率限定下，用水权交易的目的是通过水权重新分配和水资源高效利用以满足各类用水户的用水需求，并追求水资源使用所带来的最大经济社会效益。反映经济社会效益最优的指标有很多，由于本书在水权交易时涉及对整个区域用水状况的调控，采用 GDP 这一指标更容易反映不同行业所追求的共同发展目标。为此，以城市 GDP 最大作为用水权交易优化模型的目标函数。假设城市用水户数为 m，则目标函数可表示为：

$$MEB = \max \sum_{j=1}^{m} puG(Q_{ja} + x_{js}) \tag{6.13}$$

式中，MEB 表示城市 GDP 的最大值；Q_{ja} 为城市第 j 个用水户的计划用水量；x_{js} 为第 j 个用水户交易的水权量，其值为正时表示购买用水权，为负时表示出售用水权；puG 为城市第 j 个用水户的单方水GDP 产值。

（2）约束条件。

①用水总量控制约束：城市取水总量应不高于该城市所分配的用水总量控制红线，即：

$$\begin{cases} \sum_{j=1}^{m}(Q_{jy} - x_{sj} + x_{js}) \leqslant W \\ W > 0 \\ Q_{jy} > 0 \end{cases} \tag{6.14}$$

式中，m 为城市用水户总数；j 为第 j 个用水户；Q_{jy}、x_{sj} 分别为第 j 个用户节水前的需水量、节水潜力；x_{js} 为第 j 个用水户交易的水量；W 为城市用水总量控制红线。

②用水效率控制约束：用水户的用水效率应不低于其所在行业的用水效率控制。

$$W_{jl} \geqslant W_{jh} \tag{6.15}$$

式中，W_{jl}、W_{jh} 为第 j 个用水户的用水效率、其所在行业的用水效率控制。

③满足基本用水需求约束：进行水权交易时必须满足用水户基本用水需求。

$$Q_{jy} - x_{js} \geqslant Q_{j\text{基本}} \tag{6.16}$$

④满足交易条件约束：各用水户交易的水量不能超过该用水户的可交易水量，即：

$$x_{js} \leqslant Q_{js} \tag{6.17}$$

式中，Q_{js} 为第 j 个用户的可交易用水权。

⑤交易优先次序约束：该约束是为了实现水权从用水效率低的用水户向用水效率高的用水户的流转。以用水户单方水 GDP 值作为交易的优先次序：对于售水户来说，单方水产生的 GDP 越小，优先级越高；对于购水户来说，单方水产生的 GDP 越大，优先级越高。

3. 城市水权交易优化模型的实现

为了实现上述城市交易过程的优化，采取分层优化求解方法。具体思路为：首先计算得到用水权交易方案，输入用水权交易的目标函数和约束条件，通过用水权交易模型，采用 Matlab 软件中的 Linprog 函数进行求解，产生若干个基可行解，把前两个基可行解代入目标函数，取目标函数较大的为较优方案，依次与剩余的方案进行比较，最终优选出目标函数最大所对应的最优方案。

第三节　城市水环境安全经济激励机制

一　排污权定价机制与标准研究

（一）理论基础

排污收费是当前许多国家和地区普遍采用环境保护手段。它是一种将污染者产生的负外部成本内化为污染者成本，从而激励污染者减少污染排放而保护环境的一种经济机制。其理论基础是前述庇古税理论。通过排污收费，为切实达到激励减排的目的，制定合理的收费标准是其核心工作：过低不足以补偿环境损失，也无法激励企业采取清洁生产行为；过高则为企业造成沉重的经济负担，影响企业生产积极性。合理的收费标准理论上应与企业排污造成负外部成本一致，但现实中很难界定企业排污造成的外部损害和成本。事实上，基于污染成本核算的排污定价机制并不能真正达到激励减排的目的。因为这实际上承认了排污行为必然性和正当性，只要排污者支付了排污费，就允许继续排污；排污者支付的费用不足或不大于减排带来的额外成本，就没有动力减排。这是当前排污费标准偏低的背景下，水污染得不到遏制的根本原因。

与之不同，本书将在经济主体企业微观决策分析的基础上，提出一种新的排污收费定价机制和定价模型，认为企业之所以持续排污而非减排是因为企业从排污而非减排中获得了额外的收益，影响企业采取是否措施减排的关键因素是减排前后企业单位产出的利润差，而排污收费通过调整该利润差可以影响企业是否采取减排行为决策。当排污收费足以超过该利润差时，该企业基于自身利益最大化的考虑，必然会采取减排措施。基于此，本书进一步构建了基于清洁生产转型减排目的与区域排污总量控制目标相联系的排污收费标准求解模型。研究将为政府促进企业清洁生产转型与排污总量控制提供科学的排污收费标准工具。该排污定价机制从企业最关心的利润平衡的视角去设计排污费标准，对企业减排的激励具有根本性和持续性。

（二）基于利润平衡的减排激励机制

经济利益（即利润）最大化即追求单位投资回报最大化是企业生产经营的根本目标。那么企业是否向清洁生产转型以减少污染排放量，取决于生产转型前后企业单位产品（产值）预期利润差，若前者大于后者则企业维持当前生产模式，若前者小于后者，则采取后者生产策略即清洁生产。一般情况下，由于采取清洁生产必然会增加生产各项成本，清洁生产后至少在一定时期内必然会使得生产者单位产值利润降低，使得生产者不愿意采取清洁生产。因此，为了促使企业采取清洁生产，通过排污收费制，对污染企业现有生产的排污行为进行收费，收费标准要使得单位产值排污收费大于维持当前生产与采用清洁生产单位产值利润差。当根据企业调查确定了企业单位产值利润差后，根据当前企业单位产值污水排放当量，就可以确定企业采用清洁生产后减排单位污染物当量的机会成本，也是企业维持当前生产模式比采用清洁生产模式单位污水排放获得的额外利润。这里的减排单位污水排放当量机会成本计算公式为：

单位产值利润差/单位产值排放污水当量差 = 减排单位污水当量机会成本

当污水当量收费标准大于该机会成本时，即维持原生产排放单位污水当量额外收益时，就会促使企业改变生产策略实施清洁生产。在具体求解该排污收费标准时，根据减排总当量的要求和激励采用的清洁生产策略，就可以确定企业单位排污当量的收费标准。

（三）基于利润平衡的减排激励排污定价模型

假定某排污企业采用当前生产模式单位产值排污量为 P_1，采用清洁生产策略后单位产值排污量为 P_2；企业维持当前生产单位产值利润为 R_1，采用清洁生产单位产值预期利润为 R_2。那么，在其他条件相同情况下，企业清洁生产转型机制为：

①当 $R_1 \geqslant R_2$ 时，企业维持原生产方式；

②当 $R_1 < R_2$ 时，企业自愿转型清洁生产和减排。

令 $W(R) = R_1 - R_2$，W 表示企业生产单位产值利润差异。若知道某地区所有排污企业生产的 W 的分布 $t(w)$，那么可以计算所有自愿选择清洁生产的产值规模的比例 $r(R)$ 以及减排污水的量 $s(R)$。某地区排污企业总产值规模为 Q，那么，$r(R)$、$s(R)$ 计算公式可分别表示为式（6.18）和式（6.19）。

$$r(R) = \int_{-\infty}^{0} t(w)dw\left[0 \leqslant r(R) \leqslant 1\right] \tag{6.18}$$

$$s(R) = r(r)Q(P_1 - P_2) \tag{6.19}$$

通过企业随机抽样调查获得排污企业生产减排前后单位产值利润差异的分布以及平均单位产值污水当量减排量，进而可求取企业自愿清洁生产转型后总污染物减排量。

为激励企业进行清洁生产转型，增加污水减排量，对排污企业进行排污收费（税）。假设对企业维持原生产模式排放单位当量污水收费标准为 p_e，即单位产值收费标准为 P_1p_e，那么在不存在其他激励条件下，企业清洁生产转型机制将变为：$W(R) \geqslant (P_1 - P_2)p_e$，企业维持原生产模式；当 $W(R) < (P_1 - P_2)p_e$，即 $W(R)/(P_1 - P_2) < p_e$ 时，企业采用清洁生产。$W(R)/(P_1 - P_2)$ 为减排单位污水当量企业付出的机会成本。

根据企业问卷调查，可以确定企业机会成本的空间分布，从而可以确定在补偿标准为 p_e 时，机会成本由 0 至 p_e 处的企业生产清洁生产转型产值规模的比例，如式（6.20）所示。

$$Q' = \int_0^{p_e} \phi w / (P_1 - P_2) \, d(w/p_1 - p_2) \tag{6.20}$$

而新增污水减排量为：

$$S(p_e) = r(p_e) Q (P_1 - P_2) \tag{6.21}$$

式（6.21）表明，新增生态系统服务 $S(p_e)$ 是补偿标准 p_e 的函数，已知新增减排污收费标准目标，可以根据式（6.21）计算排污收费标准。本书计算我国三种清洁生产转型方案，在年份减排目标约束下的排污收费标准。

二 流域内城市水污染赔偿激励机制

（一）基本概念

水污染赔偿是指当污水排放超过了相应的总量控制标准或跨界断面的考核标准时，产生了负的外部效应，如提高了下游地区治污的费用、对下游造成直接经济损失等，则上游地区排污者应给予下游地区一定的经济赔偿，如承担下游的超标治污成本并赔偿对下游造成的损害等。流域内城市水污染赔偿是通过协调水环境的合理利用、保护和建设过程中排污者和承污者的利益关系，使城市水污染外部效应内部化，以维护、改善流域内城市水环境服务的。

流域水污染纠纷表现形式多样，什么情况下应该财务赔偿，什么情况下采取补偿，需要根据主体间的不同利益关系确定。在研究流域城市水污染赔偿标准核算和政策前，首先要明确利益主体间的利益焦点，进而确定是否应该采取赔偿。一般情况下，当流域内的一个或若干个城市因其排污行为造成其他城市无法正常享有、使用相应水环境产品时，应向受其行为影响的其他城市提供一定形式的赔偿。关于某一行政主体的行为是否存在对其他主体的影响，可以根据上级行政部门、流域管理机构或其他流域协商机制制定的流域水环境管理目标确定。

（二）基于经济损失的水污染赔偿标准的确定

1. 基本概念与思路

基于经济损失的流域城市间水污染赔偿标准就是根据下游各城市受到上游污染物超标排放影响的程度特别是经济受影响的程度，确定上游对下游相关城市应该承担的赔偿额。其基本思路如下：首先，计算流域水污染经济损失量，以下游即受偿区各城市由于水污染所造成的经济损失作为赔偿依据，可以采用流域水污染经济损失计算模型来确定。其次，由于对下游产生污染的城市可能包括其上游多个区域的城市，下游受偿区如果超标排污，也会对其本身的水质产生影响，所以需要确定下游各地区受到各处排污经济影响的比例，此时可以采用水环境数学模型计算得到对下游各相关城市产生影响的城市，进而得到这些城市在总体影响中所占比例。最后，根据影响比例，结合水污染经济损失量，可以计算得到上游各赔偿城市应该承担的赔偿金额和标准。

2. 经济损失核算模型

（1）模型构建与分析。根据国民经济核算体系框架，流域城市间水污染经济损失主要包括家庭生活、工业、旅游业、公共消费等方面的经济损失。对于流域水污染损失的定量评估可以采用水污染经济损失的计量模型，该模型通过建立水质状况与各类实物型经济损失量的定量关系，对水污染经济损失进行货币化定量评估，反映出因人类活动所造成的水环境价值减少量，故流域水污染经济损失曲线也称为水质与经济影响关系曲线。环境经济界普遍认为，水质状况与经济损失之间的关系如图 6 - 2 所示，横坐标 Q 代表综合水质级别，纵坐标 γ_i

代表水污染第 i 项经济活动受损失程度，将其定义为"水污染对 i 分项人类活动造成的经济损失量 ΔF_i 占该分项经济活动总产量值 F_i 的比重"，可用式（6.22）表示。

$$\gamma_i = \frac{\Delta F_i}{F_i} \tag{6.22}$$

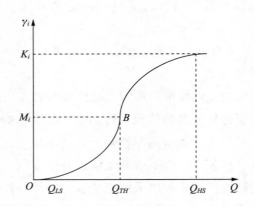

图 6 - 2 水质与流域水污染经济损失关系示意

图 6 - 2 直观地反映了水质变化与其造成的经济损失量关系：水质对经济影响的关系是非线性且连续渐变的过程。当水质未被污染且好到一定程度，如 $Q < Q_{LS}$ 时，水环境质量很少乃至不会对社会经济造成损失；而当水质恶化到一定程度后，如 $Q > Q_{HS}$ 时，水体基本丧失了应有的服务功能，水污染造成的经济损失率趋向恒定状态，达到最大值 K_i。一般情况下，$K_i < 1$，所以，在我国的水质标准分类和水质评价体系中，当水体的水质状况超过了 V 类后，水质标准不再分级，水质评价结果都归为劣 V 类水体。在水质恶化过程中会出现拐点 B，此时水污染经济损失程度变化最快，对应的水污染经济损失率为 M_i，水质类别为 Q_{TH}。当水质处于 $Q_{LS} < Q < Q_{TH}$ 时，水质处于急剧下降的阶段时，水污染对经济损失的增长速率也通常呈上升趋势；当水质处于 $Q_{TH} < Q < Q_{HS}$ 时，水污染对社会经济危害的增长速率通常呈下降趋势并逐渐趋向恒定，达到水污染影响的损失上限 K_i。

用数学手段定量化描述如图 6 - 2 所示的水质与经济影响关系曲线，建立水质与经济影响关系的替代函数，即流域水污染经济损失函数，是对水质与经济影响关系进行定量化研究的最有效技术手段。在进行替代函数的寻求过程中，既要保持客观关系曲线的真实性，同时又要考虑替代函数的实用性，包括基础变量资料的可获取性等。本书采用了李锦秀教授提出的替代函数，其基于"符合水质对社会经济影响的主要特征""数学表达式简单实用""数学变量尽可能与国民经济核算体系和水资源质量公报的统计变量相一致"和"函数等式变量量纲保持一致"四个原则，通过对几十种常用函数类型进行适定性检测试验后提出用双曲线型函数来表示水质对经济影响关系特性，函数表达式为：

$$\gamma_i = K_i \frac{e^{a(Q-Q_{TH})}-1}{e^{a(Q-Q_{TH})}+1} + M_i \qquad (6.23)$$

式中，下标 i 为第 i 项经济活动，也就是水污染经济损失计算的各个分项；γ_i、M_i 和 K_i 分别代表水污染引起的分项经济损失率、水质拐点处对应的分项水污染经济损失率和水质对社会经济活动的影响上限，即不同水质状况下的流域水污染经济损失率，具有同一量纲单位的变量；a 为表征图 6 - 2 曲线形态的重要参数，反映了水污染对社会经济影响的敏感程度，是无量纲系数，a 值越大，函数曲线越陡，表明水质对经济的影响越敏感；反之，函数曲线越平缓，水质对经济的影响敏感性较差；Q 和 Q_{TH} 分别代表综合水质类别和水质影响拐点处的水质类别，也是无量纲单位。

（2）模型参数的确定。从逻辑推理上分析，水污染对不同经济活动影响过程的总体特征基本上是一致的，可以用公式来表述。但是，水污染对不同经济活动的影响程度是不一样的，即经济损失函数表达式中的待定系数应该是不一样的。下面基于我国现有的流域水质评价资料状况及学者的相关研究确定流域水污染经济损失计量模型中的参数。

①水质类别 Q 的确定。采用全国统一的水质标准和水质评价，依据地表水水域环境功能和保护目标，按功能高低依次划分为Ⅰ类至Ⅴ

类和劣于Ⅴ类共六种类别，其中，Ⅰ类主要适用于源头水、国家自然保护区；Ⅱ类主要适用于集中式生活饮用水地表水源地一级保护区、珍稀水生生物栖息地、鱼虾类产场、仔稚幼鱼的索饵场等；Ⅲ类主要适用于集中式生活饮用水地表水源地二级保护区、鱼虾类越冬场、洄游通道、水产养殖区等渔业水域及游泳区；Ⅳ类主要适用于一般工业用水区及人体非直接接触的娱乐用水区；Ⅴ类主要适用于农业用水区及一般景观要求水域。

在将其进行数学表述时，可以用1—6的数量分别代表水质标准中的相应类别，如数量1对应于水质评价中的Ⅰ类，依次类推。对于特定研究区域，我国水质评价结果通常表示为各个不同水质类别河长占评价总河长的比例，来反映评价区域的水质状况。为此，研究区域的综合水质类别可以用加权平均法求解得到。

以图6-3为例说明某一区域的水质综合类别的评价，假定该区域内共5个水功能区，各水功能区的河长为 L_i，水质类别为 Q_i，河的总长度为 L_j，则该区域的水质综合类别 Q 为：

$$Q = \sum_{i=1}^{5} \left(Q_i L_i \middle/ \sum_{j=1}^{5} L_j \right) \tag{6.24}$$

区域内的水功能区数可以变动，即当区域内水功能区 n 个，则该区域的水质综合类别 Q 的一般表达式为：

$$Q = \sum_{i=1}^{n} \left(Q_i L_i \middle/ \sum_{j=1}^{n} L_j \right) \tag{6.25}$$

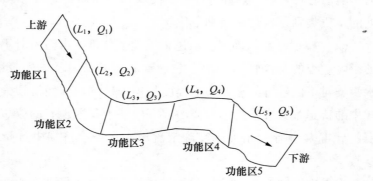

图6-3 流域上下游功能区示意

②拐点处水质类别 Q_{TH} 的确定。在 Q_{TH} 水平时，水质稍有变化就会对经济有较大的影响，该点反映了水体环境质量对人类经济活动影响敏感的程度以及社会经济和人类生活对水体的敏感反应程度。通过查阅水环境污染严重地区的水质发展历程、我国各地区对水环境污染治理的投资增长趋势、工农业等不同用水部门对水质使用要求等资料文献，同时咨询有关部门的管理者和专家，认为当一个地区的平均综合水质类别达到Ⅳ类时，此时的水质状态，无论从人们对水污染感官效应，还是对社会经济和人类活动的影响来说都是一个至关重要的关键点。因此，将 Q_{TH} 宏观上确定为4。

③拐点处水污染经济损失率 M_i 和系数 a 的确定。根据目前的水质标准分类，当研究区域平均综合水质类别为Ⅱ类，即 Q = 2 时，水质良好，对社会经济的影响很小，可假定为 $0.005K_i$；当研究区域水质类别为劣Ⅴ类，即 Q = 6 时，水污染对社会经济的影响非常严重，水污染经济损失率 r_i 接近最大值，不妨假定为 $0.995K_i$。将假定条件列式如下：

$$\begin{cases} Q = 2 \\ \gamma_i = 0.005K_i \end{cases} \quad \begin{cases} Q = 6 \\ \gamma_i = 0.995K_i \end{cases}$$

将上述假定条件代入流域水污染经济损失计量函数，联立方程组求解得到水质敏感系数 a 为 0.54，水质拐点处水污染经济损失率 M_i 为 $0.5K_i$。

④水污染对社会经济影响的最大损失率 K_i 的确定。该系数反映了水污染最严重时对社会经济各个计算分项可能带来的最大经济损失率。各地区因生活水平不同导致社会各个阶层对水污染的防御性消费也不同，而且各分项由于其生活生产过程中对水质的要求和密切程度不同也会影响最大损失率的大小。因此，在现有条件下，应通过对流域内典型区域进行详细的水污染经济损失调查计算，在此基础上确定水污染各个计算分项的最大损失率，以此用于建立流域分项水污染经济损失影响函数，进行流域水污染经济损失核算。

至此，将以上确定的参数代入（6.21）式，得到流域水污染经济损失函数表达式为：

$$\gamma_i = K_i \left(\frac{e^{0.45(Q-4)} - 1}{e^{0.45(Q-4)} + 1} + 0.5 \right) \tag{6.26}$$

结合式（6.22）得到各分项损失额，再将各分项损失额相加即得到该功能区或该流域水污染经济损失总量，具体表达式如下：

$$\Delta F = \sum_{i=1}^{n} F_i K_i \left(\frac{e^{0.45(Q-4)} - 1}{e^{0.45(Q-4)} + 1} + 0.5 \right) \tag{6.27}$$

3. 经济损失比例核算

（1）模型建立的条件。该模型的建议基于以下三个条件：①流域水污染损失是水质超标造成的，当水体达标时也有一定的污染，但是污染损失量比较小，忽略不计。②水污染物的总量控制原则，即对于具体的功能区规定了污染物的最大排放量即水环境容量。下游河段的水质超标来源于上游及本地超过本地容许排放量的部分即超量排放，如果上游河段内污染物排放量小于或等于容许排放量，就不会对下游河段产生具有损失的污染。③污染物排放超标的污染源（企业或者区域）是流域水污染损失赔偿的主体即赔偿方，超量排放影响的区域是赔偿的客体即受偿方。

以上三个条件具有合理的经济学与环境学解释，是模型建立的基础。其中，条件①与条件②确定了水体水质超标与水污染经济损失之间的关系；条件③确定了流域水污染赔偿的主体和客体。在以上条件中，超过允许最大排放量的污染部分是核心内容，建立污染损失赔偿的数学模型，可以重点研究这一部分污染的经济影响。

（2）模型的建立。采用输入响应模型对超过允许最大排放量的部分进行计算，其是通过采用一维均匀流水质模型的基本方程得出的，具体方程为：

$$C = \frac{W_E}{(Q_0 + Q_E)_m} \exp\left[\frac{u}{2D_x}(1-m)x \right]$$

$$(m = \sqrt{1 + 4KD_x/u^2}, \quad x > 0) \tag{6.28}$$

式中，K 为污染物综合衰减系数，Q_0 为上游来流量（立方米/秒），Q_E 为污水排放量（立方米/秒），W_E 为单位时间污染物排放量（克/秒），x 表示到排污口的距离（m），该式可以表示为：

$$C = C_0 e^{kx}$$

$$C_0 = \frac{W_E}{(Q_0 + Q_E) m}, \quad k = \frac{u}{2D_x}(1 - m) \tag{6.29}$$

式中，C_0 表示污染源排放处的混合浓度，k 为反映对流、扩散和衰减作用的综合系数。输入响应模型满足叠加原理，可以对污染负荷的不同部分进行计算，之后进行叠加，也可以对同一位置上不同污染源的作用进行叠加。

河流水污染损失赔偿的河流分段概化示意图见图6-4，按照水功能区划把河流分为若干河段 A_n，各个功能区超过本功能区允许最大排放量的负荷量为 W_n，相应的混合浓度为 C_n，以功能区的起始断面作为水质控制断面，某个污染源 i 与下游河段控制断面的距离分别为 $x_{i,i+1}$，$x_{i,i+2}$，$\cdots$，$x_{i,i+n}$。

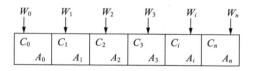

图6-4 河流水污染损失赔偿的河流分段概化

对于某个功能区，水质的变化由上游和本地排放两方面作用。上游各功能区对其水质影响可以由输入响应模型计算得到；对于本地排放的影响可以用排放混合浓度来代表。如此可以得到各个河段受到超量排放影响的水质浓度，见表6-1。

表6-1 上游水功能区超量排放部分对下游水质影响的水质浓度关系

	A_0	A_1	A_2	A_i	A_n
A_0	C_0	0	0	0	0
A_1	$C_0 \exp(k_0 x_{0,1})$	C_1	0	0	0
A_2	$C_0 \exp(k_1 x_{0,2})$	$C_1 \exp(k_1 x_{1,2})$	C_2	0	0
A_i	$C_0 \exp(k_{i-1} x_{0,i})$	$C_1 \exp(k_{i-1} x_{1,i})$	$C_2 \exp(k_{i-1} x_{2,i})$	C_i	0
A_n	$C_0 \exp(k_{n-1} x_{0,n})$	$C_1 \exp(k_{n-i} x_{1,n})$	$C_2 \exp(k_{n-i} x_{2,n})$	$C_i \exp(k_{n-i} x_{i,n})$	C_n

表中每一列代表该功能区超量排放对下游各个功能区的影响，每一行表示该功能区受到上游和本地超量排放的影响。将表中数据转换成矩阵 A，该矩阵就表示功能区河段超量排放所对应的水质超标浓度。

$$A = \begin{bmatrix} a_{01} & 0 & 0 & 0 & 0 & 0 \\ a_{02} & a_{12} & 0 & 0 & 0 & 0 \\ a_{03} & a_{13} & a_{23} & 0 & 0 & 0 \\ a_{04} & a_{14} & a_{24} & a_{34} & 0 & 0 \\ a_{0i} & a_{1i} & a_{2i} & a_{3i} & a_{ii} & 0 \\ a_{0n} & a_{1n} & a_{2n} & a_{3n} & a_{in} & a_{nn} \end{bmatrix}$$

对矩阵 A 进行变换，将该行的每个元素都除以该行全部元素之和，即：

$$b_{ij} = a_{ij} \Big/ \sum_{k=0}^{n} a_{kj} \tag{6.30}$$

这样得到矩阵 B，该矩阵表示功能区超量排放所对应水质超标量的百分比，也就是超量排放对水质超标的贡献率。

$$B = \begin{bmatrix} b_{01} & 0 & 0 & 0 & 0 & 0 \\ b_{02} & b_{12} & 0 & 0 & 0 & 0 \\ b_{03} & b_{13} & b_{23} & 0 & 0 & 0 \\ b_{04} & b_{14} & b_{24} & b_{34} & 0 & 0 \\ b_{0i} & b_{1i} & b_{2i} & b_{3i} & b_{ii} & 0 \\ b_{0n} & b_{1n} & b_{2n} & b_{3n} & b_{in} & b_{nn} \end{bmatrix}$$

4. 赔偿标准核算模式

（1）赔偿标准核算模式。采用第二节介绍的流域水污染经济损失函数，依据相应区域的统计资料，计算出区域内各功能区由于水质超标所产生的水污染经济损失量，假设其为矩阵 E，对 B 矩阵和 E 矩阵进行运算，用 B 的第 i 行的每个元素乘以 E 的第 i 行的元素，即：

$$d_{ij} = b_{ij} \times e_i$$

$$B = \begin{bmatrix} b_{01} & 0 & 0 & 0 & 0 & 0 \\ b_{02} & b_{12} & 0 & 0 & 0 & 0 \\ b_{03} & b_{13} & b_{23} & 0 & 0 & 0 \\ b_{04} & b_{14} & b_{24} & b_{34} & 0 & 0 \\ b_{0i} & b_{1i} & b_{2i} & b_{3i} & b_{ii} & 0 \\ b_{0n} & b_{1n} & b_{2n} & b_{3n} & b_{in} & b_{nn} \end{bmatrix} \quad E = \begin{bmatrix} e_1 \\ e_2 \\ e_3 \\ e_4 \\ e_i \\ e_n \end{bmatrix}$$

从而得到矩阵 D，该矩阵的各个元素表示某个污染源超量排放对本地或者下游某河段所造成的经济损失量，也就是应该支付的赔偿额。矩阵 D 中第 i 行所有元素的总和就是第 i 个河段的水污染经济损失量，第 j 列所有元素的总和就是第 j 个河段由于超量排放应该付给下游河段的赔偿额。

$$D = \begin{bmatrix} d_{01} & 0 & 0 & 0 & 0 & 0 \\ d_{02} & d_{12} & 0 & 0 & 0 & 0 \\ d_{03} & d_{13} & d_{23} & 0 & 0 & 0 \\ d_{04} & d_{14} & d_{24} & d_{34} & 0 & 0 \\ d_{0i} & d_{1i} & d_{2i} & d_{3i} & d_{ii} & 0 \\ d_{0n} & d_{1n} & d_{2n} & d_{3n} & d_{in} & d_{nn} \end{bmatrix}$$

（2）赔偿标准模式分析。该赔偿标准核算模式显示了水污染损失量取决于水污染经济损失量和超量排放的水环境影响两个方面，而后者则与当地的经济水平直接相关，故受污染区域的经济水平直接影响水污染赔偿量。

选用双曲线函数法建立的水污染经济损失核算模型，其函数表达式物理概念明确并能反映水质—经济影响的主要特征，而且其利用数学模型的方式可方便地实现典型区域经济损失核算结果的空间扩展和现有经济损失核算结果的时间扩展，提高大尺度流域水污染经济损失的可算性。此外，模型函数的变量与国民经济核算体系以及我国通用水质评价方法相结合，直接提高了模型计算参数的可获取性和来源的规范性。

对于模型的空间尺度问题，虽然我国水污染经济损失量计算的空间尺度一般是地市行政区，而模式的空间尺度是功能区河段，但是对于两种不同空间尺度的转换问题有两种方法，一种是在模式建立时就把行政区内的河段作为计算单元，即可以直接采用行政区的水污染损失量；另一种是先按照一定的分配方法把行政区水污染损失量分配到各个河段，再采用模式进行计算。

该赔偿标准核算模式能够反映区域整体性的特征，对于研究范围上游城市的影响，可以采用上游区与研究范围区域交界断面的超标浓度作为模式计算的变量，通过计算可以反映上游区城市污染对下游城市的赔偿量。

第四节　城市水安全经济手段的原则与保障

实践证明，经济手段可有效激励经济城市主体节水减排、提高用水效率、为政府节约水资源与水环境管理成本，在一定程度上缓解了城市水安全风险。但是，单纯依靠经济手段并不能解决城市水安全问题，即使经济手段自身效果的发挥也要依赖于合理法规制度、政府监管、宣传教育等非经济手段的有效支持和配合。本节将重点探讨城市水安全经济机制缺陷与运用原则及其保障性措施。

一　城市水安全经济手段的缺陷

城市水安全经济手段的缺陷，最根本的是单纯的经济机制和手段并不能有效解决水资源可持续利用规模问题。从宏观上看，城市水安全关键是要使城市对水资源的开发利用规模与自然水资源可持续供给量相适应，以及城市污水排放量与自然水环境对污染容纳净化量相匹配。也就是说，为保障城市水安全，必须将城市取用水量和污水排放量限定在有限的自然界水资源可持续供给量与水环境对污染物容纳和净化量范围内。这意味着保障城市水安全，首先要对城市取用水量和污水排污量进行严格的限制。但是，单纯的经济手段，无论是庇古手段中的税收和补贴，还是科斯手段中的协商和市场机制主要是对效率的激励，均无法实现对城市用水规模和污水排放规模的严格限定。其原因如下：①作为水资源的所有者或使用者即微观经济主体人，对自然界水资源可持续供给阈值和水环境容量很难有清晰的认知，实际上在购买水资源和排污权进行交易时也对此并不关心；②受维持人口生存和经济规模压力影响及利用技术水平的限制，即使水资源与水环境阈值为人们所认知，水资源与水环境也会被超阈值使用，即以边际私人成本小于边际环境社会成本下不可持续地利用水资源和水环境；③作为理性经济人，水资源与水环境的利用存在普遍的机会主义倾向，即使限定了其取水量和排污量，也可能会超限制取水和排水，最终使得总量超过水资源与水环境可持续阈值。

二　城市水安全经济手段运用的原则

（一）效率与公平相结合的原则

城市水资源与水环境问题的经济本质是效率低下，社会本质则表现为有失公平。效率与公平之间是相互影响、相互制约的。水环境问题的低效率直接体现为不公平，如某些用水户过度取水和排污，其环境负外部性导致其他用水户利益受损和得不到补偿，或某些经济主体的水环境保护行为产生正环境外部效益没有得到有效补偿；相反，实行一种水资源与水环境经济手段，如果不注意公平标准，比如为了鼓励高耗水企业较少取水或污水排放企业减排给予减少其负外部性，或者允许资金雄厚的企业或富人通过交税可以多取水和多排放，结果必然可能导致更多取水和水污染，这说明不公平也会导致低效率。用经济手段管理水环境必须坚持效率与公平相结合的原则。

（二）与政府手段相结合的原则

对于保证城市水安全，经济手段的前述固有缺陷存在"失灵"问题。实际上，没有一种经济手段能解决城市水安全问题，需要与其他制度性、监管、教育等非手段有机结合。水安全相关经济手段本身即是一种制度安排，例如没有产权制度建设，水资源与水环境产权不明晰，就无法进行庇古税的征收和科斯市场交易行为。制度和政府监管等非经济手段应发挥好保证经济手段的正常运转的作用。其中，最重要的是通过产权制度建设，对水资源取用总量和污水排放总量进行严格限制，对各经济主体水资源与水环境使用产权进行明确而严格的界定和保护；政府依法对各经济主体用水行为和污水排放行为以及交易行为等进行严格、有效监管，防止造成第三方损害；政府自身或调动其他社会力量对用水者和排污者进行水资源与水环境保护宣传，提高其水安全意识从而自觉节水减排，降低城市水安全风险。

（三）与技术手段相结合的原则

水安全经济手段运用及其制度等方面的保障涉及诸多科学技术问题。这包括自然界水资源可持续供给与水环境对污染物的容纳与净化能力阈值的科学界定，对经济主体用水与排污行为经济损失的评估、节水与污水治理技术的选择，对用水行为和排污行为成本—收益的分析、对用水者与水服务行业的监管，水质与水量的精确测量和实施监测等。这些科学技术问题的解决是水安全经济手段运作的前提和基础。与此同时，经济手段对节水减排激励作用的发挥也最终以水资源利用和水污染治理技术的提高为保障。例如，水市场的交易水是基于企业采用节水技术提高用水效率的节约水。可见，水安全经济手段的运用需要积极开发和充分运用相关科学技术手段。

（四）综合运用各项经济手段的原则

各项经济手段在运用中要有系统思维，需要对各种经济手段进行综合运用。每种经济手段都有其特定的使用情境和各自的优势且存在内在关系。缴纳水资源费（水）和排污费（税）是在用水者拥有水资源与水环境初始产权的法定途径，也是政府用以激励用水者节水减排并积累水环境保护资金的重要手段。税费经济激励手段的对象最具广泛性和稳定性，针对所有水资源与水环境的使用者，因而对节水和减排行为的激励效果最为显著而持久。税费手段是市场交易手段的运用前置性措施：获得依法受到保护的取水权和排污权是进行取水权和排污权市场交易前提，此时税费本身也构成了交易价格中的重要内容；只有当这种合法权益受到损害时才能依法获得补偿。市场交易手段在对取水和排污收费（税）基础上，为进一步激励节水减排，提高水效率的一种经济手段。通过市场交易可以激励用水户在保证自身用水前提下，通过采用新技术更高水平的节水，但该手段具有较高的交易成本，其适用性受到限制，且有可能使水资源流向高耗水低用水效率部门，无益于社会总体用水效率的提高。补贴手段发生于正当的水环境权益受损情景的环境外部效益而没有得到和补偿的情景，属于事后经济激励手段。可见，城市水安全经济激励手段需要以庇古税为基础，市场交易与补贴手段为补充。

三　城市水安全经济手段保障性措施

上述分析表明，经济手段有其固有缺陷，需要与非经济手段与其他经济手段相配合使用。经济手段作用的发挥需要有相应的保证性措施，包括制度性保障措施、政府监管措施、宣传教育保障等。

（一）制度性保障措施

制度保障是水安全经济手段发挥作用最为根本性的保障。经济手段涉及诸多人与人、人与环境关系的协调，在经济主体有限理性的现实背景下，需要制度建设规范经济和约束主体相关行为和关系。相关制度建设包括以下几个方面：

1. 产权制度

水资源与水环境产权制度是征收水资源税和排污费、取水权和排污权交易的基础。没有国家对水资源和水环境的所有权就无法对其使用行为征税；没有对使用者进行水环境和水资源产权的清晰界定和保护，不可能发生水权交易。因此，理顺国家与用水者以及用水者之间的产权关系是产权制度的建设的关键。

2. 补偿制度

补偿双方通常处于信息不对称、经济地位不对等的情境，没有制度的规定和约束，水环境的加害者一般不可能主动进行环境补偿。建立水环境补偿制度包括上游排污者对下游受污染者进行惩罚性赔偿，或对上游牺牲发展机会进行水源涵养和水环境保护的行为进行奖励性补贴的制度。当前在政府财政吃紧、环境管理压力大的情况下，按照"谁污染，谁赔偿；谁受益，谁付费"原则，建立水污染者与受损者、水环境保护者与受益者之间的横向补偿制度是关键。重点是对补偿双方、补偿方式、补偿标准、补偿金使用方向进行规定。

3. 交易制度

这里的交易制度是指政府依据一定规则把水权分配给使用者，并允许水权所有者之间的自由交易的制度。保障水权交易正常进行关键是建立完善市场经济制度，使政府尽量减少参与干预正常水权交易行为，同时对交易双方的资格、交易标的物、交易的额度、交易时间和地点、交易后使用方向进行规定，以防止交易偏离水环境保护目标和造成第三方损害。

（二）政府监管措施

政府监管是各项制度措施得以贯彻实施的有效保障。在经济手段实施过程中由于经济主体的环境认知的缺失和机会主义行为的倾向，需要政府对其行为进行有效监管控制。水安全经济手段运用政府监管保障措施主要包括用水和排污量监管和水权交易行为监管。

1. 用水和排污量监管

城市水安全的关键是城市取水和排污总量不能超过水环境的可持续承载能力，显然单凭追求自我利益最大化的用水户自发行为无法实现。因此，政府负有将城市各用水户取水总量和排污总量限制在水资源可持续供给和水环境可持续净化容纳能力的范围之内的职责，也就是政府需要根据自然界水资源与水环境承载力对城市用水和排污总量进行总量控制并对各用水户用水和排污额度进行监管。简言之，即为"总量控制，定额管理"。主要监管措施是通过总量限定下发放取水许可证和排污许可证控制各用水户用水量，依据许可证征收水资源费（税）和排污费（税），并对用水者有无偷采、超采水资源以及偷排、漏排、超排、不达标排放污水行为进行定期或实时监测。对有关违法取水和排水行为有权依法采取相应的行政措施。

2. 水权交易行为监管

这里的水权交易既包括取水权交易也包括供水企业与用户之间的用水权交易。水权交易监管主要包括如下几个方面：①政府依法建立水权交易监管的主管部门，依法专门负责管辖范围内水权交易的监督管理；②核定取水权交易的标的物是符合水量分配方案、经过取水许可的水权且具有相应的工程取水条件和监测计量手段；③监测水权交易实施后对水资源水环境变化及第三方利益的影响；④对供水企业供水水价、水质以及水量供应充足性和持续性进行监管；⑤监管部门的自我监管，即上级政府及主管部门对本级及下级部门工作人员在水权交易监管工作中是否滥用职权、玩忽职守、徇私舞弊的行为进行监管等。通过上述水权交易政府监管措施，可保证水权交易公平、有序、高效地进行。

（三）宣传教育保障

长期以来，水资源被作为福利产品以低价甚至无偿提供，居民已经习惯了免费和低成本取用水资源，也很难认识到水资源和水环境的承载力的有限性，以及日益稀缺的水资源与水环境的价值属性，对自身水权益受到损害时维权意识也比较差。同时人们的节水意识和节水技术也相对滞后。这种情况使在对水资源取用总量和排污总量控制和定额管理以及收取水资源费和排污费时受到阻力，人们也不习惯于通过节水将结余取水权和用水权进行交易。因此，保障城市水安全经济激励手段的效率，需要对用水者进行广泛深入的宣传交易，提高其水资源价值和水环境保护意识。

通过宣传教育要使所有用水者认识到：水资源的人类和自然环境重要基础性意义，节约水资源和保护水环境是每个人应尽的责任；当前水资源既是稀缺资源更是有限资源，自然界水资源可持续供给量和水环境可持续污水容纳净化量都是有限的，每个人和单位都应该自觉控制和减少自己的取水量和排污量；水资源具有价值属性，水资源的取用和污水的排放具有一定的负外部性，用水者和排污者需要支付一定的成本加以补偿，通过节水减排结余的取水权和排污权本身凝聚了节水减排的成本付出，因此，可以通过市场交易进而得到补偿；作为基本生存和生产资料，人们具有平等水权益，因此，当人们的水权益受到损害时，损害方就应该给予补偿。通过上述几个方面的宣传教育可使水资源与水环境的利用者自觉遵守相关制度和规范要求，自觉减少自身机会主义行为倾向，使各项经济手段的运用顺利进行。

第七章 城市水安全政府监管

城市水安全政府监管是政府依据相关法律法规，对威胁城市水安全的城市经济活动主体行为进行的监控和管理。城市水安全具有很强的正外部性和公益性，保障城市水安全是个系统工程，无法通过市场机制实现。加强对城市水安全的监管，是政府的应尽职责，也是实现城市水安全的必要条件。城市水安全的政府监管，需要在明确监管目标的基础上，依法建立系统协调的水源管理体制，确定水安全监管的具体内容，采取具有针对性的有效监管手段，对监管有效性进行评价，最后构建城市水安全监管的保障体系。

第一节 城市水安全监管目标

城市水安全监管总体目标是通过城市水资源供需监管、水环境水质监管、水灾害防控监管，实现城市居民生活需水安全、经济发展需水安全、生态环境需水安全，以及生命财产安全，最终为城市稳定可持续发展提供安全保障。具体来说，城市水安全监管目标如下：

一 城市居民生活用水安全监管目标

在城市，居民生活用水需要优先满足，其安全需要优先保障。城市居民生活需水安全监管目标，是保障居民生活能够在其经济能力可承受的范围内获得高质足量、连续稳定的水资源供给。具体来说，政府要通过各种监管手段，促使供水者提高生产效率降低生产成本，把水价控制在城市居民普遍能够承受的范围之内；使供水者生产水量能够不间断地满足供给区全体居民生活用水水量；使供水者提供的水质能持续稳定地达到居民生活饮用水标准。

二　城市经济活动用水安全监管目标

与城市居民生活需水安全监管目标类似，城市经济活动需水安全监管目标，是保障城市企业能够在其经济能力可承受的范围内获得高质足量、连续稳定的水资源供给。具体来说，政府要通过各种监管手段，促使供水者通过提高生产效率降低生产成本，把水价控制在城市企业普遍能够承受的范围之内；使供水者生产水量能够不间断满足供给区全体企业用水水量；使供水者提供的水质能持续稳定地达到企业生产经营活动用水标准。

三　城市生态环境需水安全监管目标

城市生态需水的满足是保障城市可持续发展的基础。城市生态环境需水安全监管的目标，保障城市生态需水能够得到持续稳定的满足，维持城市生态始终处于良好可持续的状态。具体来说，就是要使城市社会经济活动主体取水不能超过水资源系统可持续供给的能力，保证城市人工与自然绿地能够得到充足浇灌需水；使城市社会经济活动主体污水达标排放，排放总量不超过自然水体可容纳净化的能力范围。

四　城市水灾害防控安全监管目标

这里的城市水灾害既包括主要由自然原因造成城市突发性的极端的干旱缺水、严重的洪涝灾害，也包括由于主要由人为原因造成的突发性的严重水污染、水利设施损害等灾害性事件。这些城市水安全事件往往直接威胁城市居民生命财产安全，且在我国近些年有不断加剧的趋势，需要政府加强监管。此类水安全监管目标是，督促相关部门和社会经济活动主体尤其是加强防洪抗旱工程设施建设和人力资源配备，建立应急预案时刻做好灾害防范应急准备，尽可能减少灾害的影响。

第二节　城市水安全监管内容

　　水安全风险存在于城市自然—社会水循环过程的各个环节，包括水源补给、取水输水、水净化和销售、水利用与消耗、废水处理与排放等。因此，城市水安全监管应该包括这一过程各个环节相关人类行为的监管。基于此，本研究认为，城市水安全监管内容至少应包括以下几个具有前后联系的几个方面。

一　水源地保护监管

　　城市多采用集中供水，因此，集中供水水源地保护对保证城市水安全十分重要。城市水源地保护监管包括两个方面：水源地水域利用方式监管和产水区土地利用方式监管。水源地水域综合利用不应造成水体污染：利用城市饮用水水源发展渔业，应"清水养鱼，净化水体"，禁止投放饲料，不得使用炸药、毒品捕杀鱼类；禁止向水域倾倒工业废渣、城市垃圾、粪便及其他废弃物；运输有毒有害物质、油类、粪便的船舶未经批准及采取反渗漏措施不得进入保护水域；禁止其他一切破坏水环境生态平衡的活动。水源产水区土地利用应禁止以及破坏水源林、护岸林、与水源保护涵养相关植被的活动；农业生产禁止使用剧毒和高残留农药，不得滥用化肥；运输有毒有害物质、油类、粪便的车辆一般不准进入保护区，必须进入者应事先申请并经有关部门批准、登记并设置防渗、防溢、防漏设施。

二　取水过程监管

　　随着城市化进程推进，城市人口和经济规模日益膨胀，城市需水巨大。但城市取水行为不能毫无限制，应将城市取水限制在自然水体可更新的范围内，不破坏水生态平衡。因此，应对城市取水行为与取水总量加以限制。城市取水监管应该根据国家和地方取水总量控制目标要求，在对取水单位取水定额合理配置的基础上，采取一定手段对取水单位取水行为（地点、时间、方式、数量、项目影响）进行严格监管控制。使其年度最大取水量和年取水总量不超过规定的年度最大取水量和年度配额总量。

　　此外，在下列情形下，还需对取水者的取水配额进行限制和缩减：①上级水行政主管部门下达的地区年度取水计划不能满足本地区正常取水需要的；②由于自然原因等使水源不能满足地区正常供水的；③地下水严重超采或因地下水开采引起地面沉降等地质灾害的；④社会总取水量增加而又无法另得水源的；⑤产品、产量或者生产工艺变化使取水量发生变化的；⑥出现需要核减或限制取水量的其他特殊情况。

三　输水过程监管

　　城市输送水管网是个错综复杂的庞大系统。在利用这一管网输送水的过程中难免存在"跑冒滴漏"水漏损以及水质污染问题，在我国表现得尤为突出。据统计，当前我国600多个城市供水管网的平均漏损率超过15%，最高达70%；另一项针对408个城市的统计表明，城市公共供水系统的管网漏损率平均为21.5%；由于管网渗漏和收不到水费等因素，我国某省会城市的供水干线产销差率高达41%；以自来水为例，我国平均漏失率为15.7%，有些地方甚至高达30%以上，而发达国家最高水平是6%—8%。[①] 此外，我国城市供水还存在严重的管网二次污染问题，直接影响着我国城市居民用水水质安全。[②] 管网老化、管材质量差、建设标准低、缺乏维护、重地上建设轻地下规划、城建施工经常碰触管网等，是造成目前我国城市供水管网漏损率偏高和水质二次污染的主要原因。因此，有必要强化输供水过程水安全监管。城市输水过程监管，要求督促市政公用事业部门和输送水企业加快对使用年限超限和材质落后供水管网的更新改造，降低输送水管网漏损率，提高输水效率，同时降低输送水过程水质二次污染的风险。要督促供水企业通过管网独立分区计量的方式加强漏损控制管理，督促用水大户定期开展水平衡测试，严控"跑冒滴漏"。

---

　　① 郑晓明：《城镇供水管网漏损的现状》，《城乡建设》2015年第11期。
　　② 于明臻、考杰民：《城市供水的二次污染原因及治理》，《价值工程》2014年第20期。

四 水服务行业监管

城市水服务行业是市政公用事业的重要组成部分，主要包括供水行业与城市污水处理行业。城市水行业具有很强的公益性、自然垄断性、网络性，早期主要由政府部门垄断经营和统一管理。20 世纪 90 年代以来，随着我国市政公用事业的市场化改革的推进，大量外资和民营资本参与到城市水务行业中来，水务行业市场化程度越来越高。这一方面弥补了城市水务行业政府资金投资的不足，激发了行业的活力，提高城市水务行业供给的能力；另一方面也带来了一些挑战。私营企业进入到城市水务管理领域后，它以追求利润最大化为根本目的的本性使私营企业在追逐利润过程中往往忽视了公共责任和公共利益。一些地方政府由于忽视了水资源的公共产品属性，将城镇供水盲目推向市场，这就使一些地区出现了因私营企业过度追求利润、缩减成本而导致的水价不断飞涨、水质下降、供水安全隐患等一系列问题，影响了整个水务业健康、稳定、和谐的发展。因此，针对当前水务行业市场主体资质问题、水务行业服务合理定价问题、水务行业服务质量保障问题、水行业服务的连续性和协调性问题、水行业经营效率问题、水行业市场主体之间恶性竞争问题等，需要加强政府对城市水务行业的监管，包括市场主体的进入与退出监管、水行业服务价格与质量的监管、水行业协调性监管、水行业效率激励、水行业市场主体竞争行为的监管等方面。

五 用水行为监管

当前我国城市水稀缺与水浪费、水效益低下等问题并存。城市不合理的用水过程实际上严重削减了城市本已稀缺的水资源的承载力，威胁着城市水安全。因此，有必要对城市用水者用水行为进行监管。城市用水行为监管应该以节水型城市建设为依托，从居民生活用水行为、单位企业用水行为两个方面进行监管。城市居民生活用水监管应在总量控制的基础上淘汰落后用水器具，推广节水器具和鼓励"一水多用"。单位、企业用水监管内容包括企业节水设施建设和验收监管、企业水费缴纳监管、企业用水重复利用监管、定额用水在线动态监管、超额用水与偷水行为监管等。

六　排水行为监管

强化用水户排水行为监管是控制城市水污染的关键环节。其重点是加强企业（含用水企业和污水处理企业）排水行为监管。其监管的重点企业是否存在私排、漏排、偷排行为；是否超标排放和超额排放，污水达标处理设施是否合格；是否存在危害城市公共排水设施的排污行为；排污费上缴是否按时足额等；是否纳入截污管网。具体包括企业排污许可监管、排水户的排放口设置、连接管网、预处理设施和水质、水量监测设施建设和运行的指导和监督；排水监测机构应当定期对排水户排放污水的水质、水量进行监测；重点排污单位的排水户水污染物排放自动监测设备运行监管。

第三节　城市水安全监管体制

城市水安全监管需要明确监管机构（监管主体）体系及其协调运作方式，即要建立科学完善的监管体制。水安全监管体制是指水安全监管机构体系及其职责和权力的分配和组织制度。城市水安全监管体系构建的实质是用来解决谁来实施水安全监管，按照何种方式进行监管，谁来对监管效果负责以及如何负责的问题。

本书认为，按照监管体制构建的一般要求，水安全监管体制要求建立"横向到边、纵向到底"的专门负责城市水安全的政府职能部门体系，适当集中现有分散的城市水务相关职能部门的水安全监管职责和权力；建立专职部门与水安全监管相关的其他职能部门之间的协调机构或机制；要合理配置不同层级监管机构之间职能。为此，还要从法律层面建立规范与约束这种城市水安全监管组织关系的正式的制度。

一　我国城市水务监管体制现状与问题

长期以来，我国城市水务监管体制是分部门监管，即水源工程由水利部门监管，供水与排水由城建部门监管，污水处理由环保部门监管，以致管水量的不管水质，管水质的不管供水，管治污的不管污水利用。① 这就造成了我国城市目前水务管理低效，水资源浪费与污染严重的局面。因此，有必要建立城市水务一体化监管体制，对区域的防洪、除涝、蓄水、供水、排水、节水、水资源的保护、污水处理及其回收利用等统一监管，才能保障城市水安全。

基于对城市水务的系统性和整体特征的考虑，为克服城市"九龙治水"、水务监管职能过于分散，部门运转不协调，效率低下问题，基于 2005 年水利部发布的《深化水务管理体制改革指导意见》，目前我国城市普遍成立了专门统一负责水务监管机构即水务局。将原本分属于建设、环保、国土、水利等多个部门的涉水事务和监管职能全部归入水务局，初步实现了城市涉水事务的统一监管。② 具体做法如下：

（1）在对原水管单位进行分类定性的基础上，依照分级管理与精简高效的基本原则，对水管单位的隶属关系进行了调整、撤销、简化或合并，基本形成职责清晰的城市水务管理框架基本。

（2）水管体系内部运行机制改革积极推进。依照《深化水务管理体制改革指导意见》中的改革要求，严格定编定岗，竞争或者聘用上岗，引入目标责任制以及成绩考核制，进一步推进收入分配制度的改革以及劳动人事制度的改革。

（3）在市县级行政区归并城市涉水及水害相关管理部门职能，普遍形成城市水务一体化管理机构体系。至 2010 年年底，全国有 3/4以上的县级以上行政区组建了水务局，基本形成了"一龙管水，团结治水"的新管理格局，有效解决了"多龙管水""政出多门"的不良现象。

通过上述水务管理一体化改革，有效实现了我国城市水务统一规划、统一管理；并在一定程度上理顺了城市水务监管关系，克服了管理部门职能交叉、政出多门、办事效率低下的弊端。尽管当前我国城市取得了一定的成绩，但概括起来目前仍存在如下问题：

---

① 陈慧：《中国城市水务管理体制改革述评》，《经济问题》2013 年第 5 期。
② 钟玉秀、王亦宁：《深化城市水务管理体制改革：进程、问题与对策》，《水利发展研究》2010 年第 8 期。

（1）水务监管一体化体系不健全，仅在市县区级行政区成立水务监管部门，市县级以上国家层面和大部分省级层面以及市县级以下街道/镇、社区层面还没设立水务一体化水务监管机构，形成水务监管上下不统一的格局，使大部分城市水务监管缺乏统一的上级指导和有效衔接的下级贯彻执行。

（2）部分地区涉水事务一体化管理体制改革程度不高，与城建系统、环保系统等的分工协作未完全理顺；水务职能调整不到位。成立了水务局的一些市县，有的职能调整只有少部分落实，与城建系统、环保系统等的分工协作未完全理顺，城乡水务一体化管理改革程度不高；有的职能调整甚至难以落实，没有实现城乡水务一体化监管。

（3）监管技术水平低，管理措施落后。多数城市的水务管理部门对于供排水和污水处理等领域的管理经验欠缺，现代化的水务管理技术应用还很不够，信息共享和交流不足，导致其不能有效地实施各项水务监管职能，对于城市水务的运营监管力度大打折扣。

（4）水务管理缺乏系统的政策法规保障，有些现行的法律法规不能满足新体制的要求，部分法律法规阻碍了全国水务管理体制改革的进程。如现行《城市供水条例》明确城市供水执法的主体是地方人民政府建设行政主管部门，城市供水划归水务局后，执法主体不明。

（5）监管主体单一，政府垄断监管行为，社会组织和公众力量参与少。水务监管体制改革以来，推进公众与社会组织参与的进程仍比较缓慢，公众利益诉求渠道不畅，社会组织对水务运行质量问题的反馈与解决机制仍不完善；更缺乏必要的公众与社会组织水务监督权力和手段，因此无法得到公众与社会组织的有效支持。

二　我国城市水务监管体制改进措施

基于上述问题，今后我国水安全监管体制应注重如下几个方面的改革：

（一）纵向延伸水务统一监管机构体系

建立和完善与水务一体化相适应的上下对应、配套完善的水务管理机构体系，完善政府监管机制。

（1）国家层面，水行政主管部门应围绕水资源统一管理和城乡水服务统筹这一核心目标，争取中央政府支持，积极推动出台有利于水资源统一管理和城水服务统筹的政策和法规，并争取与其他涉水部门共同建立与城市水务一体化相适应的上下对应、配套完善的水务管理机构，对省和市县层面的水务管理给予指导。

（2）省级层面，尽可能在省级政府的支持下，建立统一的水务监管机构如水务厅和政策法规体系。加强各社会部门的协调与合作，建立联合工作机制或组织实体，为市县水务局或水务管理部门的上层主管部门，并制定相应的水务规章和规范，完善本省水务行业标准和产业政策，切实加强省级层面对城市水务管理的指导。

（3）在市级层面推行强有力的自上而下的水务一体化改革，建立市县街道三级水务统一管理的网络体系，为落实城乡水务统一管理的目标提供体制保障；在城市街道/镇级基层行政单位，建立基层统一的水务安全监管机构，实现监管中心和权力下移。

（二）强化监管机构间的职能优化配置和协调

即要进一步合理分配和强化不同层级水务监管机构监管职能，强化同级不同监管部门之间协调。

（1）市级层面监管机构充分发挥规划、政策制定与部门综合协调功能；强化区级层面水务监管主体责任和街道/镇、社区的执行功能；强化监管能力建设，加强运营监管的力度，全面落实水资源统一监管的各项目标。

（2）已经实行水务管理体制改革但管理和运营职能调整尚不到位的市县，应理顺与传统涉水部门的关系，在资金、人员、运行等各方面加强沟通与协调，平稳转移各项管理职能，尽力建立城市水务监管协调运作机制如联席会议工作制度。

（3）水务部门与城建部门应建立起为城市整体发展而服务的观念，做到统一政策、统一投入、统一建设、统一调度、统一监测、统一治理、统一标准、统一收费等，实现城市建设的整体协调。

（4）水务部门与环境部门应在明确各自职责定位的基础上加强协作：水务部门的水质监测应定位为行业监测，为行业管理提供依据，同时就限制排污总量向环保部门提出意见建议并具有相关监督权限；

环保部门的监测属于环境监测范畴，环保部门的监测数据和资料是政府环境决策的依据，但具体到水资源质量的保护则应与水务部门协同管理。

（三）建立多元共治协同监管模式

引入多元合作治理模式，变政府单一主体监管模式为政府主导下的多元参与协同监管的模式。要充分发挥行业协会、公益组织、社会公众对水务监管的有效补充作用，建立健全公众和利益相关者参与机制。公众和利益相关者的广泛参与能促进水务决策进一步推进和深化水务管理的科学化、民主化、制度化。

首先，公众参与和社会监督的对象应涉及城市水务的各个方面，而不仅仅是水价调整听证，还包括水务基础设施的规划和建设的合理性、供排水服务质量、水质监督、水污染防治效果等。

其次，丰富公众参与和监督的手段，提高公众参与能力。应针对水务市场、水价、服务等方面的监督内容，制定一些公众监督办法，并使之制度化、常态化。鼓励建立专门的城市水务消费者组织，使之成为公众参与和监督城市水务发展的重要社会团体力量。为保证公众的知情权，应建立多维具有针对性和可操作性的水务投诉处理机制，及时处理和反馈公众意见和建议，真正做到既使公众知情，也使公众参与得到有效保障。

最后，要从制度、组织、信息、资金等多方面，健全公众参与和社会监督的保障体系。

（四）完善相关法律法规和行业标准

完善与水务一体化相适应的法律法规体系和行业标准规范。逐步建立健全与水务一体化相适应的、体现水务行业管理职能的法律法规体系，可以有效地解决不同部门政策法规不协调、重复执法、执法不力的问题；进一步明确界定政府、管理部门、企业、公众的责权，是依法治水、实现水务行业有效管理和运行的制度基础。

（1）在国家层面，应不断完善涉水法律法规和规章体系，在协调各涉水部门关系的基础上，对现有的涉及城市水务的行政法规和部门规章进行修订和完善。并尽快制定与水务一体化要求相适应的行业标准与运行规范，从而加强对各地水务管理和运营的指导。

（2）在省级层面（包括有立法权的较大的市），应密切结合本地实际，清理与水务一体化管理体制不相适应的地方性水务法规和规章，按照城市水务统一管理的要求，逐步建立健全水资源和水环境保护、城市供排水、污水处理及回用、计划用水与节约用水、城市防洪等方面的地方性水管理法规和规章。

（3）已经成立水务局或已经实施水务一体化管理的城市应针对城市水务执法和行政管理中存在的突出问题，制定适合本地区发展特点的水务管理办法。结合国家制定的行业标准和运行规范，着重于当前发展最薄弱和最紧迫的领域，制定和完善适合自身水务运营的标准规范，以争取在较短时间内实现一个既可承受也可执行，并对现状有明显改观的水务发展目标，体现新的水务管理体制的优越性。

（4）随着信息技术的快速发展，大数据已经成为提升政府治理能力的重要途径。在完善相关法律法规的基础上，整合城镇水务行业的相关数据资源，构建大数据共享云平台，运用大数据构建第三方水务监管服务体系，提升政府运用大数据的监管能力。

第四节　城市水安全监管手段

城市水安全监管手段是水安全监管机构用以对城市水安全各个环节进行有效监管的具体措施或工具。城市水安全的有效监管离不开合理的监管手段选择和恰当运用。当前可资城市水安全监管利用的手段有行政许可、行政法令、监督检查、行政裁决、行政强制、成本监审、环境税费、监测评估、规章标准等。

一　行政许可

行政许可是国家行政机关根据公民、法人或其他组织的申请，经依法审查，准予其从事特定活动并进行事后监督检查的行为。行政许可是政府部门依法管理微观社会经济活动的最为普遍的手段。根据我国《行政许可法》，行政许可适用的主要领域包括直接涉及国家安全、公共安全、经济宏观调控、生态环境保护以及直接关系人身健康、生命财产安全的活动；有限自然资源开发利用、公共资源配置以及直接关系公共利益的特定行业的市场准入；直接关系公共安全、人身健康、生命财产安全的重要设备、设施、产品、物品，需要按照技术标准、技术规范，通过检验、检测、检疫等方式进行审定的事项；提供公众服务并且直接关系公共利益的职业、行业，需要确定具备特殊信誉、特殊条件或者特殊技能等资格、资质的事项等。

　　行政许可由多种方式，包括普通许可、特许、认可、核准、登记。普通许可是指行政机关确认自然人、法人或者其他组织是否具备从事特定许可活动的条件的许可方式，是实践中运用最广泛的一种行政许可。特许是行政机关代表国家向被许可人授予某种权利的许可方式，主要适用于自然资源的开发利用，公共资源的配置以及直接关系公共利益的特定行业的市场准入等。认可是行政机关确定申请人是否具备特殊信誉、特殊条件或者特殊技能的许可方式，主要适用于确定申请人是否具备从事提供公众服务并且直接关系公共利益的职业、行业所必需的信誉条件技能等资格资质的事项。核准是行政机关对某些事项是否达到特定技术标准、技术规范做出判断的许可方式，主要适用于直接关系公共安全、人身安全、生命财产安全的重要设施、设备、产品、物品，需要按照技术标准、规范，通过检验、检测、检疫等方式进行审定的事项。登记是行政机关确立企业或者其他组织主体资格的许可方式。

　　行政许可作为城市水安全监管的重要手段，可广泛应用于城市水安全系统的主要方面。（1）在取水环节，为保护与合理分配水资源需要对用水总量进行控制，为此可采取行许可监管手段。在我国行政许可是一项基本的管理制度，要求直接从地下或者江河、湖泊取水的用水单位，包括自来水公司、高耗水企业等，必须向审批取水申请的机关提出取水申请，经审查批准，获得取水许可证或者其他形式的批准文件后方可取水。（2）作为城市市政公用重要组成部分的城市水务行业如供水、污水处理行业具有自然垄断性，为实现其规模效益，往往需要在竞拍的基础上特许经营。（3）自然水体对污水的容纳和净化能力有限，具有稀缺性。为将各类排污总量限制在自然水体污水容纳和净化能力范围内，在实施定额管理的基础上对企业实施排污许可管制，严格限定排污企业污水排放量。（4）在城市水利工程建设工程中，为保证工程完成质量，需要对施工单位进行资质认可。为保证供水和污水处理企业提供产品或服务质量，维护公众利益，通常需要根据法定饮用水标准和达标排放标准对自来水质和污水处理厂排水进行核准。同样对污水排放企业污水处理设施是否达标、污水排放是否达标都需要进行核准。

二　行政命令

行政命令，是指行政主体依法要求行政相对人为或不为一定行为的意思表示。行政命令具有对行政相对人行为具有强制性，分为两类：一类是要求相对人进行一定作为的命令；另一类是要求相对人履行一定的不作为的命令，又称禁（止）令。行政命令是一种被广泛使用的主流的行政决定行为，几乎适用于任何行政管理领域。

与其他监管手段不同，行政命令具有将法律明示或默示的公民或法人义务具体化和明确化的功能，最大限度地弥补基于人类理性的有限性而导致的对法律义务认知的短缺，或是由自律性不足产生的对法律义务履行的怠惰。此外，以具体义务为内容的行政命令还具有对相对人行为具有事前积极的引导作用。[1]

行政命令在水安全监管中可被广泛使用。在水源地保护中及水体利用和集水水区土地利用中，可根据地方政府的本地具体情况，依颁布行政法命令禁止某些具体的利用形式，如水域水产养殖禁止投放饲料、药品、肥料；禁止向水体倾倒废渣、废液、固体垃圾；禁止在集水区开垦行为和农药、化肥的施用；禁止在保护区建立污染性工厂；禁止在运输有毒有害物质、油类、粪便的船舶未经批准及做反渗漏措施进入保护水域等。在取水过程中，禁止企业未经许可在水源地取水和打井开采地下水。在输送水过程中，输水管道所经指出未经许可合和协调禁止盲目进行其他工程建设，以免对管线造成破坏，影响输水

---

[1] 曹实：《行政命令地位和功能的分析与重构》，《学习与探索》2016 年第 1 期。

水质。在用水过程中可禁止家庭和企业施用高耗水设施。在排水过程中,禁止非达标污水接入纳污管道以影响污水处理设施运行安全;在污水终端排放禁止非达标且过量排放,以免自然水体纳污能力超载。

三　行政检查

公民或法人在得到行政许可或禁止后,是否按照相关要求进行各项社会经济活动需要政府进行后续检查和监督。行政许可监督检查是指有权机关对行政许可机关的许可行为以及被许可人实施行政许可行为的监督检查。其中,对被许可人的监督检查包括书面检查、抽样检查、检验、检测与实地检查;对取得特许权的被许可人的监督检查;被许可人的自检。根据《中华人民共和国行政许可法》等相关法规,为保障行政许可的依法实施,我国实施行政许可事后监督检查制度。制度规定,建立健全日常检查和现场检查制度;检查时应当将监督检查的情况和处理结果予以记录,由监督检查人员签字后归档,公众有权查阅行政机关监督检查记录;被许可人有义务报送和如实提供相关检查材料的义务;对违反规定的许可行为,实行社会举报制度,即任何个人和组织发现被许可人违法从事行政许可事项的活动可向相关部门举报。

行政许可监督检查,可起到如下作用:(1)矫正功能。按照现代行为科学的基本理论,行为的确定与执行始终是无法完全吻合的。这主要是由执行主体对行为准确的认知、接受的差异性所决定的。在被许可人实施许可事项的行为中,就可能因为利益而规避义务,出现扩大或缩小许可范围,甚至完全违背被许可事项的情况。因此,有必要通过一定的机制和体系来及时防止和迅速地消除系统或个人的偏离行为。行政许可监督检查是行政许可主体与行政许可相对人之间的一种交流和互动,通过这些活动,可以保持行政许可行为的目的与实施被许可行为的结果的一致性和统一性。(2)预防功能。行政许可监督检查的预防功能是通过监督,提前发现在行政系统中的各种潜在的或显现的弊端,从而达到防患于未然的目的。通过各种行政许可监督制度的设立,增强被许可人实施许可行为的可预见性,使人们对某一行为的后果有比较明确和清醒的认识,使被许可人的行为控制在合法有效的范围之内。（3）反馈功能。行政许可监督检查的反馈功能，主要是通过行政许可监督，对监督对象的活动过程及其结果的真实性、准确性和可靠性做出评价，不仅为行政许可主体，而且为被许可人提供改进工作的科学依据。

在城市水安全监管中，行政许可监督检查可在如下几个方面发挥作用：（1）及时发现和纠正非法取水行为，保障水资源开发总量控制目标的实现。通过监督检查可及时发现企业无证取水、过量取水等非法取水现象并给予及时制止。（2）对照相关水质标准要求，对供水企业供水水质进行检查，可发现和纠正供水企业供水质量问题，有力保证公众身体健康免受侵害。（3）对污水排放企业和污水处理企业废水排放行为进行监督检查，可以及时发现和制止企业是否存在偷排、漏排与非达标排放，以免污染水环境。（4）为保障城市水利工程建设质量，对施工单位资质和施工过程和工程质量进行监督、检查和验收，可及时发现相关质量问题，减少日后工程运行安全。

四　行政制裁

对于执法监督检查中发现的或被举报核准的个人和法人的违法违规行为需要及时制止和纠正，这通常需要采取行政制裁措施。行政制裁是指国家行政机关对行政违法者所实施的强制性惩罚措施，包括对违法行政执法者的行政处分以及对行政相对人的行政处罚。其中，行政处罚具体是指由特定的行政机关对违反行政法规的公民、法人或者其他组织所实施的行政制裁。行政处罚按照处罚程度可分为：警告、罚款、没收违法所得与非法财物、责令停产停业、暂扣或者吊销许可证、暂扣或者吊销执照、行政拘留等惩罚程度不同多种形式。通过行政处罚对违法违规者可起到严肃法纪、警戒教育的作用。在城市水安全监管的过程中，对所发现的任何有违相关法律、行政许可和行政命令的行为均应进行严格的行政制裁。

五　行政强制

行政强制是指因情况紧急，为了达到预期的行政目的，行政主体不以对方履行义务为前提，即对相对方的人身自由和财产予以强制的活动或制度。主要类型有限制公民人身自由，查封场所、设施或者财物，扣押财物，冻结存款、汇款等其他行政强制措施。在政府监管中可起到如下几个方面的作用：（1）行政强制是实施行政法规的有力保障：对不依法履行义务的人进行行政强制，可保证法律法规的顺利实施，维护法律法规的严肃性和维护法制尊严。（2）行政强制也有利于维护和提高行政职权的尊严，确保其合法有效运行。（3）有利于维护公共秩序：行政强制有利于及时制止正在发生或即将发生的严重危害社会公共利益的行为，尽量减少违法违规行为对社会公共利益造成的损失。（4）此外，行政强制的执行还起到一种宣传教育和警诫作用，是一种对违法人和公众强有力的法律尊严的宣示。

在城市水安全监管中，行政强制的主要应用领域有：（1）强行制止向水源地排污行为，倾倒垃圾、废渣、废液行为；强行制止集水区进行危害生态平衡和水源涵养的行为，如滥砍滥垦、工程项目建设等。（2）强行制止非法取水行为：对偷采水库水、地下水行为及时制止，对教育无效者，查封工具及其相关设施，并依法限制其人身自由。（3）对于破坏输水管线的行为当场阻止其破坏行为。（4）对非法偷排、漏排污水或不达标排放的及时关停其排污设施。

六　成本监审

成本监审主要针对具有自然垄断性的城市排水和供水行业。由于这些行业具有通常采取垄断经营，其产品或服务无法通过竞争定价，而是采用成本定价法。成本定价法即根据垄断水行业经营的成本进行定价。水行业经营者为了政府准许的更高定价，通常会虚报经营成本。这既有损公众利益，也不利于激励企业提高技术水平和经营效率，降低生产成本。因此，政府有必要对相关企业真实的经营成本进行监审，以便为制定兼顾公众和企业利益的合理价位提供科学的信息支撑。城市水行业价格成本监审，是指政府价格主管部门在调查、审核和测算水行业经营者经营成本的基础上核算其产品和服务定价成本的行为。

对供水行业，按照我国《城市供水定价成本监审办法》（发改价格〔2010〕2613号）要求，政府价格主管部门实施城市供水定价成本监审。城市供水定价成本监审，应当以经会计师事务所或审计部门审计的年度财务会计报告、手续齐全的原始凭证及账册等资料为基础，对经营者成本合理归集、分析、审核，核定定价成本。城市供水定价成本包括制水成本、输配成本和期间费用；水资源费按规定据实计入定价成本。

对污水处理行业，其价格成本监审主体同样为政府价格主管部门。污水处理定价成本，应当以注册会计师或税务、审计等政府部门审计的年度财务会计报告以及审核无误、手续齐备的原始凭证及账册为基础，做到真实、准确、完整、合理。污水处理定价成本由污水处理过程中发生的生产成本和期间费用构成。其中，污水处理生产成本是指污水处理过程中发生的合理支出，包括直接工资、直接材料、其他直接支出和制造费用；期间费用是指为组织和管理污水处理而发生的合理营业费用、管理费用和财务费用。

七 环境税费

环境税费是依据使用水付费原则，对环境利用者包括资源利用者和污水排放者（实际上排污者是利用了环境纳污和净化能力）进行收费或税。通过环境税费手段，一方面可以将环境使用产生的负外部成本内部化，激励环境使用者更加节约使用资源或减少资源利用；另一方面，可为环境保护、修复和建设积累一定的资本。

水安全监管中，城市用水取水者均需缴纳一定的水资源税费，并且随着水资源日益稀缺应提高水费，以便遏制水资源的用水量并激励节水行为。排水无论是达标排污还是非达标排放均需缴纳一定的排污费。达标排放收费是因为排污者占用一定公共水环境资源；若不交税费，对其他未排放者或排放少者意味着某种不公平，并无法激励污水减排行为。对费达标排放要加倍收费，以弥补其对环境损害产生的外部环境成本，并彰显其惩戒意义。

八 监测评估

监测评估即是政府相关对城市取水和排水行为以及水务行业生产经营过程进行实时信息采集和评价的过程。监测评估可对被监管者起到强有力的监督作用，并可根据所收集信息，及时发现无证取水过量取水、超标排放污水、偷排漏排污水、水服务行业提供的产品或服务是否达标等问题。监测评估为环境税费的征收、水产品或服务价格的确定、对违法行为的行政强制和行政制裁提供基本信息。水安全监测评估需要借助现代化的监测系统。在水安全监管中，监测和评估可在如下几个方面发挥作用：（1）在取水环节监测，可在企业取水口安装智能水表、电磁流量计或超声波流量计等各种智能计量仪表，并结合计算机、网络通信和传感开发的集成技术，对取水用户实施水量自动监控。与此同时，还可在取水口附近自动水质监测站点，实现对取水水质的监测。（2）在排水环节，可在排污口和排污管道接入口设置污水在线监测系统。（3）在供水企业供水管道出水口设置水质监测仪，实现对供水水质的实时监测。

第五节　城市水安全监管保障体系

保障城市水安全及其监管的有效运行，除了需要健全的体制机制，还需要法规、资金、人力、技术等方面的有效保障。建立完善的法规体系可使水安全及其监管有法可依、有章可循及有效协调各方的行为和利益关系，并对危机城市水安全的行为采取强制措施，及时消除相关安全隐患。保障城市水安全的有关基础设施和工程建设的资金投资，可为水安全提供有力的物力和硬件支撑。为城市水安全监管配备足够的人力并加强相关人员知识和技能培训，可为城市水安全监管提供智力支撑。而强化城市水安全监测、检测技术设备的建设与更新则可为城市水安全监管提供更加可靠及时信息支撑。

一　法规保障

城市水安全监管具有系统性，涉及多部门、多利益群体的相互关系及其协调。这要求需要一套系统的法律法规体系对这些行为进行规范和协调。当前，我国还没有形成一套完善的城市水安全监管法律法规体系。2015年7月，我国颁布实施了《中华人民共和国国家安全法》，第三十条将"强化生态风险的预警和防控，妥善处置突发环境事件，保障人民赖以生存发展的大气、水、土壤等自然环境和条件不受威胁和破坏"即生态环境安全上升为国家安全战略高度，并用国家大法的形式加以确定。这尽管为城市水安全监管奠定了地方性和部门性立法基础，但有关城市水安全监管的法律法规仍不够全面、系统。

2002 年修订同通过的《中华人民共和国水法》也没有对城市水务及其安全做出明确规定，对城市水务及其安全监管更没有具体规定。现有涉及城市水务及其安全监管的法律法规主要散布于各部门法律法规中，包括《中华人民共和国环境保护法》《中华人民共和国水法》《中华人民共和国水污染防治法》《城市供水水质管理规定》《城市排水许可管理办法》《城市供水定价监审办法》《市政公用事业特许经营管理办法》《生活饮用水卫生标准》等。这些法律法规与标准，缺乏对城市水务及其安全监管体制、公众参与机制等方面做出明确规定。因而还未从保障城市水安全战略高度出发，形成系统、完善、相互协调的城市水安全及其监管法律法规体系。

城市水安全法规体系从理论上讲，应包括城市区域内防洪排涝、水环境保护、水源保护、供水、排水、污水处理、废水利用、中水回用以及相关设施投入融资与监管法律法规系统。从保障系统性城市水安全的角度出发，整合协调现有相关法律法规的基础上，逐步建立健全与水安全整体性和系统性相适应的系统化法律法规体系，有效地解决不同监管部门政策法规不协调问题，明确界定政府、部门、企业、公众的责权，是依法保证城市水安全有效监管制度基础。为此，可从以下三个层面建立水安全监管法律法规体系。

在国家层面，应建立可总揽各地城市水安全监管事务的一般性水法律法规和规章体系，明确城市水安全监管的职能机构系统及其权力、职责和运作机制；在协调各涉水部门关系的基础上，对现有的涉及城市水安全的行政法规和部门规章进行调整和完善。并制定与水安全要求相适应的行业标准与运行规范，从而加强对各地水安全指导。

在省级层面，应密切结合本地实际，清理与水安全综合监管体制不相适应的地方性水务法规和规章，按照城市水安全综合管理的要求，逐步建立健全水资源和水环境保护、城市供排水、污水处理及回用、计划用水与节约用水、城市防洪等方面的地方性水安全法规和规章。

在城市层面，市政府应针对城市水安全执法和行政监管中存在的突出问题，制定适合本市发展特点的水安全监管办法。结合国家和省级政府制定的行业标准和运行规范，着重于当前城市水安全最薄弱和最紧迫的领域，制定和完善适合自身城市水安全规范和标准，以争取在较短时间内实现一个既可承受也可执行，并对本市水安全现状有明显改观的水安全目标。

二　资金保障

城市水安全是个复杂系统，其监管是一项复杂系统工程。要保障水安全需要诸多领域的工程设施的投资和运营及更新，包括水源地建设和保护工程投资，输水送水工程建设投资、自来水水厂建设投资、污水处理厂建设投资、污水收集排放管道建设投资、城市防洪工程设施建设投资，以及现代化水务监测、监测设备的投资等。这些设施设备投资、运营和更新需要巨额的资金保障，而且随着城市规模的扩大，其资金需求还会快速增长。因此，建立安全资金保障体系对城市水安全及其监管十分必要。

传统计划经济体制下，城市水务工程设施主要依靠各级政府财政投资和运营。这不仅造成政府严重的财务负担继而难以平衡综合发展投资，而且政府有限的财力难以满足巨额且日益增长的城市水务投资需求。实际上，当前我国公共财政对城市供水管网等基础设施投资严重不足，水务企业处于亏损状态，只能通过不断上调水价来弥补。[①]这表明在当前我国快速城市化的进程中，为保障城市水安全，不能仅仅依赖政府的财政投资，应在此基础上，积极吸纳民间资本和外资，形成多元投融资渠道。当前我国政府主导下的充分畅通的城市水务和水安全保障投资体系还没建立。政府投资主体缺位问题日益明显，新的投资渠道又没有建立起来，水务市场多元化、多渠道的投资格局并没有形成。

---

① 钟玉秀、王亦宁：《深化城市水务管理体制改革：进程、问题与对策》，《水利发展研究》2010 年第 8 期。

城市水务及其安全是政府为市民提供的公共服务，政府理应成为投资主体。因此，政府应该建立稳定的城市水务安全投资机制。特别是在投资周期长、投资量大、投资收益率低，回收期长因而私人资本不愿介入项目建设方面，如水库修建、供水管网、污水管网、防洪工程、水务监测、监测系统项目建设，尤其需要强化各级政府的投资，中央政府及各级地方政府必须集中必要的财力、物力进行投资建设。当政府现有财力不足时，可通过银行贷款、地方政府融资平台（如成立城建投资公司或城建资产经营公司），吸纳社会闲散资金进行水务投资。

除政府投资外，为减轻地方财政和债务压力，可在城市供水、污水处理等项目领域采用以下三种方式特许经营方式吸引民营资本和外资进行投资和经营。

（1）"建设—经营—移交"（Build – Operate – Transfer，BOT）特许经营方式，就是指政府部门就某个水务设施项目与私人企业（项目公司）签订特许权协议，授予签约方的私人企业（包括外国企业）来承担该项目的投资、融资、建设和维护，在协议规定的特许期限内，许可其融资建设和经营特定的公用基础设施，并准许其通过向用户收取费用或出售产品以清偿贷款，回收投资并赚取利润，当特许期满，签约方的私人企业将该基础设施无偿或有偿移交给政府部门。BOT方式的优势是政府最大限度地节约了水务项目投资。

（2）"移交—经营—移交"（Transfer – Operate – Transfer，TOT）特许经营方式，就是政府部门或国有企业将建设好的城市水利项目的一定期限的产权或经营权，有偿转让给民营资本或外资，由其进行运营管理；投资者在约定的期限内通过经营收回全部投资并得到合理的回报，双方合约期满之后，投资者再将该项目交还政府部门或原企业的一种融资方式。TOT的优势是政府既可盘活城市既有水务设施存量资产，带动城市水务项目社会总投资，节约政府城市水务直接经营成本，也可获得一定的特许经营权转移补偿金并用于其他公用事业项目投资。

（3）公司私营（Public – Private – Partnership，PPP）模式，是指

政府与私人组织之间，为了提供某种公共物品和服务，以特许权协议为基础，彼此之间形成一种伙伴式的合作关系，并通过签署合同来明确双方的权利和义务，以确保合作的顺利完成，最终使合作各方达到比预期单独行动更为有利的结果。PPP 模式强调在私人资本对市政公用事业建设或运营过程中，政府的全程参与，并明确了其责任和作用，政府与投资者之间形成"利益共享、风险共担、全程合作"密切的合作与共同体关系，因此可以说，PPP 模式是对 BOT 和 TOT 模式的深化与发展。PPP 模式不但有利于减轻政府公共投资的财政负担，而且通过政府的参与可以减少社会投资的风险，从而可以使公共服务项目的建设和经营更加顺利、有效地推进。

三 人力保障

水安全监管是一个复杂、动态的系统工程，涉及行政、经济、技术、工程等多领域多方面的专业性问题。因此，城市水安全监管不仅需要配备充足的多领域专业技术人才，且要根据城市水安全形势变化，不断提高相关人员专业技能，为城市水安全监管提供充分的人力和智力保障。

人力人才队伍建设对城市水安全及其监管具有如下作用：（1）提升城市水务与水安全监管人员的水危机意识和责任感。通过城市水安全知识学习教育，让城市水务及其监管人员认识到，城市水安全是当前城市面临的重大现实问题，对保障城市可持续发展具有全局意义和战略问题，增强其责任感和使命感。（2）让城市水务及其监管人员梳理认识到城市水安全问题的系统复杂性，进而树立协作监管意识。城市水安全是个系统性问题，涉及从水源保护到达标排水多个环节，不仅包括传统的供水安全还包括水质安全、防洪安全等，城市水安全监管需要系统思维和多部门协作。（3）使城市水务即监管人员具备过硬的水安全风险管控的技能和业务素质，提高其工作效率。如通过水质检测技能培训，可使监管人员快速查明供水企业供水是否合格，企业污水排放是否具有达标；通过审计技能的培训，可使监管人员准确审核水务行业产品和服务定价是否合理；同样，通过相关监管法和管理技能的学习，有力地提高监管人员依法监管水平等。

其意义是：（1）构建城市水安全监管人员全员定期学习制度。通过组织全员定期学习相关政策、法律法规和业务知识，切实提高现有城市水安全监管人员相关业务知识，提高其城市水安全意识以及严格、高效监管执法的能力。（2）建立人员定期业务定期培训制度。坚持以城市关键水安全问题为导向，组织开展分层次、多类别、实战化的培训，通过外部专家和内部行家授课、案例分析、研究讨论、岗位练兵和技能竞赛等形式，提升城市水安全监管人员综合素质和工作能力。（3）多措并举，扩充水务及其监管队伍。市区两级政府应适当增加水务监管系统编制名额，吸引各类高层次水安全监管人次补充到水安全监管人才队伍中来。

四　技术保障

如前所述，城市水安全系统复杂多变，因而高效的城市水务及其安全监管需要及时有效地收集、处理其中瞬息万变的海量信息。因此城市水安全需要借助现代化信息技术手段实施数字化智能化监管。数字化监管是指利用计算机、通信、网络等技术，通过统计技术量化监管对象及其行为。与传统人工监管相比，数字化城市安全监管优势有，通过在线系统可实现对取水、输水、供水、治污、排水、防洪等多个城市水安全环节的实时在线监控，节约监管的人力成本；借助现代检测可实现对水质的精确检测，明确水质问题；通过水务 APP 可有快速收集市民反映的各类水安全问题，及时消除城市水安全隐患。

当前我国城市水安全领域存在严重的管网混乱、污染控制不力、水质情况把握不准等这种被动局面，必须对城市水安全系统信息进行全面收集，综合城市地理、环境、气象、生态、水系、管网、社区等基础数据，应用现代信息数字模拟技术，建立基于大数据收集处理技术的城市水务安全监管数字平台，对城市水务安全进行信息化管理，以应对复杂多变的水安全问题，为城市水安全监管提供科学有效的信息支持。

"智慧水务平台"通过云计算、大数据和互联网运营，将大部分城市水务环节积极用水户连接起来，通过信息传输实现管理者、供水者、用水者之间的及时互联互通。水务经营者和公众通过 APP，可以随时掌控自己水务经营或用水情况及水务预警；而城市水务监管者通过管理平台及时发现水务经营过程的违法行为以及公众用水者遇到的水质水务问题。

　　加大与科研院校合作，加强城市水安全相关课题研究，促进城市水安全体制机制、投融资以及智慧监管建设等方面理论成果的转化。充分运用国际水伙伴等水务科技信息平台，提升水安全监管层次。聘请高校城市水务监管专家学者到城市水安全系统挂职，指导提高城市水安全监管水平。针对城市面临的急迫、关键水安全问题，密切与高校专家合作，加快相应对策研究。

参考文献

[1] Asian Development Bank, "Asian Water Development Outlook 2013: Measuring Water Security in Asia and Pacific", Mandaluyon, Philippines, 2013, pp. 189 – 193.

[2] Brock, Lothar, "Peace through Parks: The Environment, the Peace Research Agenda", *Journal of Peace Research*, Vol. 28, No. 4, 1991, pp. 407 – 423.

[3] Bell, R. G. and Russell, C., "Environmental Policy for Developing Countries: Most Nations Lack the Infrastructure and Expertise Necessary to Implement the Market – based Strategies being Recommended by the International Development Banks (Environmental Policy)", *National Academy of Sciences*, Vol. 18, No. 3, 2002.

[4] Caroline Sullivan, "Calculating a Water Poverty Index", *World Development*, Vol. 30, No. 7, 2002, pp. 1195 – 1211.

[5] Caroline Sullivan, "The Water Poverty Index: Development and Application at Community", *Nature Resources Forum*, No. 27, 2003, pp. 189 – 199.

[6] Carson, R., "Silent Spring", *Forestry*, 1963, Vol. 304, No. 6, p. 704.

[7] Daniel D. Chiras, *Environmental Science – Action for a Sustainable Future*, Fourth Edition, The Benjamin/Cummings Publishing Company, Inc., 1994.

[8] Douglass, B., "The Common Good and the Public Interest", *Political Theory*, 1980, Vol. 8, No. 1, pp. 103 – 117.

［9］ Falkenmark, M. and Widstrand, C. , "Population and Water Resources: A Delicate Balance", *Population Bulletin*, 1992, Vol. 47, No. 3, pp. 1 - 36.

［10］ Fu, G. , Charles, S. P. and Chiew, F. H. S. , "A Two - Parameter Climate Elasticity of Stream - flow Index to Assess Climate Change Effects on Annual Stream - flow", *Water Resources Research*, 2007, Vol. 43, No. 11, W11419.

［11］ Hecht - Nielsen, Robert, "Theory of Backpropagation Neural Networks", International Joint Conference on Neural Networks, IEEE Xplore, 1989, Vol. 1, pp. 93 - 105.

［12］ Global Water Partnership Technological Advisory Committee, "Catalyzing Change: A Handbook for Developing Integrated Water Resources Management and Water Efficiency Strategies", Stockholm, GWP Secretariat, 2005, pp. 1 - 5.

［13］ Global Water Partnership Technological Advisory Committee, "Integrated Water Resources Management", Stockholm, GWP Secretariat, 2000, pp. 7 - 8.

［14］ ICWE, "The Dublin Statement and Report of the Conference", In International Conference on Water and the Environment: Development Issues for 21 Century, 26 - 31 January, 1992, Dublin.

［15］ Ishizaka, A. and Labib, A. , "Analytic Hierarchy Process and Expert Choice: Benefits and limitations", *OR Insight*, 2009, Vol. 22, No. 4, pp. 201 - 220.

［16］ Lester R. Brown, "Redefining National Security", *World Watch Paper, No.* 14, 1997, pp. 37 - 41.

［17］ Mankiw, N. G. , "Principles of Economics: Pengantar Ekonomi Makroed", Ekonomi Makro, 2012, p. 231.

［18］ Norman Myers, *Ultimate Security: The Environmental Basis of Political Stability*, W. W. Norton & Co. , New York, 1993, p. 31.

［19］ Moncur, James E. T. , "Urban Water Pricing and Drought Management",

Water Resources Research, Vol. 33, No. 3, 1987, pp. 393 – 398.

[20] Rodda, J. , "Whither World Water", *Water Resources Bulletin*, Vol. 31, No. 2, 1995, pp. 1 – 7.

[21] Pinter, G. G. , "The Danube Accident Emergency Warning System", *Wat. Sci. Tech*, 1999, Vol. 40, No. 10, pp. 27 – 33.

[22] Pirages Demus, "Demographic Change and Ecological Security", *Environmental Change and Security Project*, Issue 3, 1997, p. 37.

[23] Rapport, D. J. , Thorpe, C. and Regier, H. A. , " Ecosystem Medicine", *Bulletin of the Ecological Society of America*, 1979, Vol. 60, No. 4, pp. 180 – 182.

[24] Saaty, T. L. and Sen, A. K. , "An Eigenvalue Allocation Model for Prioritization and Planning", Energy, Social Choice Theory, in Kenneth J. Arrow and Michael Intriligator eds. , *Handbook of Mathematical Economics*, Amsterdom: North Holland, 1986, pp. 1078 – 1181.

[25] Wang, S. and Archer, N. P. , "A Neural Network Technique in Modeling Multiple Criteria Multiple Person Decision Making", *Computers & Operations Research*, 1994, Vol. 21, No. 2, pp. 127 – 142.

[26] Wentz, F. J. , Ricciardulli, L. and Hilbum, K. et al. , "How Much More Rain will Global Warming Bring", *Science*, 2007, Vol. 317, No. 5835, 2007, pp. 233 – 235.

[27] Woodruff, J. D. , Irish, J. L. , Cammargo, S. J. , " Coastal Flooding by Tropical Cyclones and Sea – level Rise", *Nature*, Vol. 504, No. 7478, 2013, pp. 44 – 52.

[28] White, G. F. , *Natural Hazards Research*, London Metheun Co. Ltd. , 1973, pp. 193 – 216.

[29] Global Water Partnership Technological Advisory Committee, "Catalyzing Change: A Handbook for Developing Integrated Water Resources Management and Water Efficiency Strategies", Stockholm, GWP Secretariat, 2005, pp. 1 – 5.

[30] Global Water Partnership Technological Advisory Committee, "Inte-

grated Water Resources Management", Stockholm, GWP Secretari-at, 2000, pp. 7 – 8.

［31］保罗·萨缪尔森、威廉·诺德豪斯：《经济学》，高鸿业译，中国发展出版社 1992 年版。

［32］宝艳园、徐荣盘：《循环经济激励机制的哲学思考》，《南都学坛》2006 年第 1 期。

［33］丹尼斯·米都斯、梅多斯：《增长的极限：罗马俱乐部关于人类困境的报告》，李宝恒译，吉林人民出版社 1997 年版。

［34］曹实：《行政命令地位和功能的分析与重构》，《学习与探索》2016 年第 1 期。

［35］陈光庭：《从观念到行动：外国城市可持续发展研究》，世界知识出版社 2002 年版。

［36］陈国阶：《论生态安全》，《重庆环境科学》2002 年第 3 期。

［37］陈灌春、谢有奎、方振东等：《环境压力与国家安全》，《重庆环境科学》2003 年第 11 期。

［38］陈富良、万卫红：《企业行为与政府规制》，经济管理出版社 2001 年版。

［39］陈攀、李兰、周文财：《水资源脆弱性及评价方法国内外研究进展》，《水资源保护》2011 年第 5 期。

［40］陈绍金：《水安全概念辨析》，《中国水利》2004 年第 17 期。

［41］陈绍金：《水安全系统评价、预警与调控研究》，中国水利水电出版社 2006 年版。

［42］陈绍金：《对水安全系统预警的探讨》，《人民长江》2004 年第 9 期。

［43］陈一、张逢、张媛等：《重庆市西部缺水城镇水价改革与居民承受力指数研究》，《给水排水》2007 年第 7 期。

［44］陈慧：《中国城市水务管理体制改革述评》，《经济问题》2013 年第 5 期。

［45］蔡守秋：《论环境安全问题》，《安全与环境学报》2001 年第 5 期。

［46］蔡守秋：《论当代环境资源法中的经济手段》，《法学评论》2001 年第 6 期。

［47］戴维·皮尔斯、杰瑞米·沃福德：《世界无末日——经济学、环境和可持续发展》，中国财政经济出版社 1996 年版。

［48］发改委、住建部：《关于做好城市供水价格管理工作有关问题的通知》（发改价格〔2009〕1789 号），2009 年 7 月 6 日。

［49］方子云：《提供水安全是 21 世纪现代水利的主要目标——兼介斯德哥尔摩千年国际水会议及海牙部长级会议宣言》，《水利水电科技进展》2001 年第 1 期。

［50］冯杰：《中美两国用水比较分析》，《中国水利》2010 年第 1 期。

［51］冯璐、黄艳、褚晓亮：《盘点近年来的城市内涝："看不见的工程"考验城市文明》，新华网，2014 年 5 月 21 日。

［52］冯尚友、刘国全：《水资源持续利用的框架》，《水科学进展》1997 年第 4 期。

［53］冯尚友、梅亚东：《水资源持续利用系统规划》，《水科学进展》1998 年第 1 期。

［54］冯尚友、傅春：《我国未来可利用水资源量的估测》，《武汉水利电力大学学报》1999 年第 6 期。

［55］冯尚友：《水资源可持续利用导论》，科学出版社 2000 年版。

［56］冯守平：《中国人口增长预测模型》，《安徽科技学院学报》2008 年第 6 期。

［57］国际环境与发展研究所：《我们共同的未来》，世界知识出版社 1990 年版。

［58］国家环境保护局：《21 世纪议程》，中国环境科学出版社 1993 年版。

［59］高彦春、刘昌明：《区域水资源开发的阈限分析》，《水利学报》1997 年第 8 期。

［60］高吉喜：《可持续发展理论探索：生态承载力理论、方法与应用》，中国环境科学出版社 2001 年版。

［61］ 高跃、张戈、郭晓葳：《基于水匮乏指数模型的朝阳市农村地区水安全评价》，《云南地理环境研究》2016 年第 2 期。

［62］ 郭彦、金菊良、梁忠民：《基于集对分析的区域需水量组合预测模型》，《水利水电科技进展》2009 年第 5 期。

［63］ 郭中伟：《建设国家生态安全维护体系》，《生态环境与保护》2000 年第 5 期。

［64］ 韩宇平、阮本清、解建仓：《多层次多目标模糊优选模型在水安全评价中的应用》，《资源科学》2003 年第 4 期。

［65］ 何平、詹存卫：《环境安全的理论分析》，《环境保护》2004 年第 11 期。

［66］ 黄莉新：《江苏省水资源承载能力评价》，《水科学进展》2007 年第 6 期。

［67］ 黄锡生、曹飞：《中国环境监管模式的反思与重构》，《环境保护》2009 年第 4 期。

［68］ 洪阳：《中国 21 世纪的水安全》，《环境保护》1999 年第 10 期。

［69］ 胡安水：《生态价值论视野下的循环经济》，《山东理工大学学报》（社会科学版）2006 年第 4 期。

［70］ 胡海英：《城市可持续水管理研究》，《河南科技》2013 年第 6 期。

［71］ 侯立安、张林：《气候变化视阈下的水安全现状及应对策略》，《科技导报》2015 年第 4 期。

［72］ 胡涛等：《中国的可持续发展研究》，中国环境科学出版社 1995 年版。

［73］ 惠泱河、蒋晓辉：《水资源承载力评价指标体系研究》，《水土保持通报》2001 年第 1 期。

［74］ 贾春宁、顾培亮、鲁德福等：《论合理的水价与水资源的可持续利用》，《中国地质大学学报》（社会科学版）2005 年第 1 期。

［75］ 贾绍凤、张军岩、张士锋：《区域水资源压力指数与水资源安全评价指标体系》，《地理科学进展》2002 年第 6 期。

[76] 贾绍凤、张士锋、夏军等：《经济结构调整的节水效应》，《水利学报》2004 年第 3 期。

[77] 贾嵘、薛惠锋、薛小杰等：《区域水资源开发利用程度综合评价》，《中国农村水利水电》1999 年第 11 期。

[78] 江红、杨小柳：《基于熵权的亚太地区水安全评价》，《地理科学进展》2015 年第 3 期。

[79] 金菊良、吴开亚、李如忠等：《信息熵与改进模糊层次分析法耦合的区域水安全评价模型》，《水力发电学报》2007 年第 6 期。

[80] 康尔泗、程国栋、蓝永超等：《概念性水文模型在出山径流预报中的应用》，《地球科学进展》2002 年第 1 期。

[81] 科斯：《社会成本问题》，载《财产权利与制度变迁》，上海三联书店 1994 年版。

[82] 经济合作与发展组织：《环境经济手段应用指南》，中国环境科学出版社 1994 年版。

[83] 李明、刘应宗：《城市居民节水经济学分析与阶梯水价探讨》，《价格理论与实践》2005 年第 12 期。

[84] 李焰：《环境科学导论》，中国电力出版社 2000 年版。

[85] 李祥：《生态环境问题根源辨析》，《科学技术哲学研究》2003 年第 4 期。

[86] 李挚萍：《20 世纪政府环境管制的三个演进时代》，《学术研究》2005 年第 6 期。

[87] 李万新：《中国的环境监管与治理——理念、承诺、能力和赋权》，《公共行政评论》2008 年第 5 期。

[88] 李人厚、邵福庆：《大系统的递阶与分散控制》，西安交通大学出版社 1986 年版。

[89] 林洪孝：《水资源管理理论与实践》，中国水利水电出版社 2003 年版。

[90] 刘东、赵清、白雪峰：《水匮乏指数在区域水安全评价中的应用》，《灌溉排水学报》2009 年第 4 期。

［91］刘娟:《城市水价改革——"全成本＋用户承受能力"水价模式探讨》,《黑龙江水利科技》2012 年第 7 期。

［92］刘燕华:《柴达木盆地水资源合理利用与生态环境保护》,科学出版社 2000 年版。

［93］刘晓、陈隽、范琳琳等:《水资源承载力研究进展与新方法》,《北京师范大学学报》(自然科学版) 2014 年第 3 期。

［94］龙腾锐、姜文超、何强:《水资源承载力内涵的新认识》,《重庆大学城市建设与环境工程学院学报》2004 年第 4 期。

［95］卢方元:《环境污染问题的演化博弈分析》,《系统工程理论与实践》2007 年第 9 期。

［96］罗·贝尔琴、戴维·艾萨克、吉恩·陈:《全球视角中的城市经济:全球前景》,刘书瀚、孙钰等译,吉林人民出版社 2003 年版。

［97］罗斌、姜世中、郑月蓉等:《基于熵权法的水匮乏指数在四川省水安全评价中的应用》,《四川师范大学学报》(自然科学版) 2016 年第 4 期。

［98］吕丹:《环境公民社会视角下的中国现代环境治理系统研究》,《城市发展研究》2007 年第 6 期。

［99］欧阳志云、崔书红、郑华:《我国生态安全面临的挑战与对策》,《科学与社会》2015 年第 1 期。

［100］潘家华:《世界环境与发展的"南北"途径及其趋同态势》,《世界经济》1993 年第 11 期。

［101］乔治·J. 施蒂格勒:《经济学》,潘振民译,上海三联书店 1989 年版。

［102］乔万敏、冯继康:《萨缪尔森"政府失灵"理论的内涵与启示》,《鲁东大学学报》(哲学社会科学版) 1997 年第 2 期。

［103］祁鲁梁、高红:《浅谈发展工业节水技术提高用水效率》,《中国水利》2005 年第 13 期。

［104］仇保兴:《我国城市水安全现状与对策》,《建设科技》2013 年第 23 期。

[105] 曲格平：《关注生态安全之二：影响中国生态安全的若干问题》，《环境保护》2002 年第 6 期。

[106] 邵东国、杨丰顺、刘玉龙等：《城市水安全指数及其评价标准》，《南水北调与水利科技》2013 年第 1 期。

[107] 邵益生：《关于我国城市水安全问题的战略思考》，《给水排水》2014 年第 9 期。

[108] 沈永平、王国亚：《IPCC 第一工作组第五次评估报告对全球气候变化认知的最新科学要点》，《冰川冻土》2013 年第 5 期。

[109] 沈满洪：《论环境经济手段》，《经济研究》1997 年第 10 期。

[110] 施雅风：《2050 年前气候变暖冰川萎缩对水资源影响情景预估》，《冰川冻土》2001 年第 4 期。

[111] 施雅风、曲耀光：《乌鲁木齐河流域水资源承载力及其合理利用》，科学出版社 1992 年版。

[112] 沈大军：《水资源费征收的理论依据及定价方法》，《水利学报》2006 年第 1 期。

[113] 沈福新、耿雷华、曹霞莉等：《中国水资源长期需求展望》，《水科学进展》2005 年第 4 期。

[114] 史正涛、刘新有：《城市水安全的概念、内涵与特征辨析》，《水文》2008 年第 5 期。

[115] 孙鸿烈：《中国资源科学百科全书》，中国大百科全书出版社 2000 年版。

[116] 谭九生：《从管制走向互动治理：我国生态环境治理模式的反思与重构》，《湘潭大学学报》（哲学社会科学版）2012 年第 5 期。

[117] 唐国平、李秀彬、刘燕华：《全球气候变化下水资源脆弱性及其评估方法》，《地球科学进展》2000 年第 3 期。

[118] 陶建格：《资源环境问题的制度经济学分析》，《商业经济研究》2008 年第 15 期。

[119] 王斌：《环境污染治理与规制博弈研究》，博士学位论文，首都经济贸易大学，2013 年。

［120］ 王浩：《城市化进程中水源安全问题及其应对》，《给水排水》
2016 年第 4 期。

［121］ 王俊豪：《管制经济学学科建设的若干理论问题——对这一新
兴学科的基本诠释》，《中国行政管理》2007 年第 8 期。

［122］ 王萌：《试析资源税与环境税的关系》，《财会月刊》2010 年
第 6 期

［123］ 王齐：《环境管制对传统产业组织的影响》，《东岳论丛》2005
年第 1 期。

［124］ 王艳、丁德文：《公众参与环境保护的博弈分析》，《大连海事
大学学报》2006 年第 4 期。

［125］ 王生云：《水资源脆弱性测度技术述评》，《生态经济》（中文
版）2014 年第 2 期。

［126］ 王树谦、沈海新、王慧勇：《水资源承载力理论与方法》，《河
北工程大学学报》（社会科学版）2006 年第 1 期。

［127］ 王雪妮、孙才志、邹玮：《中国水贫困与经济贫困空间耦合关
系研究》，《中国软科学》2011 年第 12 期。

［128］ 王先甲、胡振鹏：《水资源持续利用的支持条件与法则》，《自
然资源学报》2001 年第 1 期。

［129］ 王晓东、李香云：《水资源综合管理的内涵与挑战》，《水利发
展研究》2007 年第 7 期。

［130］ 吴海燕：《治理环境污染的经济制度安排》，《经济问题》2001
年第 6 期。

［131］ 吴开亚、金菊良、魏一鸣：《流域水安全预警评价的智能集成
模型》，《水科学进展》2009 年第 4 期。

［132］ 吴延熊、郭仁鉴、周国模：《区域森林资源预警的警度划分》，
《浙江农林大学学报》1999 年第 1 期。

［133］ 夏军：《可持续水资源管理研究的若干热点及讨论》，《人民长
江》1997 年第 4 期。

［134］ 夏军、王中根、穆宏强：《可持续水资源管理的评价指标体系
研究（一）》，《长江职工大学学报》2000 年第 2 期。

［135］夏军：《水资源安全的度量：水资源承载力的研究与挑战》，《自然资源学报》2002 年第 3 期。

［136］夏军、张永勇、王中根等：《城市化地区水资源承载力研究》，《水利学报》2006 年第 12 期。

［137］夏军、朱一中：《水资源安全的度量：水资源承载力的研究与挑战》，《自然资源学报》2002 年第 3 期。

［138］夏军、雒新萍、曹建廷等：《气候变化对中国东部季风区水资源脆弱性的影响评价》，《气候变化研究进展》2015 年第 1 期。

［139］夏军、邱冰、潘兴瑶等：《气候变化影响下水资源脆弱性评估方法及其应用》，《地球科学进展》2012 年第 4 期。

［140］谢有奎、陈灌春、方振东等：《对环境安全概念的再认识》，《重庆环境科学》2005 年第 1—2 期。

［141］徐飞、王浣尘：《略论可持续发展渊源及内涵》，《系统工程理论与应用》1997 年第 1 期。

［142］徐中民：《可持续发展的衡量与水资源的承载力》，博士学位论文，中国科学院兰州冰川冻土研究所冻土工程重点实验室，1999 年。

［143］亚瑟·赛斯尔·庇古：《福利经济学》，上海财经大学出版社2009 年版。

［144］杨瑞龙：《外部效应与产权安排》，《经济学家》1995 年第 5 期。

［145］杨浩勃、黄斌欢、姚茂华：《乡村环境的协同治理：生态政治学与社会的生产》，《农业现代化研究》2015 年第 1 期。

［146］袁汝华、朱九龙、陶晓燕等：《影子价格法在水资源价值理论测算中的应用》，《自然资源学报》2002 年第 6 期。

［147］袁喆、严登华、杨志勇等：《1961—2010 年中国 400mm 和800mm 等雨量线时空变化》，《水科学进展》2014 年第 4 期。

［148］余晖：《政府与企业：从宏观管理到微观管制》，福建人民出版社 1997 年版。

［149］于明臻、考杰民：《城市供水的二次污染原因及治理》，《价值

工程》2014 年第 20 期。

[150] 严燕、刘祖云：《风险社会理论范式下中国"环境冲突"问题及其协同治理》，《南京师范大学学报》（社会科学版）2014 年第 3 期。

[151] 詹姆士·E. 米德：《明智的激进派经济政策指南：混合经济》，欧晓理等译，上海三联书店 1989 年版。

[152] 曾畅云、李贵宝、傅桦：《水环境安全的研究进展》，《水利发展研究》2004 年第 4 期。

[153] 曾国安：《管制、政府管制与经济管制》，《经济评论》2004 年第 1 期。

[154] 张会萍：《环境公共物品理论与环境税》，《中国财经信息资料》（西部论坛）2002 年第 12 期。

[155] 张翔、夏军、贾绍凤：《水安全定义及其评价指数的应用》，《资源科学》2005 年第 3 期。

[156] 张坤明：《可持续发展论》，中国环境科学出版社 1997 年版。

[157] 张勇、叶文虎：《国内外环境安全研究进展述评》，《中国人口·资源与环境》2006 年第 3 期。

[158] 张世秋：《中国环境管理制度变革之道：从部门管理向公共管理转变》，《中国人口·资源与环境》2005 年第 15 期。

[159] 鲁仕宝、尚毅梓、李雷：《城市供水优化调度研究——以深圳中西部水库群为例》，中国原子能出版社 2016 年版。

[160] 赵克勤、宣爱理：《集对论——一种新的不确定性理论方法与应用》，《系统工程》1996 年第 1 期。

[161] 赵培培、窦明、洪梅等：《最严格水资源管理制度下的流域水权二次交易模型》，《中国农村水利水电》2016 年第 1 期。

[162] 赵小平：《建立合理的水价形成机制促进 水资源的优化配置》，《价格理论与实践》2003 年第 9 期。

[163] 郑汉通：《中国水危机——制度分析与对策》，中国水利水电出版社 2006 年版。

[164] 郑晓明：《城镇供水管网漏损的现状》，《城乡建设》2015 年第

11 期。

［165］钟玉秀、王亦宁：《深化城市水务管理体制改革：进程、问题与对策》，《水利发展研究》2010 年第 8 期。

［166］朱一中、夏军、谈戈：《关于水资源承载力理论与方法的研究》，《地理科学进展》2002 年第 2 期。